KB188168

전
투
감
각

전투감각

전투는 초급간부의 감각과 느낌으로 좌우된다. 그러나 이는 전투를 체험해보지 않고서는 체득할 수 없다.
전투를 먼저 체험한 선배의 전투 사례를 경험으로 내면화하고 승화시켰을 때 비로소 전투감각을 얻을 수 있다.

FEEL
FOR
COMBAT

서경석 지음

샘터

　　　나에게 있어서 월남은 불과 3년이라는 길지 않은 시간과 정글이라는 제한된 공간이 전부이기는 했지만, 그저 역사의 흐름 속에 묻어버리기에는 가슴이 무거워진다.

　자유 수호를 위해 젊은 청춘을 채 꽃피우지도 못하고 쓰러져간 전우들에 대한 안타까움은 더 말할 나위도 없고, 그 처절했던 전투현장을 우리 후배 장병들에게 사실 그대로 보여주어야 한다는 사명감 때문이다.

　다행히 내가 월남에 머무르는 동안 소총 소대장과 중대장을 지내면서 전투의 현장을 숱하게 체험해보았고, 그 후 지금까지 전투부대 지휘관을 두루 거치다 보니 그 사명감을 절실히 심감하게 되었다.

　전투는 죽느냐 사느냐, 목숨이 걸려 있는 가장 큰 중대사여서 미리 시험해보는 예행연습이 있을 수 없고 교육훈련을 통하여 숙달한 대로 행동할 수밖에 없다. 그러나 교리는 교범에서 배우고 전술전기는 훈련을 통하여 체득할 수 있지만, 전투현장에 대한 감각만큼은 직접 체험해보지 않고 익히기는 매우 어렵다고 본다. 때문에 누군가 체험한 사람이 전투현장을 사실대로 묘사하여 후배들에게 알려주어야만 할 것이다.

월남은 상하(常夏)의 무더운 기후를 지닌 열대성 지역에 위치하고 있지만 같은 아시아권 국가로 우리와 민족적 특성과 생활 문화의 동질성을 가지고 있을 뿐 아니라, 우리나라의 겨울을 제외한다면 수풀 우거진 산야의 모습마저 그들의 정글과 크게 다를 바가 없다. 따라서 내가 월남에서 겪었던 각종 전투 체험은 일단 유사시 우리나라 환경에서 전개될 전투 상황을 예측하고 감지하는 데 유익할 줄 믿는다.

지금까지 나는 장차 전투의 승패를 좌우할 교육훈련의 현장을 눈여겨 살펴보았고, 전투감각이 부족하여 많은 과오를 범하면서도 전혀 인지하지 못하는 부하 장병을 접할 때마다 나의 체험들을 정리해야겠다고 마음을 다져왔다. 때마침 특전여단의 지휘관이 되고 나서 그간 간간이 정리해오던 원고를 모아 적진 깊숙이 뛰어들어 적과 싸우게 될 부하들을 위해 한 권의 책으로 펴내게 되었다.

나는 이 책을 쓰면서 앞으로 우리 군을 이끌어갈 초급간부들에게 전투감각(Feel for Combat)을 전하는 데 그 주안을 두고 기술했다. 전투는 초급간부에 의해서 그 승패가 좌우되며, 전투는 감각과 느낌으로 해야만 한다. 초급간부는 전략가가 아니라 싸움꾼인 전사이기 때문이다.

그러나 전투감각은 전투를 체험해보지 않고서는 체득할 수 없기 때문에 전투를 먼저 체험한 선배의 전투 사례를 자신의 경험으로 내면화시키고 승화시켰을 때 얻을 수 있는 것이다.

나는 글 쓰는 재주가 뛰어난 소설가도 수필가도 아니기 때문에 문장을 능숙하고 조리 있게 잘 정리하지 못한 점을 매우 안타깝게 생각한다. 나의 이 글은 역사도 전사도 아니며 교범도 아니다. 오로지 전장에서 겪고 느낀 것을 가지고 전투감각의 교훈을 전하는 차원에서 기술했을 뿐이다.

그러나 비록 투박하고 잘 정리되지 못한 이야기지만 전투 현장을 사실 그대로 생동감 있게 묘사하기 위해서 나름대로 최선을 다했으며, 잘한 점과 못한 점을 솔직히 밝히려고 애썼다. 다만 자칫 당시의 감흥에 도취되어 다소 자랑거리를 펼쳐놓은 점이 있다면 널리 양지해주리라 믿고, 후배 장병들이 간접적으로 전투감각을 체험하는 데 조금이나마 보탬이 되기를 바란다.

1991년 6월

서경석

차례

Feel for Combat

두고온 철모

아침 일찍 중대기지에서 대대본부까지 도로정찰을 마치고 돌아왔다. 밤사이 지역 내의 베트콩들이 도로에 지뢰나 부비트랩을 매설하여 우리 부대 차들에게 피해를 입히곤 했다. 특히 새벽에 람브레타(삼륜소형트럭)를 몰고 시장에 가거나, 논밭으로 일을 나가는 월남인들에게 자주 피해를 주었기 때문에 우리는 반 개 소대 규모의 도로정찰조를 편성해 지뢰탐지기와 제거 기구를 휴대하고 아침마다 도로정찰을 실시했다.

그날도 나는 내 차례가 되어 소대원과 도로정찰을 했다. 밤에 매복을 한다거나 정글 속으로 작전을 나가면 햇빛을 피할 수 있어서 시원하지만 아침 햇살에 군장을 메고 방탄조끼를 입으면 어찌나 더운지 돌아오면 항상 전투복이 흥건히 젖고 심지어 방탄조끼까지 땀이 배어들 정도였다.

각 중대에서 도로정찰을 마치기 전까지는 부대의 군용차량은 움직이지 않아 우리의 피해는 별로 없지만 민간인 차량은 아침 일찍부터 돌아다니다 대전차용 지뢰나 고성능 부비트랩을 밟아 차에 탄 사람들은 물론이고 차체마저 박살나는 일들이 지역 내에서 자주 일어나곤 했다.

아침 일찍부터 서둘러 정찰한다 하더라도 10킬로미터가 넘는 거리여서 그냥 부지런히 걸어도 2시간은 족히 걸렸는데, 이것저것 수상한 것을 확인하면서 가자면 거의 3시간 정도는 걸렸으므로 통상 아침 9시쯤 되어야 도로 확인을 끝낼 수 있었다.

서로 뻔히 다 알고 있는 같은 지역 주민들에게도 끔찍한 살상을 자행함으로써 무서움과 두려움으로 꼼짝도 못하게 하고는 밤만 되면 생쥐나 족제비같이 기어 들어와서 식량과 의약품을 약탈해 갔다. 장정은 물론 여인네마저 동원하고 심지어 철없는 어린아이들까지 총알받이로 내모는 그들의 만행에 우리는 치를 떨지 않을 수 없었다.

계속 정찰을 다녀도 아무런 일이
발생하지 않을 때 방심하기 쉽다

처음 도로정찰을 나갔을 때는 작은 숲이나 둑 뒤에서 저격을 받을까 봐 걱정도 많이 했고, 발밑에서 바로 지뢰가 터질 것 같아 앞의 병사가 밟고 간 발자국만 그대로 밟고 가기도 했다. 차라리 이렇게 신임 소대장 때처럼 이런저런 걱정을 하면서 필요한 조치를 하고 가면 피해가 별로 없었다. 어떤 예기치 않은 사항이 발생하여도 동시에 많은 피해를 보는 것을 예방할 수 있었다.

결국 계속 다녀도 아무런 일이 발생하지 않을 때 방심하기 쉬우며, 어제도 별일이 없었는데 오늘 무슨 일이 있겠는가 하는 안이한 생각이 죽음을 자초하는 법이다.

도로를 따라가면서 길 위에 이상한 것이 있는가 확인하고 저격이 날아올 듯한 의심나는 곳을 일일이 확인하면서 전진하면 시간이 많이 소요되어 짜증스럽기도 하거니와 대원들이 귀찮아 시큰둥한 반응을 보인다. 이때 자칫 인솔자는 전술적 제반 조치 사항을 무시해버리는 수가 있다.

이때가 제일 위험한 시기이다.

흔히들 이야기하기를 처음 소대장으로 부임하여 3개월만 총에 맞지 않고 무사히 지내면 위험한 고비는 넘긴 것이라고들 했다. 그러나 내 경험으로 보면 정반대였다. 처음에 이곳에 오면 전투와 정글 및 지형과 상황에 익숙지 못해 조심을 많이 하며, 다음 날 있을 작전 준비를 위해 인접 소대장이나 소대 선임하사, 고참병의 의견을 겸허한 자세로 받아들인다. 차라리 이때가 제일 안전한 시기이다.

그러나 약 3개월 정도 지나 수색정찰, 매복 등을 몇 번 다녀오면 작전회의 시간에 아는 체나 하고, 꾸중하면 말대답이나 하면서 고집을 부리고, 우쭐대기 시작하는데 이때가 제일 위험하며 죽기 꼭 알맞은 시기이다.

새로 전입 온 박 소위도 3개월 정도는 선배 소대장들이 하는 이야기를 잘 듣더니 그 후 작은 전과를 올리고는 자만에 빠지기 시작하여, 중대장님과 함께 하는 작전회의 석상에서까지 말이 많아지고 신중론을 펴는 선배 소대장들에게 '겁 좀 내지 말라'며 오히려 나무라기까지 했다. 막내둥이 소대장이라 그러려니 하고 이해하려고도 했으나 막무가내로 말을 듣지 않아 우리 소대장들은 물론 그의 소대원들까지 그의 독주와 무모함을 걱정하게 되었다.

그러던 어느 날 푸캇산 작전에서 철모도 쓰지 않고 본국에서 갖고 온 미제 빵모자만 쓰고는 전진 속도가 느리다고 소대 첨병보다 앞장서서 산을 기어오르다가 정수리에 저격탄을 맞고 말 한 마디 못한 채 전사했다.

철모를 썼거나 제 위치에서 사격과 기종을 적절히 구사하면서 전진했더라면 그토록 값없이 허무하게 죽지는 않았을 텐데, 참 안타까운 일이었다.

한번은 또 이런 일이 있었다. 내가 소대장을 마친 뒤 연대로 떠나고 나서 일어난 일인데, 내가 있던 중대에 새로 오신 중대장님도 적에게 변을 당하고 말았다. 중대장님은 귀국을 얼마 앞두고 좀처럼 가기 힘들었던 태국 방콕 휴양을 마치고 돌아오던 길이었다. 여행의 들뜬 마음이 채 가시지 않은 탓인지 복귀 도중 연대에서 지프차를 타고는 무전병도 경계병도 없이 운전병과 단 둘이서 부대로 오다가 적의 저격을 받아 총 한 발 제대로 쏴보지도 못한 채 안타깝게 순직하셨다.

만일 필요 인원을 대동하고 무전기를 개방하여 부대와의 교신과 위협 요소에 대한 사전 판단 및 상황 조치 등 만반의 태세를 갖추었더라면 그처럼 불행한 변을 당하지는 않았을 것이기에 더욱 안타까웠다.

부하에게 어려운 임무를 부여할 때는 직접 찾아가 즐거운 마음으로 나서게 유도하라

파월된 지 약 4개월 정도 지났을 때였다. 1968년 6월 말쯤으로 기억한다. 아침 일찍 도로정찰을 끝내고 부대로 복귀하여 땀에 흠뻑 젖은 채 식사를 마친 다음 우물가에서 찬물로 대충 씻고 소대 막사로 들어왔다.

도로정찰 때 땀을 너무 많이 흘려 피곤했다. 침대에 벌렁 드러누워 쉬고 있는데 밖에서 계속 "맹호! 맹호!" 하면서 병사들이 경례하는 소리가 들렸다. 경례하는 소리가 늘 듣던 소리도 아니고 큰 소리로 구호를 외치는 것을 보니 우리 중대 식구는 아니고 대대나 상급부대에서 꽤 높은 사람이 온 모양이었다.

당시 우리 소대장들은 월남 땅에서 나름대로 고생을 제일 많이 했을 뿐 아니라 실제 적과 싸우면서 언제 죽거나 부상당할지 모르는 가운데 임무를 수행하고 있어 우쭐대는 마음이 있었다. 그러다 보니 행정을 다루는 상급부대의 참모 방문 정도에는 누구 하나 내다보지도 않는 건방진 습성에 젖어 있었다.

그날 밖에 찾아온 사람 역시 상급부대에서 소총 중대의 사정을 한번 살피러 나온 정도라고 생각하고 그대로 침대에 벌렁 누워 있었다. 내가 나가지 않더라도 중대장님이 계시니까 누군가가 중대본부로 안내하겠지 생각하면서…….

그 당시 소대 막사는 적의 직사화기에 대비하여 땅을 파고 들어가 마대를 차곡차곡 쌓아서 지었으며, 곡사화기에도 보호받을 수 있도록 지붕 또한 마대로 몇 겹 두텁게 쌓았다.

전기가 없었기 때문에 막사 안은 항상 어두웠고 밤에는 적의 포탄을 맞지 않으려고 등화관제를 해야 했기 때문에 문을 닫으면 더위에 찌들어 빵 찌는 찜통이나 다름없었다. 그래서 아예 불을 끄고 문을 전부 열어놓고 지냈다. 밤에는 초소에서 근무하는 것 외에는 자는 것밖에 할 일이 없었다.

소대 막사로 여러 사람이 들어왔다. 뜻밖에도 그들은 중대장님의 안내를 받은 대대장님과 대대 정보장교였다. 소대원들이 전부 놀라 허둥대는 가운데 대대장님이 침상에 걸터앉으시더니 나더러 앞에 앉으라고 하셨다.

지도를 꺼내 내 앞에 펴놓고 대대본부 뒤쪽의 산속을 가리키며 입을 떼셨다.

"그 지역에 현재 적정이 많이 발견되어 앞으로 사단 또는 연대 규모의 작전을 전개하려고 한다. 그러나 확인되지 않은 적정을 갖고 대부대가 함부로 행동할 수 없으니 자네가 침투해 들어가서 적정을 확인해 오게."

나를 더욱 꼼짝 못하게 만든 것은 대대장님께서 직접 찾아오셔서 내게 임무를 주신 것도 황송한데 이렇게 덧붙이셨기 때문이다.

"며칠을 두고 곰곰이 생각해봤고, 책상 위 장교 직위표의 사진을 보면서 어느 소대장이 이 임무를 잘해낼 수 있을지, 소대장 개개인을 비교도 해봤는데 역시 서 중위가 제일 적임자라고 판단되어 이렇게 직접 찾아왔네."

대대장님께 그 많은 소대장 중에서 왜 나를 골랐느냐고 되물어보고도 싶었고, 몸이 아프다는 핑계를 대고 이번만은 다른 소대장을 보내달라고 말씀드릴까 하는 생각도 머릿속으로 휘익 지나갔다. 분위기를 보니 도저히 피할 수 없는 상황이었다.

매도 먼저 맞는 것이 좋고 야단맞을 때도 기분 좋게 맞으라고 하는데, 대대장님과 중대장님께서 그 많은 소대장들 가운데 나를 뽑아주신 이상, 무한한 자랑과 영광으로 생각하면서 꼭 성공하겠다고 다짐했다.

이때 내가 받은 신선한 충격.
부하를 사지로 보내는 지휘관의 진지한 자세,
마음속으로부터 즐겁게 복종시키는 기술,
죽을 줄 알면서도 기꺼이 자기 지휘관을 위하고,
나를 인정해주는 사람 앞에 감격하는……

이때의 감명 깊었던 순간을 한 번도 잊어본 적이 없으며, 이 순간은 내

평생의 군대 생활을 좌우해왔다.

그 후 내가 진급하여 월남에서 계속 중대장을 하던 때도, GOP에서 대대장을 하던 시절 고왕산 계곡에 지뢰를 매설할 때도, 나는 어려운 임무를 수행할 수 있는 사람을 고른 후, 반드시 찾아가서 대대장님께서 하셨던 방법 그대로 했다. 같은 일을 하면서도 신이 나서 즐거운 마음으로 나서게 하는 좋은 방법이다.

침투 시 제일 두려운 것은 예기치 않은 시간과 장소에서 적과 조우하는 것이다

우리가 침투해 들어갈 푸캇산에는 제일 높은 정상에 여자의 유방과 같은 바위가 있어 이를 '젖바위산'이라고 불렀다. 이 산 정상은 워낙 우뚝 솟아 있어서 산 주위 어디를 가나 밤낮으로 관측되기 때문에 방향유지를 한다거나 자기 위치를 모를 때 지도판독의 기점으로 늘 이용되었다.

소대원들에게 제일 어려운 야간 방향유지 요령을, 방위각을 사용하는 것과 젖바위를 이용하는 두 가지 방법으로 숙달시켰다. 무전기는 교전이 있기 전까지는 일절 사용을 금지시켰으며, 식량은 고기류를 중심으로 2박 3일을 준비토록 했으나 유사시를 위하여 아껴 먹도록 지시했다.

실탄과 수류탄, 크레모아는 휴대했으나 조명지뢰는 휴대하지 않았으며 유사시 헬기 퇴출 때 이용하기 위해 수타식 조명과 연막탄 몇 발만 휴대했다.

포병 사격과 항공기 사격 유도를 위해 지역 내에 여러 가지 확인점을 부여하였으며, 특히 우리가 침투해 들어가는 침투로상에는 자기 위치 확인과 적과 조우 시 접촉점 또는 재집결지의 개념으로 사용하기 위한 여러 개

멀리 산 정상 부분에 우뚝 솟은 바위가 젖바위이며 이 산을 가리켜 푸캇산, 일명 젖바위산
이라 불렀다.

의 확인점을 선정하여 사전에 준비를 했다.

통상 6부 내지 7부 능선을 이용하여 침투하도록 교육받았지만, 낮에는 능선으로부터 관측을 당해 제압사격을 받을 위험이 있고, 칠흑 같은 어두운 밤에는 능선을 이용하여도 방향유지가 어려운데, 능선 중간 부분을 따라 이동하다가 방향을 제대로 잡지 못해 길을 잃고 밤새도록 헤매기 일쑤였다. 그래서 적들도 위험하다는 것을 알면서 길을 따라 움직이는 것 같았다.

이틀 동안의 짧은 예행연습 기간 동안 소로를 따라 이동하면서 앞서 가는 통로개척조가 적의 발소리와 음성 등을 이용하여 적을 먼저 발견하고 즉시 숲 속으로 숨어버리는 훈련을 많이 했다.

침투 시 제일 두려운 것은 예기치 않은 시간과 장소에서 적과 조우하는 것이다. 침투의 목적이 포로 획득이라면 하체를 쏴서 잡아 오면 그만이지만 이번 임무같이 적의 소굴로 들어가서 적의 전반적인 상황을 파악하기 위해 침투하는 경우에는 도중에 적과 조우했을 때 침투 그 자체를 포기하고 돌아올 경우도 생기기 때문에 어떻게 하든지 조우를 피해야 했다.

이틀간의 예행연습을 마치고 침투 당일 오전에는 군장검사를 포함해 최종 점검을 마쳤고, 오후에는 모두 잠을 잤다.

**조우 시 먼저 사격하는 쪽이 기선을 제압하게 되어 있고,
일단 기선을 제압당하면 함부로 덤벼들지 못한다**

침투 시 달빛을 이용하기 위해서는 달이 뜨고서 1시간 정도 후가 가장 적합하므로 밤 9시 정도를 출발 시간으로 정했다. 달빛 아래 중대기지를 조용히 빠져나와 산속으로 접어드니 예상했던 대로 방향유지가 거의 불가능했다.

1킬로미터도 채 전진하기 전에 거의 한 시간 정도가 지나버렸고 땀이 어찌나 쏟아지는지 방탄조끼까지 흥건하게 젖었다. 떠날 때부터 무겁고 거추장스러운 방탄조끼는 벗어버리려고 했으나, 중대장님의 엄한 지시 때문에 입고 나왔는데 중량이 나가 행동에 제한을 줄 뿐 아니라 직격탄에는 무용지물인데도 벗어버리지 못하고 입고 나온 것이 후회스러웠다. 그 후 나는 매복 시를 제외하고는 두 번 다시 방탄조끼를 사용하지 않았다.

능선 접근로를 이용하여 통로개척조의 유도에 따라 구간 전진을 하다 보니 속도는 느렸지만 적과의 조우 없이 첫날 이동해야 할 지점에 거의 도착하였다. 대략 7시간 정도 능선을 따라 이동했는데도 불구하고 적과 전혀 접촉 없이, 첫날 밤에 산속으로 무사히 은밀히 침투할 수 있었다. 이는 매우 운이 좋았다고 생각한다.

침투를 시작하고 처음 2시간 정도는 병사들의 행동이 지나치게 신중해서 전진이 무척 힘들었지만 시간이 지나면서 야간 행동에 익숙해지니 이동 속도도 빨라졌고 행동도 경직되지 않고 태연해지면서 민첩해져갔다.

침투해 들어가면서 적과 조우하지 않을 것이라는 자신감이 생겼다. 왜냐하면 능선을 따라 길이 나 있지 않았으며 적이 다닌 흔적도 별로 없었기 때문이다. 적도 이 캄캄한 밤에 길도 없는 곳으로 다닐 이유가 없었다. 적들은 우리가 주로 주간에 활동하면서 밤에는 움직이지 않고 중대기지 근처에서 매복이나 하고 있다는 사실을 잘 알고 있었기 때문이다.

적들은 게릴라 기지 지역에서 낮에는 활동하고 밤에는 잠을 잤다. 보급품 조달이나 암살, 납치, 테러, 습격 등의 작전 임무를 수행하기 위하여 마을로 내려왔다가 새벽에 돌아오는 경우에만 밤에 움직였다.

그들은 통상 저지대의 계곡 통로를 이용했다. 통로가 없는 험한 밀림 지역이나 높은 산의 능선을 넘는 통로는 시간적 제한과 짐을 지고 넘기가 힘들어서 사용하지 않았다.

산속의 적에게 제일 필요한 것은 물이었다. 물과 멀리 떨어져서는 산속에서 생활할 수 없었다. 적들의 중요한 부서는 거의 대부분 물가에서 50~100미터 이내에 자리 잡고 있었다. 동굴도 물과 떨어진 곳은 임시 피신지로나 쓰일 뿐이며 그들이 늘 사용하는 중심 굴이 될 수 없었다. 임시 은거지도, 인공 동굴도, 지휘부도, 야전병원 시설도, 보급품 창고나 총기 탄약 시설도 전부 물가에 옹기종기 모여 있었다.

산 위에 올라가 지도를 펴놓고 물과 보급품을 조달할 수 있는 마을과 사람이 걸어 다니기 편리한 계곡 통로를 연관시켜보면 적이 사용하는 주 통로와 은거지를 거의 완벽하게 파악할 수 있었다. 시간이 지나면서 점점 더 자신이 생겼다.

이 산속은 적이 밤이나 낮이나 구분 없이 자유롭게 행동하는 그들의 활동 구역이었다. 한국군은 헬기로 착륙하여 작전을 실시해왔지, 육로로 도보이동해서 작전을 한 경우나, 이번같이 야음을 이용하여 침투한 경우는 없었다.

따라서 비록 적의 주 활동 지역이었지만 움직이는 것은 전부 적으로 간주할 수 있는 우리가 유리했고, 적은 오히려 우리를 만나더라도 자기네 편인지 적인지 판단이 순간적으로 되지 못하고 우물우물하게 되어 있었다.

우물우물하면서 적인지 아군인지를 확인하려는 몇 초의 시간이 절호의 기회이다. 이 순간에 먼저 정확히 쏘는 편이 조우전에서 이기는 법이다. 먼저 사격하는 쪽이 기선을 제압하게 되어 있고, 일단 기선을 제압당하면 아무리 강심장을 가진 사람이라도 함부로 덤벼들지 못한다. 더구나 사상자가 발생하면 그 혼란은 이루 말할 수 없을 지경에 이르는데, 내가 겪은 바에 의하면 적들은 저항을 포기하고 도망가기 급급했다.

생지옥 같은 밀림

월남의 밀림은 크게 두 가지 종류로 나눌 수 있다. 하나는, 키가 우리 사람 정도로 자란 소위 관목지대(灌木地帶)이다. 이곳은 나무에 가시가 많고 사람 키 정도의 작은 나무들이 뒤엉켜 있어서 이런 곳을 헤쳐 나가기란 여간 힘들지 않으며 특히 그늘이 없어서 더위와 땀으로 고통스럽기가 이루 말할 수 없다.

이런 곳에는 물도 없고 고약한 전갈이 많아 아무 곳에 함부로 엎드리거나 드러눕다가는 전갈에게 물리기 쉬우며, 또한 윤이 반들반들하게 나는 새카만 독개미가 많아서 노출된 손이나 목, 얼굴 등은 특히 조심해야 한다.

더욱 무서운 것은 독사가 많이 서식하고 있다는 것이다. 나는 이놈들이 달밤이 되면 키 작은 나무 위에 척 드러누워서 달빛을 즐기는 광경을 여러 번 보았다.

다른 하나는, 나무가 굵고 크게 자라 있는 교목지대(喬木地帶)로서 나무 위로 하늘이 잘 안 보일 정도로 잎이 무성하게 자라 있는 곳이 있다. 이런 곳은 공중에서 내려다보면 마치 목화송이같이 푹신푹신해 보인다. 또한 여기에는 산세가 험하고 나무가 많이 가물어도 물이 좀처럼 마르지 않는다. 야생물소, 산돼지, 고라니 등의 산짐승이 많고 물가에는 민물게와 고기들도 많다.

뱀은 주로 길이가 3~4미터씩 되는 구렁이와, 짙은 초록색을 내는 덩치 큰 도마뱀이 있어 우리를 가끔 놀라게 하지만 독이 없고 온순해서 별 경계심 없이 지나쳐도 된다.

월남에서 우리를 제일 괴롭혔던 것 중 하나는 모기였다. 그런데 그 모기는 아무것도 아니다. 물가 습기가 있는 곳에 가면 거머리가 우글거린다. 다 그렇지는 않지만 깊은 산에 들어가면 어떤 골짜기에는 자라가 우글우글하고, 어떤 골짜기에는 남생이가, 어떤 골짜기에는 게가, 어떤 골짜기에는 거머리가 우글대는 곳이 있다. 물줄기를 따라 번식하는 것이 틀림없다.

거머리가 우글대는 계곡을 들어가면 완전히 고생만 하고 허탕을 쳤다. 적들도 거머리 계곡에는 그들의 은거지를 구축하지 않았다. 덥다고 하여 멋모르고 물에 들어가면 전투복을 입었어도 호되게 당할 수밖에 없다. 땀내와 피 냄새를 맡고 새카맣게 몰려드는 습성이 수천 년을 지나면서 잘 숙달되어 있었다.

이 거머리는 물속뿐만 아니라 나무 위에도 있었다. 나무 밑에 잠시 앉아 있노라면 나뭇잎이나 가지에 붙어 있던 거머리들이 땀내와 피 냄새를 맡고 밤톨만 하게 똘똘 뭉쳐 땅으로 툭툭 떨어져서 엉금엉금 기어 와 살갗이고 어디고 아무 데나 달라붙었다. 전투복은 이놈들의 빨아대는 흡입력에 속수무책이었고 판초우의를 둘둘 말고 있어도 헤진 부분을 귀신같이 찾아서 밤새도록 피를 빨아댔다.

밤에는 플래시로 확인하거나 손으로 만져서 찾아내기까지는 대책이 없었다. 이 고약한 거머리가 피를 빨아대는 순간, 입에서 빼는 것을 알아차리지 못하게 소량의 마취제가 함께 분비되기 때문에 잠들지 않고 앉아서 근무를 서는 병사까지도 이놈들에게 피를 빨렸다. 여하튼 세상 만물이 제 나름대로 다 살아가게 되어 있는 것 같다. 이 작은 미물도 귀신이 놀랄 만한 특기를 갖고 있으니 말이다.

이런 밀림 속에는 평소 우리가 생각하지도 못한 것이 또 하나 있었다. 밀림 속에는 아름드리나무가 고사하거나 벼락을 맞아 쓰러져 썩은 것이 많이 있었는데 이런 썩은 나무 가운데 아주 오래된 것은 자연적으로 인(燐)이 발생되어 달빛에 훤하게 비쳤다.

경험이 없는 사람에게는 플래시 불빛을 비추는 것처럼 보이기 때문에 조심해야 했다. 겁에 질려 있거나 공포심이 많은 사람은 야간에 적으로 오인하고 총을 쏘는 일도 왕왕 발생했다.

나무가 크고 울창한 곳에는 나무 위쪽의 가지와 잎은 무성하나 밑에는 햇빛이 차단되어 작은 나무들이 자라지 않는다. 소리를 내지 않고 침투하기에 아주 적합하다. 특히 나무가 굵고 조밀하여 움직이는 물체가 나무에 가려서 조준사격을 할 수가 없고, 50미터만 거리가 생겨도 대부분의 실탄이 나무에 박혀, 집중사격을 받더라도 총소리만 요란할 뿐 어지간해서는 맞지 않는다. 100미터 정도 떨어질 경우, 안심하고 행동해도 된다.

앞으로 전개될 상황을 다양하게 예측하고
예측한 대로 훈련시켜라. 훈련한 대로 싸운다

달도 산 반대편으로 기울었고 머지않아 날이 새게 되니 주간관측을 할 수 있는 장소를 찾아 자리를 잡아야 했다.

그때까지 계속 올라갔기 때문에 현재는 경사진 곳이었다. 관측 장소로 삼기에는 경계병 배치가 적절치 못했고, 적과 마주치면 밑에서 올라오는 적을 피하고 싸우기에는 유리했으나, 위에서 내려오는 적을 만나면 피하기 어렵고 싸우기에도 불리한 입장에 놓일 수 있었다. 조금 더 올라가서 능선의 중간 정상 부분이 나타나면 자리를 잡을 것이라 마음먹고 부지런히 걸었다.

날이 밝기 시작하면서 20미터 정도까지 희미하게 물체를 파악할 수 있었다. 나는 아직 자리를 못 잡은 불안감에 약간 당황하였다. 멀리 아래에 있는 계곡을 감시해야 했으므로 나무가 별로 없는 곳을 찾아야 한다는 강박관념이 스스로도 당혹스럽기 짝이 없었다.

마침 이때에 계곡을 내려다볼 수 있는 평평한 작은 풀밭 지역이 나타났다. 이곳을 첫날 주간 감시지역으로 정하기로 마음먹고 배도 고프고 너무 지쳤기 때문에 쉬면서 시레이션 깡통을 꺼내 먹기로 했다.

큰 나무 아래에 기대앉아 배낭을 풀어놓고 두 다리를 쭉 편 채 철모를 우측에 놓고는 그 위에 소총을 비스듬히 눕혀놓았다. 통로개척조로서 나보다 이곳에 먼저 도착한 2명의 대원에게, 내가 앉은 자리에서 우측으로 20미터 정도 떨어진 지점에서 경계를 서도록 하고 모든 대원들을 쉬게 했다.

말이 야간 침투지 한 번도 경험하지 못한 도박을 한 셈이다. 적과 밤중에 마주치면 큰일 난다는 걱정 때문에 짐이 무겁다거나 다리가 아프다는 생각은 들지 않았고, 정신없이 기어올랐다. 플래시를 켤 수 없어 머릿속에 익혀둔 지도대로 올라왔으니 제대로 왔는지 알 수도 없었다.

도저히 내 위치를 확인할 수 없을 때는 항공기를 불러 확인하는 방법도 있었으나, 우리가 주로 사용한 방법은 포병에게 백린 연막탄을 쏘게 해 피탄지 위치를 참고하여 자기 위치를 찾는 방법이었다.

날이 새면 내 위치부터 찾아내야 할 판이었다. 어찌나 배가 고프고 고달 팠는지 땅바닥에 주저앉으니 꼼짝도 하기 싫었다. 우선 깡통 한 개를 꺼내서 뚜껑을 땄다. 닭고기와 국수였다.

왼손에는 깡통, 오른손에는 하얀 플라스틱 스푼을 들고 몇 숟갈 집어 먹었다. 먹으면서도 눈은 계속 사방을 두리번거리면서 저 앞에 무엇이 있을까 하고 한시도 경계를 게을리 하지 않았다. 땅거미가 가시면서 물체가 비교적 선명히 보이기 시작했는데 이상한 물체 하나가 나타났다. 정확히 내가 앉은 곳에서 계곡 쪽을 바라보고 3시 방향이니까 우측의 경계병과 내가 앉은 사이 지점으로 오고 있었다.

거리는 불과 20미터 정도, 우리 병사들은 전부 철모를 썼는데 저놈은 철모를 쓰지 않았고, 우리는 전부 머리가 스포츠형이었는데 저놈의 머리는 상당히 길었다. 우리처럼 군복을 입기는 했으나 몸이 아주 호리호리하고 바지가 좁은 홀태바지를 입고 있었다.

'저놈은 분명히 내 부하가 아니다. 월남 정규군인가? 그럴 리가 없다. 출발 전에 다 확인했지만 우군은 이곳에 없다. 적이 틀림없다.'

적이라 생각하니 온몸이 순식간에 돌처럼 굳었다. 총은 실탄이 장전된 채 내 옆에 있었으므로 그대로 잡아서 자물쇠를 풀고 방아쇠만 당기면 '드르륵' 하고 시원스럽게 실탄이 날아가게 되어 있었다.

그런데도 총을 잡지 못했다. 왜 그랬을까?

비록 총이 없는 적이었지만 전혀 예측하지 못한 상태에서 불쑥 나타나니 반사신경이 마비된 모양이었다. 그놈은 계속 걸어왔다. 눈이 크고 광대뼈가 유난히 옆으로 벌어진 놈이었다. 조조 같은 콧수염이 듬성듬성 나 있었고 머리가 흐트러져 덥수룩했다.

나를 보지 못한 것이 확실했고 우측에 있는 경계병이 못 보았으면 내가 쏴야 할 판이었다. 쏠까말까 망설이다가 총을 잡으려는 순간, 그놈이 앉아 있는 나를 보았다. 휑하니 쑥 들어간 눈으로 깜짝 놀란 모습을 보니 그놈도 순간적으로 굳어버린 것이 분명했다.

순간 "땅" 하고 한 발의 총소리가 나면서 그 자리에 콱 쓰러졌다. 내 우측에 있던 경계병이 좌측 가슴을 조준, 심장을 뚫어버린 것이다.

놀란 토끼처럼 큰 눈으로 나를 멍하니 쳐다보던 그 모습을 지금도 잊을 수가 없다.

나는 뛰기 시작했다.

"야, 날 따라와."

소리를 지르고 왼손에는 탄띠와 배낭을, 오른손에는 소총을 들고 적이 나타났던 방향으로 뛰기 시작했다. 뛰면서 배낭을 메고 뒤를 돌아보니 모든 대원들이 뛰어오는 것이 보였다.

위쪽으로 뛰면 속도가 느려 빠른 접적이탈이 어렵기 때문에 적이 나타났던 평지 방향으로 계속 뛰었다. 뛰어가면서 살펴보니 나무숲 속에 교묘히 위장된 움막이 여기저기 있었다. 이거야말로 완전히 남의 집 안방으로 뛰어 들어온 꼴이 되었다. 움막에서 엉금엉금 기어 나오는 적이 보였다. 한 발의 총소리가 나니까 새벽 잠결에 무슨 일인가 하고 내다보는 모양이었다.

뛰면서 움막에다 대고 연발로 마구 쏴댔다. 적이 코앞에 쓰러지는 것을 보고도 어찌나 다급했던지 확인할 생각조차 못하고 그대로 쏘면서 뛰어가기만 했다.

움막은 내 눈으로 얼른 보아도 여섯 채 정도 확인되었으며, 움막 지역을 통과해 나오자마자 다시 그곳에 집중사격을 하고는 예행연습대로 3명 1개 조로 조별 행동을 했다. 적이 따라오지 못하도록 구간이탈과 조별 집중사격을 하면서 계속 뛰어갔다. 당시 상황으로는 깊은 산속에서 갑작스럽게 적과 조우해 놀란 나머지 빨리 이탈하여 빠져나갈 생각만 했지, 적이 어떤 상황에 놓여 있다는 것은 전혀 고려하지 못했다.

나중에야 우리끼리 기지에 돌아와 토의하고 검토하는 과정에서 생각해 보니 조금만 서두르지 않고 침착했더라면 세상이 떠들썩할 큰 전과를 올렸을 터인데 아쉽기 짝이 없었다.

첫째, 적은 우리가 접근한 사실을 전혀 모르고 있었고, 휴식하고 있을 때 다가오다가 경계병에게 사살당한 녀석도 총을 휴대하지 않은 것으로 미루어볼 때 전혀 낌새를 눈치채지 못한 것이 분명했다. 그런 놈을 생포하지 못한 것은 분명 실수였다.

둘째, 움막집에 보초나 기타 경계병도 없이 전부 잠을 자고 있었던 것이 확실했다. 집집마다 적이 자고 있었다면 병력을 전개하여 전부 생포할 수 있었는데, '자라 보고 놀란 가슴 솥뚜껑만 보아도 놀란다'는 격으로 적을 만나면 신속히 이탈한다는 고정관념에 사로잡혀 절호의 기회를 상실하고 말았다.

셋째, 왜 우리가 사전에 예측하고 예행연습을 충분히 실시하지 못했는가 하는 후회와 아쉬움이 컸다.

우리에게는 수색이나 습격작전 임무가 전혀 부여되지 않았고 적을 만나더라도 과감한 교전은 인정되지 않았다. 우리를 적진에 보내는 사람들은 적과의 교전보다는 교전 자체를 회피할 것을 강조했다.

적 소굴 속에서 몰살하지 않을까 하는 걱정과 적에게 덜미를 잡히면 구출해내는 데 더 많은 희생이 따를 수 있기 때문이다. 그러다 보니 적과 조우 시 무조건 이탈만 강조하여, 이번처럼 우연히 손에 걸려든 대어를 잃어버리고 말았던 것이다.

그 후 다시는 이 같은 호기를 만나지 못했다. 내게 임무부여가 없었다 하더라도 그 정도의 조치는 현지의 소대장이 적시 적절하게 판단해서 상황에 알맞도록 과감하게 덤벼들 수도 있었다. 그런 적을 보는 그 몇 초의 순간, 떠나기 전 예행연습과 토의하면서 궁리했던 것 이외의 다른 생각은 하나도 떠오르지 않았다. 단지 빨리 이탈해야 한다는 생각 외에는…….

우리는 그야말로 정신없이 뛰어서 산중턱의 계곡까지 내려왔다. 발바닥이 땅에 닿은 기억이 전혀 없으며 마치 날아온 것 같았다.

물가 갈대 숲속에 숨어서 대원의 머리수부터 세어보니 12명 전원이 무사히 나를 따라 내려왔다. 비록 교전은 없었지만 한 사람도 다치지 않았고 여기까지 온 것에 대해서 감사하지 않을 수 없었다.

대대와 우리 중대와는 산이 가려서 직접 교신하지 못하고 가까운 다른 중대 관측소를 통하여 상황보고를 한 끝에야 철수하라는 명령을 받아 철수를 시작했다.

105밀리 포 사정거리 밖에 있었기 때문에 우선 급한 것은 대대에 있는 105밀리 포 사정거리 내로 들어가는 것이었다. 포는 우리가 요구하는 즉시 거의 정확한 지점에 떨어졌기 때문에 이용하기에 아주 편리했다.

무장헬기 지원도 받을 수 있었으나 그날 같은 경우 우리를 위해 대기하고 있지 않았고 그곳까지 날아오려면 빨라야 30분 내지 한 시간 정도는 족히 걸렸다. 그때는 이미 교전이 다 끝난 때가 되기 때문에 헬기 사용은 아예 생각지도 않았다.

철수하면서 우리 대대 105밀리 포 사정거리 내에 들어오니 다 빠져나온 것 같은 안도감이 생겼다. 좌우측의 의심나는 지역과 전방의 미심쩍은 지역에 포탄을 유도하니 한두 발씩만 날아와 터지는데도 그 폭음이 계곡을 진동시켰고, 대원들의 사기 충전은 말할 것도 없고 자기 지휘관과 동료에 대한 신뢰가 두터워지는 것이 눈에 역력히 보였다.

우리는 무사히 중대기지로 돌아왔다. 비록 최초 부여된 임무를 완벽하게 달성하지 못했지만 국방색 군복을 입은 적이 있는 것으로 미루어 월맹 정규군이 분지를 중심으로 산속에 전술적으로 배치되어 있다는 사실이 판명되었다.

그 어리둥절한 와중에서 사진 촬영병이 일제 리코 자동사진기로 몇 장의 사진을 찍어 와서 사진에 나타난 움막집 첩보 사항으로 그런 대로 체면을 유지할 수 있었다.

모두 지나간 일들이지만 눈이 크고 움푹 들어간 슬픈 모습과 유난히 광대뼈가 옆으로 벌어진 얼굴 모양 그리고 깜짝 놀라 우뚝 서 있다가 푹 쓰러지던 그 월맹군의 모습을 잊을 수가 없고, 왜 그놈이 이른 새벽에 그곳으로 어슬렁어슬렁 왔는지 지금도 알 수가 없다.

아마 그놈 팔자가 거기서 죽으라는 것이었나 보다. 또 한 가지 산속에 들어가서 포병의 사정거리를 벗어날 때의 불안한 심정은 이루 말할 수 없는 지경에 이르렀다가 다시 우리 대대의 포병 사정거리 내로 들어왔을 때의 안도감을 실감했다. 그리고 우리를 위해 쏘아준 포탄이 지근거리에서 작렬했을 때 그전까지 웅크리고 있던 병사들의 행동과 불안한 모습이 말끔히 사라지고 행동도 과감해지고 얼굴에 생기가 도는 것을 볼 수 있었다.

포병에 대한 고마움이 새로워지고 훗날 내 군대 생활에 많은 도움과 교훈을 남겨주었다.

이번 작전 때문에 소대원들에게 크게 무안을 당했다. 나는 왼손에는 배낭, 오른손에는 소총을 들고 뛰면서 소총을 올려놓았던 철모를 미처 쓰지 못하고 그대로 뛰어 내려왔다. 다른 대원들은 전부 철모를 썼는데 소대장인 나만 안 썼으니 다른 사람 철모를 쓸 수도 없고, 민망한 꼴이 되었다.

평상시 늘 쓰고 다닐 때는 무거울 때도 많았으나 막상 철모를 못 쓰고 보니 그리 허전할 수가 없었고 나뭇가지와 풀에 머리가 자주 부딪치고 불편하여 국방색 수건을 꺼내 여자들이 밭에 나가 일할 때 수건을 머리에 둘러쓰는 것처럼 동여매고 내려왔다.

누가 철모를 치우지 않았다면 철모의 위장포는 다 썩었더라도 아직 산속에 외롭게 있을 것이다.

언젠가 다시 월남에 갈 기회가 온다면 '두고 온 철모'를 찾아 꼭 20여 년 전을 되찾고 싶다.

전투감각 02

처음 부딪힌
월맹 정규군

앞에서 언급한 바 있는 '젖바위산'은 우리 중대가 위치
한 지역 내에서 가장 높은 고지군을 형성하고 있었다.

물이 많고 밀림이 우거지고 천연동굴이 산재해 있어 게릴라들이 은신
하면서 생활하기에 편리했다. 산 주위의 주민이 비교적 부농이라 식량 및
의료품 조달이 용이하였고, 교통망 또한 남북을 잇는 1번 국도와 남지나
해를 접해 있는 등 게릴라들에게는 비교적 유리한 지형이었기 때문에 이
산에는 월맹 정규군 3사단 야전병원이 있을 정도로 적이 많았다.

그리고 총 둘레가 약 60킬로미터나 될 정도로 큰 산이었으며 특히 산속
에는 폭이 평균 1~1.5킬로미터, 길이가 10킬로미터나 되는 긴 계곡도 있
었다.

제2차 세계대전이 끝나고 월남에 진주해 있던 일본군이 철수하자 프랑
스군이 자기들의 식민지였다는 명분으로 재진주하면서 월남의 독립전쟁

이 시작되었는데, 이때 프랑스 정규군 1개 대대가 이 계곡에서 전멸한 바 있다. 그 이후 이 계곡을 '죽음의 계곡'이라고 불러왔으며 우리는 이 계곡을 지날 때마다 그 당시 한 맺힌 원귀들이 혹시 우리를 해치지나 않을까 걱정을 하곤 했다.

또한 이 산의 하단부에서 바다와 접한 지역까지는 평야지대가 수십 킬로미터 펼쳐져 있었는데 이를 '고보이 평야'라 불렀다. 바로 이 젖바위산과 죽음의 계곡, 고보이 평야에서 나는 월남 소대장 시절을 보냈고, 많은 전투를 치르면서 상당한 전과도 올렸으며 피도 많이 흘렸다.

와지선에 바싹 붙어라

우리 1연대 2대대 6중대가 헬기로 착륙한 곳은 평평한 논바닥이었다. 이곳은 밭과 논이 해안선까지 펼쳐져 있는 평야지대로서 뒤로는 60여 호의 농가가 있었다.

비교적 부유한 농민이 살고 있는 지역이라 평화로운 풍경이었는데, 개들이 우리를 보고 전부 짖어대는 통에 동네와 그 지역 일대가 소란스러워지기 시작했다.

중대장님께서 앞쪽의 야산을 가리키며, 저 야산에 월맹 정규군 3사단 18연대 3대대가 은거해 있으므로 수색을 한다고 일러주셨다. 큰 야자수가 여러 그루 모여 있는 밭 한가운데에서 중대장님이 소대장들과 마주 앉아 작전회의를 주관하시며 걱정을 하셨다.

"저 야산에 무슨 적이 있겠나. 틀림없이 또 허탕치고 고생만 하는 것이 아닐까?"

소대장인 나도 적들이 정신 나가지 않은 이상 저런 야산에 대대 규모의 병력을 데리고 은거해 있으리라고는 생각조차 할 수 없었다. 왜냐하면 우선 물이 한 방울도 없으니 사람이 도저히 살 수 없을 뿐 아니라, 큰 나무가 한 그루도 없는 관목지대로 뜨거운 염천에 견뎌내지 못하기 때문이었다.

나무는 질기고 온통 단단한 가시투성이어서 도저히 사람이 지낼 곳이 못 되었고, 전술적으로 보아도 게릴라의 생명이라고 할 수 있는 숨을 곳이 전혀 없었다. 저런 곳에 대대 병력이 은거하고 있다면 그 부대를 지휘하는 우두머리는 틀림없이 우둔할 것이므로 큰 어려움 없이 적을 해치울 수 있다고 생각했다. 중대장님으로부터 명령을 받고 소대원이 기다리는 집결지로 돌아왔다.

중대의 좌측은 1소대, 중앙이 3소대, 우측이 우리였다. 3소대장 서 소위가 전투 경험이 가장 많아서 중앙의 기준 소대를 맡았다. 배낭은 일단 현 위치에 전부 벗어놓고 소대원들에게 목표와 분대별 진로를 정해주었다. 그리고 야산 수색을 어느 정도 마친 후에 옮기기로 했다.

단독군장에 수류탄은 개인당 두 발씩 휴대했다. 기관총은 현 위치에서 소대의 전진을 엄호하다가 소대가 개활지를 통과해 와지선(산과 평지가 만나는 부분)에 도달하면 소대장 지시에 의해 전방으로 이동하도록 했다. 개활지는 위험하니 논둑과 물고랑을 이용, 분대별 각개약진을 하면서 와지선에 신속하게 달라붙으라고 명령했다.

논과 산이 맞닿은 와지선은 소대의 공격 개시선에서 약 400미터 거리에 있었다. 와지선은 우리 키 정도의 낮은 절벽으로 되어 있었고, 그 위에는 군데군데 대나무들이 작은 군(群)을 형성하고 있었다.

개활지만 무사히 통과하여 와지선에 도달하기만 하면 큰 피해는 없을 것으로 판단하고 쌍안경으로 와지선 일대를 따라 자세히 살펴보았으나 적의 진지라고는 전혀 찾아볼 수가 없었다.

나는 소대장, 중대장을 하면서 공격 중이거나 수색 시에는 하얀 비닐에 싼 지도를 절대 꺼내 보지 않았다. 전장에서 흰색은 저격수의 표적이 될 뿐이기 때문이다. 철모나 옷에도 계급장을 달지 않았다. 역시 근거리 표적이 되기 때문이다. 실제로 계급장이나 견장을 달지 않은 채 작전 지역을 돌아다녀도 뭐라고 말하는 사람은 아무도 없었다. P-77 무전기의 짧은 안테나도 달지 않았으며, 달았다 하더라도 꾸부려서 무전기 뒤쪽으로 묶어 버렸다.

지극히 겸손하고 겸허한 자세로 앞으로 전개될 상황에 대해 예리한 예측과 판단을 해야 하고, 예측되는 상황에서 아주 적절한 조치를 사전에 미리 해야 한다. 일이 터지고 나서 생각하면 이미 때는 늦는다.

공격개시선에 소대원을 전개시켜놓고 중대장의 명령을 기다렸다. 공격개시선이래야 훤히 다 보이는 논둑에 불과했다. 그 위에 쭉 엎드려 있거나, 벌렁 누워서 하늘을 보거나, 뒤쪽에 있는 마을을 바라보면서 기다렸다.

아마도 다른 중대의 포위권 형성이 늦어지는 모양이었다. 헬기로 대대가 전부 이동했기 때문에 중대별로 도착 시간이 달라서 먼저 도착한 우리 중대는 한참을 기다릴 수밖에 없었다. 도대체 공격한다는 실감이 좀처럼 나지 않았다. 그럴 수밖에 없는 것이, 적이라고는 한 놈도 보이지 않는데 공격한다는 자체가 우습기도 하고, 더구나 개가 짖는 이 평온한 동네에 전투 분위기는 전혀 걸맞지 않았기 때문이다.

족히 한 시간 정도는 기다렸나 보다. 소대원들 사이에 '뭐 이러냐'고 투덜대고, 오줌 누러 돌아다니고, 벗어둔 배낭에서 깡통을 꺼내다가 까먹는 병사도 있었다.

끼리끼리 엎드리거나 누워서 담배 피우며 잡담하고, 씨름도 하고, 닭싸움도 하고 도대체 공격개시선의 전장군기와는 거리가 먼 비전술적인 행동들이 속출했다. 그렇게 엄격하신 중대장님도 김이 빠지신 것 같았다.

사소한 전술원칙을 준수해야 한다

드디어 공격개시 명령이 하달되었다.

3소대가 먼저 앞으로 나갔다. 마치 시골길을 걷던 사람들이 수박이나 참외 원두막에서 쉬었다가 그냥 '자, 갑시다' 하고 아무 일 없다는 듯 걸어가는 것과 같은 상황이었다. 좌측의 1소대도 보니 마찬가지였다. 중대본부 요원들은 우리가 공격하는 동안 야자수 밑에 위치해 있었는데, 곧 이동할 것이라고 생각해서인지 호도 파지 않은 채 나무 밑에 무전기를 기대놓고 옹기종기 모여 앉아 있었다.

나는 3소대가 100미터 이상 전진할 때까지 꼼짝도 하지 않았다. 방정맞은 중대 교육계가 안 나간다고 성화였고, 중대장님도 큰 소리로 "서 중위, 안 가나!" 하고 다그치고 있었다.

잠시 후 나는 소대원들에게 논둑과 물도랑을 이용하여 분대별로 신속하게 와지선까지 뛰라고 지시하고, 나 역시 무전병과 함께 뛰기 시작했다.

내가 와지선까지 50~60미터 정도까지 뛰어왔을 때, 3소대 쪽에서 적이 쏘는 자동화기 소리가 "따다딱, 따다딱" 하고 들려왔다. 어슬렁어슬렁 걸어가던 3소대장과 무전병 등 3, 4명이 논바닥에 쓰러지는 것을 보고 나는 논둑을 은폐물로 삼아 엎드린 채 전방을 주시했다.

총소리가 나자 중대원 가운데 움직이는 사람 하나 없이 모두 논둑을 이용해서 엎드렸다. 이러다간 조준사격을 당할 판이었다. 중대장님도 별안간 닥친 일이라 그런지 아무 말이 없으셨다. 속수무책이었다. 나는 소대원들에게 "빨리 와지선에 붙어라!" 하고 소리 지른 뒤 무전병의 목덜미를 잡아당기면서 뛰어갔다.

좌측에서 "따르르, 따르르" 하면서 연발사격이 날아왔다. 귀 옆으로 실탄이 "피잉" 하면서 지나갔고, 우리 병사들이 뛰어나가는 좌우측에 실탄이 박혔다.

순간적으로 이것은 기관총의 묵직한 사격 소리가 아니라 AK 소총을 자동으로 쏘는 것이라고 판단했다. 방망이 수류탄 한 발이 내가 있는 쪽을 향해 붕 떠서 날아왔다. 나는 반사적으로 바로 우측에 흐르는 물도랑에 몸을 내던지고 머리를 처박았다. 숨을 쉬지 말아야 했는데 어찌나 급했던지 그걸 잊어버렸다. 코와 입으로 도랑물이 들어왔다. 갑자기 물을 들이키게 되자 컬럭컬럭거리고 숨이 차서 고개를 다시 들었다.

좌우측 분대장들이 대원들을 이끌고 이미 와지선에 붙어서 산 쪽으로 사격을 하고, 수류탄을 던지고, 전투를 벌이면서 "소대장님! 빨리, 빨리 뛰십시오!"라고 고래고래 소리를 질렀다. 무전병과 함께 정신없이 와지선까지 뛰어갔다.

노출된 공격개시선에서 소대장들은 일거수일투족을 주의해야 한다. 예를 들면 전방을 손가락으로 가리킨다든지, 지도를 들고 전방을 확인한다든지, 무전병을 옆에 데리고 다니면서 송수신하는 일련의 행위는 모두 적에게 포착된다.

적의 저격수는 지휘자를 표적으로 삼기 마련이다.

적들이 숲 속에서 조준한 채로 우리가 접근해 오기를 기다리고 있었다. 우리 소대가 적의 기습사격에 피해를 입지 않았던 것은 기적이 아니었다. 지극히 당연한 결과였다.

우리는 분대전투나 각개전투 시간에 배운 그대로 논둑과 도랑을 이용하여 분대별 내지 각개약진으로 뛰어갔기 때문에 적이 정조준해서 사격할 수 없었던 것이다. 자기 전면으로 뛰어오는 우리를 보자 적들은 당황한 나머지 연발사격을 할 수밖에 없었고, 사격의 부정확성으로 인해 50미터 정도의 근거리였지만 명중시킬 수 없었던 것이다.

전투는 평시 훈련한 그대로 행동에 옮기는 것이며 다만 실제 적과 부딪치는 것만이 훈련과 다를 뿐이다.

1, 2미터의 얕은 절벽이었지만 산 쪽이 보이지 않았다. 분대장들은 튼튼한 병사들을 골라 벽 쪽에 바싹 붙어 서게 하고는 어깨 위에 발을 딛고 올라서서 산 쪽을 바라보면서 사격했다. 전혀 시키지도 않았는데 자발적으로 상황에 아주 적절히 대처하고 있었다.

나도 전령의 어깨에 올라서서 전방을 관측했다. 약 30미터 전방에 있는 나무 사이로 넓적하고 시커먼 바위가 하나 보였는데 검은 머리가 슬그머니 올라오면서 AK 소총을 바위 위쪽으로 올려놓고 있는 것이 아닌가.

'저놈은 내 부하가 아니다.'

M16 소총을 나뭇가지에 거치한 다음, 턱 밑의 목을 조준해서 방아쇠를 당겼다.

"땅." 총소리와 함께 실탄이 사람의 살을 꿰뚫으면서 내는 반사음이 "퍽" 하고 들려왔다. 맞은 것은 분명한데 바위 뒤로 미끄러져버렸는지 보이지 않았다. 소대원들이 하나둘 절벽을 기어올라 산으로 전개하면서 지역수색이 시작되었다.

바위 뒤쪽에는 우측 턱 밑을 맞고 귀 뒤쪽으로 실탄이 관통해버린 적이 피를 흘리며 쓰러져 있었고, 시체는 체온도 식지 않은 채로 있었다.

그날 한나절은 더 이상의 전진 없이 해가 저물었다. 우리는 곧이어 야간 매복을 준비했다.

낮에 있었던 전투에서 나와 파월 동기인 인접 8중대의 박 중위가 적의 저격사격으로 허리를 다쳐 후송되었고, 3소대장 서 소위는 좌측 어깨에 AK 3발을 맞아 어깨뼈가 부서지고 출혈도 많았지만 생명에는 지장이 없다는 소식을 전달받았다. 주간 전투로 수류탄과 실탄이 많이 소모되어 저녁 해가 질 무렵에 탄약과 수류탄, 식량 등을 진지로 옮겼고, 다른 사람은 크레모아를 설치하고 호를 파면서 야간작전에 필요한 제반조치를 취했다.

월광 상태가 좋았고 관목지대라 밤에 사람이 움직이면 나무 꺾어지는 소리가 나기 때문에 조명지뢰는 일절 설치하지 못하게 하고, 야간조준경 운영요원을 다시 임명하고 관측구역을 중복해서 설정해주었다.

소대원들이 다 나르지 못한 보급품 중 식량만 논바닥 가운데 쌓아놓고, 수류탄 두 상자는 너무 무겁고 거의 어두워진 뒤라서 미처 분배하지 못해 소대장호 옆에 그냥 놔두었다.

중대본부는 그대로 개활지 야자수 밑에 자리 잡고 있었다. 오후에 적과의 교전으로 인해 대대 전체가 포위권 형성을 완료하지 못한 채 중대와 중대 사이에 많은 공간이 있는 상태에서 야간작전에 들어가게 되었다.

적 재출현, 적은 아군의 배치 공간을 노린다

이 세상에 태어나서 죽느냐 사느냐 하는 전투현장을 무심한 모습으로 구경하는 사람들을 그때 처음 보았다. 우리가 오후에 싸우는 동안 동네 사람들, 특히 꼬마들이 밭둑에 엎드려서 그 장면을 구경하고 있었던 것이다.

세상에 별의별 일들이 많이 있다지만 참으로 희한한 일이 아닐 수 없었다.

유독 월남에만 있었던 웃지 못할 일들이 아닌가 싶었다. 매복 준비를 하면서 생각해보니, 산 안쪽으로 달아난 적들이 주간에 우리 대대의 활동을 전부 관측할 수 있었으므로 중대와 중대 사이의 매복 공백을 이용하여 탈출할 것 같았다.

나는 적이 죽었던 바위 바로 밑에 호를 파서 소대 본부로 정하고, 2개 분대는 우리가 최초로 전투했던 와지선 부분에 배치하여 적들이 낮은 절벽에 바싹 붙어서 빠져나가지 못하게 했다. 또한 와지선 하단부에는 크레모아를 막대기에 매달아 대나무에 묶어서 나무 위로부터 아래쪽으로 크레모아 공격을 할 수 있도록 준비했다.

호 앞에 수류탄 상자를 전부 뜯어서 던질 준비를 해놓으니 마음이 든든했다. 무전병을 근무 대기시켜놓고 중대본부와 이상유무를 확인하는 무전기 소리가 가물가물하게 들리는 가운데 깜박 잠이 들어버렸다.

우측에 있는 분대장과 이상유무 확인을 위해 발목에 매어놓은 확인줄에 적 출현 신호가 왔다. 벌떡 일어나 무전병을 쳐다보니 내 입을 막으면서 야간조준경을 건네주며 방향을 가리켰다. 야간조준경의 희끗희끗한 가는 선이 좌우로 움직이는 그 속에 적의 움직임이 보였다. 산 위쪽으로부터 와지선에 바싹 붙어 내려오면서 몇 미터 정도 떨어진 곳에 그대로 쌓아놓은 전투식량(C-Ration)을 한 상자씩 들고, 다시 와지선 절벽 부분으로 돌아와 와지선을 따라 살금살금 빠져나가고 있지 않은가!

우리 중대가 있는 곳에서부터 산 위쪽으로는 5, 7중대가 배치되어 있었는데, 우리 중대보다도 뒤늦게 이곳에 도착하여 충분히 포위권 형성을 완료하지 못한 상태였다. 그리하여 중대 간 또는 소대 간 간격이 생기자 그 사이로 빠져 나온 적들이 분명했다. 우리가 산악지역에 투입되니까 인접 마을 지역으로 이동하거나 해안을 이용해서 다른 곳으로 빠져나가려고 이동하는 것이 틀림없었다.

너무 근거리여서 중대장님께 상황보고조차 할 수 없었다. 바위 뒤의 화기분대장을 바라보니 이미 기관총 사격준비를 완료하고 명령만 떨어지면 그대로 쏴댈 자세였다.

수류탄을 집어 들고 안전핀을 뽑았다.

나는 산 위쪽에 있었고 적은 바로 발아래 절벽을 따라 움직였기 때문에 보이지는 않았지만 개략적으로 판단해봤을 때, 야간에 행동을 한다면 속도가 주간보다 느릴 것이 틀림없으므로 우리가 설정한 살상지대 내에 있을 것으로 판단하고 사격명령을 내렸다. 분대장에게 대나무에 설치한 크레모아를 누르라고 지시하니 순식간에 7, 8발의 크레모아가 동시에 터졌다.

"꽝꽝꽝." 수타식 조명탄이 "쉬이익" 떠올랐다. 적이 내려오는 쪽에다 대고 정신없이 수류탄을 집어 던졌다. 바로 좌측 뒤의 기관총이 "따르륵, 따르륵" 불을 뿜기 시작했고 절벽 위에 배치된 대원들에 의해 수류탄 공격이 계속되었다.

60밀리 조명탄이 중대본부에서 "픽, 픽" 하는 소리를 내며 올라오면서 천지가 대낮보다 더 환했고, 폭음이 산천을 뒤흔들었다. 적은 앞뒤 머리 위에서 수류탄과 크레모아가 터지자, 우리가 낮에 혼이 났던 논바닥으로 10여 명이 뛰어 달아났다.

기관총과 M16 소총 그리고 M79 유탄발사기를 신나게 쏘아댔다. 중대본부에서도 달아나는 적을 발견하고 사격을 해대니, 적은 뒤쪽과 우측 양쪽에서 동시에 사격을 당하는 꼴이 되었다.

조명만으로 보아도 시커먼 적들이 논바닥에 쓰러져 있는 것이 보였다.

이때 중대본부의 전령이 아래쪽 절벽에다 대고 쏜 66밀리 로켓포가 상탄이 나서 내가 있는 호 2미터 정도 우측 아래에서 폭발했다. 그러나 나는 경사진 위쪽에 있었기 때문에 파편은 흙에 파묻혀버렸으며 무사할 수 있었다.

하마터면 무전병과 함께 아군이 쏜 로켓포에 폭사당할 뻔했다. 어지간히 쏘아대고 나서 사격중지 명령을 내리고 중대장님께 보고 후, 개활지와 절벽 아래에 대한 수색을 실시하면서 확인사살을 했다. 상당한 인원이 바다 쪽으로 도주했으나 월맹 정규군 12명을 사살하는 전과를 올렸다.

아침에 어둠이 가신 후, 나는 소대원들을 데리고 적이 쓰러져 있는 지역에 대한 정밀수색과 전리품 정리를 위해 수색작전을 실시하고 있었다.

논 가운데 반쯤 왔을 때였다. 약 100미터 전방에 파인애플과 선인장이 몇 그루 있는 곳에서 월맹군 한 명이 소총 끝에 피 묻은 하얀 천을 매달아 흔들면서 우리를 부르고 있었다.

"따이한, 따이한!"

긴장은 되었지만 이렇게 소리를 질렀다.

"총을 쏘지 말고 생포하라!"

동작 빠른 병사들이 어느새 후다닥 뛰어서 논둑에 엎드렸다.

쓰러진 채 우리를 쳐다보는 적에게 총구를 들이대고 주위를 돌아보니, M79 유탄발사기 파편에 머리통이 벌집이 된 두 명의 적이 더 쓰러져 있었다.

아직 목숨이 붙어 있는 이 친구는 상의와 속내의를 벗어서 소총 끝에 매달아 흔들면서, 다른 손으로 기관총에 맞아 다 부서진 우측 엉덩이 부분과 장딴지의 총 맞은 자리를 틀어막아 지혈을 시키고 있었다. 구급법 교육을 제대로 받아 응급처리를 잘해서 그나마 살았지 도저히 살아 있을 상처가

M79 유탄발사기에 사살된 적. 우리는 적의 영혼을 위로하기 위해 고개 숙여 명복을 빌었다.

아니었으며, 눈동자나 얼굴색은 이미 변해버린 상태였다. 수색이 전개되자 오로지 살기 위해 마지막 남은 힘을 다해 우리를 부른 것이다.

더 이상 살 가망은 전혀 없었고, 오히려 상처 때문에 겪는 고통이 애처롭기에 고이 잠들게 했다.

시체 15구를 한군데 모아놓고 M16 소총을 착검시켜 논바닥에 거꾸로 박고 철모를 얹은 채 잠시 고개 숙여 적의 영혼을 위해 명복을 빌어주었다. 그리고 나서 풀을 베어다가 대충 덮어준 뒤 나머지 전리품은 중대본부에 인계하고 아침식사를 하러 내 호로 돌아왔다.

전날 논바닥에 쌓아놓았던 시레이션과 물백을 운반해보니 전부 터져서 물은 하나도 없었고, 깡통은 수류탄과 M79 유탄발사기 파편에 맞아 수프나 국물은 사라지고 건더기만 남아 있었다. 음식물을 한곳에 털어놓고 파편을 골라내 가면서 주워 먹고, 물은 중대본부와 화기소대의 것을 가져다 마셨다. 소대원들은 식사를 하면서도 서로 너도 나도 잘했다고 전투상황에 대해 한마디씩 주고받았다.

날이 어두워져서 전부 분배하지 못하고 소대장 호에 보관해둔 수류탄이 고마울 정도로 유용하게 쓰였다. 일이 잘 풀리려면 잘못된 조치도 유리하게 전개되는 모양이다.

수색 시 제반조치를 강구하여
적의 살상지대 내로 들어가는 것을 예방해야 한다

아침수색을 재개할 때까지는 시간의 여유가 있어 분대별로 경계병 두 명씩만 현 위치에 대기시키고, 전 소대원을 불러 모아 어제의 상황을 설명하면서 소대 전술토의를 간단히 실시하였다. 실시 결과는 반드시 다음 작전에 참고하여 반영시키도록 강조하는 것을 잊지 않았다.

그사이 어제 나와 함께 논을 가로질러 뛰었던 무전병이 논바닥에 내려가서 중공제 방망이수류탄을 들고 왔다.

"이놈이 어제 우리 앞에 떨어진 수류탄인데 안전핀 제거용 끈이 잡아당겨져서 없는 것을 보니 불발탄인 것 같습니다. 우리가 어지간히 재수가 좋아서 이놈이 안 터졌어요."

그러면서 방망이수류탄 머리 부분을 자신의 머리에 툭툭 쳤다.

우리는 세열수류탄을 그렇게 많이 사용했어도 불발탄을 보지 못했는데 중공제 수류탄은 어찌나 제조 과정이 조잡한지 약 20퍼센트 정도가 불발탄이 발생하는지라 그 덕에 많은 사람이 다치지 않았다.

중대의 장교가 부상당해 후송되었다. 그리고 전사자가 발생하였기 때문에 출발 전에 중대장님으로부터 적의 저격예측과 철저한 전방확인, 사격통제 및 정밀수색에 대한 각별한 메시지가 전달되었다.

주간수색 시 가장 무서운 것이 적의 저격이다. 그런데 이번에 우리가 수색할 지역은 키가 작고 가시가 따가운 관목지대인지라 밀림지역 수색보다는 저격 위험성이 훨씬 적은 데 반해, 병사들이 조심성 없이 지나가면 나무 넝쿨 사이로 설치해둔 부비트랩에 의해 피해를 볼 우려가 있었다.

따라서 소대는 분대별로, 분대는 다시 2, 3개 소수인원으로 편성하여 구간전진을 해야 하고, 앞서가는 조는 거의 포복하듯이 나무 밑과 바위틈을 세밀히 확인하면서 전진해야 했다. 적들은 자연 동굴의 이용과 비트식 은거지 구축 능력이 뛰어나서 세부적인 정밀수색을 하지 않으면 안 된다. 한나절 동안 많이 전진해야 겨우 2킬로미터 정도였다.

이런 식으로 수색을 하다 보면 20미터 정도만 전진해도 온몸이 땀으로 뒤범벅되고, 500미터 정도도 전진하지 못해서 수통의 물이 바닥나므로 물 마시는 데 대한 통제도 적절히 해야 했다.

수색 시 자칫 일렬횡대로 서서 전후좌우를 확인하면서 앞으로 나가는 것이 부대 지휘에 용이하여 주로 이런 방법을 사용하는 경우가 많은데, 수색 속도가 빠르고 지휘통제가 용이한 점도 있으나 정밀하지 못하고 한 번의 기습사격으로 동시 피해가 많이 발생하는 단점 때문에 적정이 예측되는 지역에서는 채택하지 않는 것이 좋다.

수색 방법은 언제 어디서나 적의 위치 발견이 용이하고, 충분한 시간을 갖고 적정을 살피면서 부대 지휘를 할 수 있도록 타 수색조로부터 엄호를 받을 수 있는 구간전진을 실시함이 가장 바람직하다.

이때 유의할 점은 충분히 전방을 확인하고, 은폐 엄폐할 수 있는 전진로를 생각하면서 앞으로 전진해야 정밀하고도 철저한 수색을 할 수 있으며, 유사시 즉각조치 및 동시피해를 예방할 수 있다.

또한 의심나는 곳이나 적의 은폐가 예상되는 지역에는 앞서 전진해 간 조로 하여금 화력수색을 하게 함으로써 적의 응사를 유도하여 적의 위치를 탐지하거나, 저격요소를 사전에 탐지하여 적이 설치한 살상지역으로 들어가는 것을 방지해야 한다.

바위가 산재한 지역에 도착했다. 바로 약 5미터 정도 떨어진 맞은편 바위 밑에 한 명의 적이 보였다. 그는 우리가 위쪽에 있다는 것을 알지 못한 채 후면에서 올라오는 화기분대 요원 2명을 보면서 바위틈으로 숨었다.

얼핏 보기에 머리가 길었고, 군복 색깔은 어제 잡은 적과 같았으며, 신발은 우리 군화가 아니었다.

"저놈은 적이 아니냐! 쏘지 말고 생포해라!"

내 말이 채 떨어지기도 전에 나보다 조금 위쪽에서 뒤따라오던 화기분대 병사가 위에서 내려다보고 조준사격을 했다.

"땅, 땅, 땅."

말릴 틈도 없이 3발을 순간적으로 쏘았기 때문에 푹 주저앉더니 죽어버리고 말았다.

중대와 대대에서 지시가 왔다. 바위 지역이라는 말을 듣고는 어제의 전투와 연계하여 동굴이나 큰 은거지가 있을 것으로 예측, 야전삽으로 수색지역 일대를 파 가면서 정밀수색을 하라는 것이었다.

현장감각이 없는 상급부대 지시로 거의 2시간 정도를 뙤약볕 아래서 시간만 소모했다.

매 작전 종류 후 필히 전술토의를 하라

오후에 수색작전이 계속되었다. 날씨가 무더운 데다가 나무 그늘마저 없어 가시 많은 나무 밑을 기어 다니기란 이루 말할 수 없는 고통이었다. 얼마나 땀이 쏟아지는지 땀 때문에 앞을 잘 볼 수 없을 정도였다.

큰 면수건으로 얼굴을 닦으며 나무 밑을 전진해나갔다. 벌떡 일어서서 쏠 테면 쏴보라고 만용도 부리고 싶었지만, 상황이 계속 발생하는 판에 사격을 받아 죽는 것보다는 오히려 이렇게 땀 흘리며 나무 밑을 기는 것이 상책이라고 판단했다. 소대원이 투덜대는 것을 듣고도 모른 체했다.

"소대장님, 숨이 타고 더위에 쪄서 죽겠습니다."

"개미들 때문에 못 나가겠습니다."

"전갈과 거미가 많아요."

"일어서서 가게 좀 해주십시오."

불평이 이만저만이 아니었다.

나는 등 뒤에다 대고 소리를 질렀다.

"소대장은 너희들 시체 치우고 싶은 생각 없어. 잔소리 말고 밑으로 기어가라!"

이제는 소대원은 고사하고 소대장인 내가 더위와 땀 때문에 질식해 죽을 판이었다.

앞서가던 분대장이 별안간 나를 불렀다.

"소대장님 이리 와보세요. 작은 동굴이 있는데 사람이 방금 들어간 흔적이 있습니다."

박격포 사격 시 가랑잎이 쌓여 있던 곳이 불에 타서 거의 재가 되었는데,

그 재 위로 사람이 지나간 발자국 크기만큼 나뭇잎 재가 부서져 있었다.

우선 플래시로 동굴을 비춰보니 동굴 바닥에는 선명한 흔적은 전혀 없었으나 5미터 정도 들어가서는 왼쪽으로 사람이 들어갈 수 있는 공간이 있는 것 같았다. 분대장이 안에다 대고 몇 번 소리쳤다.

"브이시, 라이라이(V. C. 나와라), 베트콩 라이라이."

아무런 반응이 없자 우측 손에 대검, 좌측 손에 플래시를 들고 들어갔다.

분대장이 간신히 비비며 약 3미터 정도 들어가더니 아무 소리 없이 뒤로 나왔다. 왜 나오느냐고 물어도 대답이 없었다. 밖으로 완전히 나와서는 이렇게 보고했다.

"3미터 정도 들어가서 플래시를 오른손으로 잡고 좌측의 텅 빈 곳을 향해 비췄는데, 몸은 안 보이고 맨발의 발가락 끝만 나란히 있는 것이 보입니다."

좌로 꺾어진 쪽으로 굴이 길게 이어져 있다면 여러 놈이 있을 것이라는 생각이 들었는데, 적이 '너 죽고 나 죽자'는 식으로 덤비는 날이면 부하들이 들어가서 다칠 것 같았다.

동굴 안에다 대고 M16 몇 발을 쏘았다.

작은 동굴 속에서 총소리와 실탄 박히는 소리를 듣고 다 포기하고 나오라는 뜻이었다. 전혀 반응이 없었다. 분대장이 다시 들어가기로 했다. 이번에는 겁이 났던지 M16 소총을 갖고 들어갔다.

플래시를 위에서 밑으로 비추어가면서 들어갔다. 3미터 정도 들어가더니 분대장이 소리쳤다.

"어이, 브이시 라이라이, 기브미 쑹(총을 달라), 라이라이."

완전히 월남어, 한국어, 영어가 뒤섞인 국적불명의 말이었다.

이번에는 그 속에 숨어 있던 적이 대답을 했다.

굶주림에 지쳐 제대로 서지도 못하고 드러누워 버린 월맹군 18연대 통신대장.

"따이한 ×××……."

내가 알아듣지는 못했지만, '한국군 아저씨 나갈 테니 살려달라'는 소리였다. 그 녀석이 내미는 권총 손잡이를 잡아들고 분대장이 다시 기어 나왔다. 머리와 얼굴과 온몸이 땀으로 범벅되어 있었다.

무척이나 긴장했었던가 보다. 우리는 월맹 정규군 제3사단 18연대 통신대장을 생포했다. 그가 휴대하고 있는 것이라곤 권총 한 정과 실탄 몇 발, 탄띠와 수통뿐이었다.

수통을 열어보고 깜짝 놀랐다. 그 안에는 구역질이 확 나는 오줌이 들어 있었다. 여러 날 쫓기면서 아무것도 먹지 못하고 동굴 속에서 물이 떨어져 오줌을 받아 먹으면서 며칠을 버티었으니 비록 적이지만 그의 인내력과 책임감 그리고 끝까지 포기하지 않고 희망을 갖고 버텨온 용기가 가상스럽기까지 했다.

소총중대는 권총 장비가 없어서 동굴 수색 시 아쉬움이 많았기 때문에 나는 여기서 노획한 중공제 권총을 반납하지 않고 계속 가지고 다니면서 유용하게 사용했다. 석식 시간을 이용하여 소대원을 바위 동굴 앞에 모아 놓고 주간수색에 대한 결과를 약 30분 정도 상호토의를 통해 전술교육을 시켰다.

우선 적이 비무장일 때, 저항의지가 없다고 판단되면 무조건 사살하지 말고 생포해서 적이 갖고 있는 첩보를 최대한 활용할 수 있도록 해야 한다. 살생유택이 우리 고유의 화랑도 정신이므로 손을 든 적이라든가 생포할 수 있는 적을 사살하는 것은 아주 비겁하고 졸렬한 행위이다. 비록 적이라 하더라도 같은 군인끼리 그런 짓을 하면 훗날 천벌을 받는다고 강조했다.

수색 시는 통상 적이 우리를 먼저 발견하게 되는데 저격의 표적이 되지 말아야 하고, 설령 발견되더라도 초탄에 쓰러지지 않아야 한다. 그러기 위해 반드시 숨어서 전진하고, 피탄 면적을 줄이기 위해서 자세를 낮추어 행동하도록 주지시켰다. 그러고 나서 수색 시 불평하던 것을 호되게 꾸짖었다.

또한 동굴 수색 시 반드시 안에 들어가 있는 적으로 하여금 싸우려는 의지를 말살시켜서 스스로 포기하고 저항을 하지 못하게 하는 것이 제일 중요하다는 것을 가르쳤다. 이를 위해서 사람이 들어가기 전에 사격이나 수류탄 투척 등을 반드시 해야 한다.

동굴 사격 시 상체가 노출되면 적이 먼저 쏘게 되므로 입구 옆쪽에 숨어서 쏘도록 하고, 수류탄 투척 시는 다음과 같은 두 가지 사항을 명심해야 한다.

첫째는 집어 던진 수류탄을 적이 다시 사용하지 못하도록 해야 한다. 그러기 위해서는 안전핀을 뽑고 나서 '딱' 하고 뇌관을 치는 소리가 난 후 던져야 한다. 이때 조심할 것은 이미 뇌관을 때린 수류탄을 멀리 보내기 위해 팔을 뒤로 젖혔다가 던지면 투척자 가까이서 공중폭발하여 다치는 수가 있으니 조심해야 한다.

　두 번째는 동시에 두 발 이상을 넣어서는 절대 안 된다. 동굴의 형태에 따라서 다르겠지만 이번처럼 좁고 짧은 동굴의 경우 먼저 터진 수류탄의 폭풍에 의해 다른 수류탄이 동굴 밖으로 튀어나와 폭발하여 동굴 밖에 있는 우군이 다치는 불상사가 발생한다. 똑같은 수류탄이라도 터지는 시간이 각각 다르다는 사실을 명심해야 한다.

　빛이 완전히 차단된 동굴을 들어갈 때는 나뭇가지에다 플래시를 매어 달고, 머리 위쪽이나 옆쪽에서 불을 비추도록 하며, 자세를 바싹 낮추어서 기어 들어가면 적의 사격을 상탄으로 유도할 수 있으며 초탄을 피할 수 있다.

바다로 빠져나가는 적을 발견하고

　지난 이틀 동안 소대는 여러 가지 어려움을 겪었지만 다친 사람 없이 작전을 잘 수행하여왔다.

　소대의 사기도, 소대장에 대한 신뢰도 평상시보다 상당히 높아졌다. 소대는 해안선에서 100여 미터 떨어진 야산에 매복 임무를 부여받아 대대의 맨 좌측 소대로서 해안선과 접하게 되었다. 매복지점을 선정하면서 중대장님이나 나나 야산에서 해안까지 100여 미터 지역에는 적이 올 가능성이 전혀 없다고 판단했다. 설사 적이 온다 하더라도 긴 모래사장이라 사전에 쉽게 발견될 것이므로 걱정할 것 없다고 생각했다.

　지역 일대를 이틀간 수색하면서 해안까지 왔기 때문에 빠져서 도주할 적은 이미 빠져나갔고, 지역 내에 있어봤자 동굴 내부나 가시덤불 속에 숨어 있는 극소수 적들만이 잔존해 있을 것으로 판단되어 대원들에게 잠이나 좀 재우고 쉬게 할 생각으로 산 윗부분에 원형으로 소대를 배치하였다.

호 안에서 판초 우의를 덮은 채 밤하늘의 별을 세며 고향 생각을 했다. 그날따라 하늘은 유난히 맑고 별빛 또한 선명했으며, 산 위쪽이라 시원스러운 데다 간간이 불어오는 바닷바람 냄새가 싱싱하기만 했다.

나는 옆에 세워둔 무전기의 '치익, 칙' 소리와 산 쪽에서 터지는 우군의 포탄 소리를 들으면서 잠을 청했다.

밤 12시경으로 기억한다.

내 호 옆에서 근무하던 전령이 나를 흔들어 깨웠다.

"소대장님, 소대장님."

중대장님의 호출이 있거나 적이 나타나는 상황이 아니면 잘 깨우지 않는데, 내 팔을 흔들면서 부르는 소리가 심상치 않았다.

벌떡 일어나 전령이 내주는 야간조준경을 받아들고 그가 가리키는 곳을 자세히 살펴보았다. 해안으로부터 40~50미터 거리의 바닷물 속으로 사람 머리 같은 검은 물체 30여 개가 하나의 군을 이루어 이동하고 있었다. 움직이는 것 같지 않았지만 자세히 살펴보니 포위권을 빠져나가기 위한 적들이 분명했다. 바닷가로부터 약 50미터 정도 떨어져서 서서히 내려오고 있었다.

우리가 배치된 선을 지나면 포위권을 완전히 벗어나게 된다. 낮에 우리가 이곳에 도착했을 때 나는 몇 명의 병사와 함께 바닷가까지 가서 옷을 입은 채 물속에 들어가 땀에 찌든 정글복을 문질러 빨기도 했고, 시원한 바닷물을 철모로 떠서 뒤집어쓰고 더위를 식히기도 했다.

불과 10여 미터 정도 들어가 보았으나 경사가 아주 완만하고 모래가 비교적 단단하여 걸어가는 데 별 어려움이 없었다. 완만한 경사가 얼마나 계속되는지는 확실히 알 수 없었으나 50미터 정도 떨어진 물속이라면 무릎으로 기어서 오는 것이 분명했다.

중대장님께 보고를 드리니 지금까지 바닷물 속에서 빠져나가는 적을 본 일이 없으시다며 지금 중대장이 있는 곳에서는 멀어서 관측이 되지 않으니 혹시 부유물인지 재확인하고, 사람일 경우 적이 분명하니 사격을 하라고 지시하셨다.

나는 어찌할 바를 몰랐다. 야간조준경이 장착된 소총은 두 정뿐이었고 또 이것을 가지고 밤중에 300미터 정도 떨어진 곳의 작은 머리들을 명중시킨다는 것은 극히 어려운 일이었다.

더구나 총 소리가 나면 산 위에서 쏘는 걸 알아차리고 물속으로 머리를 집어넣으면 조준을 할 수 없고, 소대가 집중사격을 한다 하더라도 병사들은 표적이 어디에 있는지 확실히 모르기 때문에 사격을 한들 쓸데없이 실탄 낭비만 하는 꼴이 되고 말뿐이었다.

적은 서서히 움직이고 있었는데, 난감하기만 했다.

현 위치에서 사격의 곤란함을 보고하니 중대장님께서도 중대본부 지역에서는 전혀 표적이 보이지 않아 박격포와 포병사격을 할 수 없고, 헬기에 의한 공격도 불가능하니 어찌하면 좋겠느냐고 오히려 반문하셨다.

소대장으로서 눈앞의 적을 보고 모른 체할 수도 없고, 하는 수 없이 1개 분대 규모의 병력과 기관총 한 정을 갖고 내려가 해안에 바싹 붙어서 일격에 기습사격을 하겠다고 건의했다. 자신 있으면 한번 해보라고 승낙하셨다.

나와 함께 있는 1개 분대 병력을 데리고 기관총 한 정과 수류탄 및 다른 분대에서 포대에 싼 실탄 몇 두름을 받아서 산 반대쪽으로 내려가 뛰기 시작했다. 다행히 모래사장 지역에 도달하니 산에서 내려오는 작은 냇물이 있어서 지형이 낮았다. 상체만 숙이면 적에게 발견되지 않을 수 있었다.

부지런히 물가까지 도착하여 모래를 대충 밀어서 사대(射臺)를 만들고, 기관총을 거치하는 등 사격준비를 하면서 적이 어디에 있는지를 찾았다. 산 위에 있는 소대 선임하사의 보고에 의하면 적은 우리가 내려간 것을 전혀 눈치채지 못하고 똑같은 속도와 대형으로 같은 방향을 따라 움직인다고 했다.

선임하사는 보인다는데 아래까지 내려온 내 눈에는 아무리 보아도 보이질 않았다. 내려오는 도중에 조준경이 고장 났나 싶어 우리가 있던 산 쪽을 다시 보니 아주 선명하게 보이는 게 아닌가. 그런데 적은 보이질 않으니 이게 도대체 웬일일까?

바닷물은 철썩철썩 소리를 내면서 해변가에 흰 거품을 일으키고 있는데 적이 안 보이니 이건 완전히 낭패가 아닐 수 없었다. 다른 방법이 없었다. 이리 되든 저리 되든 기다리는 수밖에 별 도리가 없지 않은가. 아무것도 모르고 소대장만 믿고 있는 대원들은 엎드린 채 모래를 철모와 손으로 긁어 순식간에 개인호를 소리 없이 다 만들다시피 했다.

잠시 시간이 흘렀다. 중대에서 쓸데없이 자꾸 무전기로 이것저것 물어오길래 무전기도 꺼버렸다. 드디어 어떤 물체들이 보이기 시작했다.

사격준비를 시키고 집중사격을 가하려고 기다리고 있었다. 우리가 배치된 곳의 정면 50미터 정도 거리에 왔을 때 사격개시 명령을 내렸다.

"땅 땅 땅…… 따르륵……."

수류탄을 집어서 힘껏 던졌다. 터지면서 불기둥이 튀어 올랐다. 시커먼 물체가 벌떡 일어나는 것을 보면서 정신없이 쏘았다.

중대에서 띄워준 60밀리 박격포 조명탄이 바로 머리 위에서 터졌고, 사격지대는 대낮처럼 밝았다. 적의 저항이 없어 사격을 중지시키고 상체를 들어 바다 위를 자세히 살펴보았더니, 흔들흔들 출렁대는 물결 사이로 시커먼 물체가 대여섯 개 보일 뿐 30여 개의 머리는 전혀 보이지 않았다.

바닷물의 흐름에 따라 시체가 떠내려갈지 몰라 잠시 후 일렬횡대로 전개하여 사격하면서 물속으로 들어갔다. 여섯 구의 시체, 물속에 버려진 AK 소총 몇 정과 수류탄, 비닐에 싼 작은 보따리들을 끌고 나왔다.

상황보고를 받으신 중대장님께서 다음 상황이 어떻게 전개될지 모르니 현 위치에서 야간매복을 계속하라는 명령을 내리셨다. 중대장님과의 교신을 들은 선임하사는 우리가 소모한 실탄과 수류탄을 보충해주기 위해 자기들이 휴대한 것 중에서 조금씩 거둬서 보내 왔다.

지금도 고맙게 생각하고 있으며, 이런 행동들이 쌓이고 쌓여서 끈끈하게 전우애가 깊어진다고 생각되었다. 그날 밤은 더 이상의 적 출현 없이 시체가 썩어가는 쾌쾌한 냄새와 함께 파도 소리를 들으면서 보냈다.

적에게도 배울 것이 있다

나는 이번 작전에서 비록 적이지만 그들로부터 몇 가지 새로운 전투 교훈을 체득할 수 있었다.

첫째, 적은 해안에서 50미터 정도 밖으로 이격해서 이동을 했다. 50미터라고 하는 거리는 수류탄의 사정거리를 벗어난 지역이다. 적의 피해를 확인하기 위해서 물에 들어가 보니, 50미터 거리 정도에서 바닷물은 무릎 조금 위에까지 찼다.

대략 1미터 정도의 깊이였다. 수십 킬로미터의 긴 해안선이었지만 변화나 굴곡이 거의 없었고, 물 밑바닥도 평탄해서 별 위험 없이 물속에서 마음 놓고 움직일 수가 있었다.

우리 병사들이 수류탄을 던지면 대부분 40미터 전후에서 떨어지니 50미터만 이격되면 수류탄 투척거리 밖이라서 적을 잡을 수 없게 된다. 또한 수류탄이 물속에서 폭발하면 그 파편의 살상반경은 1미터도 되지 않으므로 웅덩이나 우물 같은 좁은 곳에서는 폭음 효과가 크지만, 바다에서는 물기둥만 조금 튀어 오를 뿐 폭음 효과나 파편 효과가 거의 없다.

바다에는 미군 경비정이 차단하고 있었으나 해안에서 2~4킬로미터 밖에 떠 있었고, 더구나 그 배는 수심이 3미터 이상 되지 않으면 다니지도 못했다.

경비정과 해안가 배치 부대의 공간을 이용하여 포위권을 빠져나가고 있었던 것이다. 참으로 영리한 놈들이었다.

바닷가 모래사장에 급조진지를 파고 실제 사격을 하려고 조준하여보니 바닷물이 출렁거려 적의 머리가 보였다가 안 보이고, 안 보였다가 다시 보였으므로 코앞에 두고도 조준사격을 할 수가 없었다. 사격을 하더라도 실탄이 물속으로 박히는 것이 아니라 튀어서 물 위로 비상해버렸다.

처음 기습사격 시 빨리 뛰어가려고 벌떡 일어난 겁 많은 적들만 쓰러지고, 물에 드러누워서 배영 형태로 코만 물 위로 내놓고 침착하게 뒷걸음질쳐서 달아난 적은 그대로 빠져나갔던 것이다.

야간조명하에서도 적의 코는 명중시킬 수가 없었고, 설사 맞았다 하더라도 죽지는 않는다. 더구나 적들은 대나무를 교묘히 구부려 만든 스노클을 휴대하고 다니다가 위험이 닥치면 물속에 교묘하게 숨어버리곤 했다. 우리는 그것을 대나무빨대라고 불렀다. 내 앞의 적도 상당한 인원이 그 스노클을 물고 기습사격을 피해 살상지역을 빠져나갔을 것이다.

처음 적의 머리를 약 30개 정도 발견했는데 실제 대나무빨대를 이용한 적들까지 포함하면 50~60여 명은 족히 되니, 우리가 며칠씩 찾아 헤매던 적의 주력을 포착하였으나 바다에 대한 예측이 없어 계획과 준비를 하지 못해 대부분을 놓치고 말았던 것이다.

미 해군과 사단 수색중대의 책임 지역인 바다와 보병부대의 책임구역인 육지와의 사이에 있는 취약지역, 즉 경비정도 접근하지 못하고 보병부대의 사격거리를 벗어난 곳을 이용하여 빠져나가리라는 것은 아무도 예측하지 못했다.

그 당시 육군 중위의 전술지식과 경험이 적 지휘관의 영리한 꾀를 능가하지 못한 것이라고 생각한다.

둘째, 모래사장에서의 사격이다.

처음 해변가에 도착하여 급조된 호를 파면서 모래로 간단한 둔덕을 만들어 사대 대용으로 사용하였다. 이때 사격 시 총의 흔들림을 방지하고 정확한 야간 고정 사격을 위해 모래 위에 총을 놓고 손으로 위에서 누르면서 사격한 사람은 몇 발 쏘지도 못했다.

모래가 소총의 활동 부분으로 들어가 노리쇠가 콱 박혀버려서 약 3분의 1에 해당하는 인원의 소총에 기능고장이 발생하였기 때문이다. 다행히 기관총은 양각대를 이용하여 견착사격을 했기 때문에 활동 부분과 모래 사이에 간격이 있어 기능고장이 발생하지 않았고, 소총을 손 위에 올려놓고 쏜 병사도 이상이 없었다. 반드시 실전과 교육훈련에 참고해야 한다고 본다.

적 야전병원과
쑤 병장

밤새도록 조명탄이 터지고 여기저기서 총소리가 나는 가운데 우리 소대는 산 중턱에서 밤을 보냈다. 아침에 일어나 산 아래 펼쳐진 밀림을 보면서 이제부터 수색해나갈 지역을 관찰했다.

일단 밀림지역에 들어가면 방향유지가 어렵고 자신의 위치조차 파악하기 어려웠다. 지도정치(地圖正置)를 해놓고 밀림 속의 중요한 지형지물과 주변의 주요 고지들에 대한 방위각과 거리를 정확히 표기하여 밀림 속에서 길을 잃지 않도록 만반의 준비를 했다.

오늘 우리에게 주어진 임무는 이곳 어디엔가 월맹 정규군 3사단이 부상병 치료를 위해 야전병원을 설치했는데, 바로 그것을 찾아내는 일이었다. 이 병원은 월맹군이 참전하기 전부터 이 지역 게릴라들에 의해 운영되었으며 이 지역 일대에서는 유일한 적 야전병원이었다. 부상자나 전염병 또는 말라리아 환자가 발생했을 때 그곳에서 치료를 했다고 한다.

포로 심문 과정에서 이런 사실이 여러 차례 확인되어 맹호 부대가 3년 동안 작전 시마다 찾으려고 노력하였으나 교묘하게 위장해놓았기 때문에 번번이 허사였다. 이곳의 의사들은 하노이에서 데려온 군의관도 있었지만 민간인 의사를 납치해서 수술을 시킨다고도 전해졌다.

우리는 상급부대로부터 선량한 양민이 납치되어 와 있을지 모르므로 접적 시 양민은 가능한 한 구출하고, 환자는 다치지 않도록 잘 보호하여 후송토록 하라는 지시를 받았다.

흔적을 남기지 마라, 꼬리를 잡힌다

우리가 수색해야 할 지역에는 계곡물이 횡으로 흐르고 있어서 처음에는 위에서 밑으로 내려가면서 하향수색을 해야 했지만 개울을 건너서는 밑에서 위로 상향수색을 할 수밖에 없었다. 상향수색 시에는 산을 올라가는 것이 힘들었기 때문에 전방관측을 소홀히 할 가능성이 있었고, 혹시 적에게 우리가 올라가는 것이 먼저 발견되면 위에서 아래로 집중사격을 받게 된다.

또한 적의 저격은 근거리에서 조준사격을 했기 때문에 '땅' 하고 한 발의 총소리가 나면 꼭 한 사람이 쓰러졌다. 이것이 가장 두려웠다. 뿐만 아니라 적이 앞에 있어도 수류탄을 던질 수 없거니와 잘못 던지면 다시 대굴대굴 굴러 내려와 터지기 때문에 상향수색은 누구나 싫어하는 작전이었다.

부득이한 경우 구간별로 좌우측의 능선을 사전에 점령한 다음 인접 전우의 관측과 사격의 엄호하에 상향수색을 실시하곤 했다.

소대는 능선에 전개하여 개울로 내려가는 가파른 경사지를 수색해 내려갔다. 이런 가파른 곳에 적이 은거지를 잡을 리 없었지만 혹시 도망가는 적이 숨어 있을지 몰라 땅바닥이 조금이라도 이상하면 야전삽으로 파 보기도 하였고, 덤불 속이 수상하면 사격을 실시하여 하나하나 확인하면서 전개해나갔다.

우리는 개울이 있는 곳에 도착했다. 큰 바위들이 많이 있었기 때문에 물 속에 들어가 바위틈 하나하나를 확인하였지만 적이 유기한 물건은 하나도 발견하지 못했다. 개울가에는 작지만 넓적한 반석들이 마치 우리나라 산간 시골의 마을 앞개울에 빨래를 하기 위해 비스듬히 놓아둔 돌들과 비슷했다. 그 돌들은 이끼가 끼어 있지 않았고, 다른 돌처럼 색깔도 검지 않아 희끗희끗하게 드러나 있었다.

직감적으로 '이 근처에 무엇이 있구나! 이것이 바로 환자의 옷을 세탁한 흔적이구나, 환자들이 휴양 삼아 쉬는 곳이구나!' 하는 확신이 들었다. 사람이 사는 곳이면 어디든지 생활유기물이 흩어져 있게 마련인데, 흔적 제거가 잘되어 있는 것을 볼 때 적들의 전장군기가 매우 훌륭하다고 판단했다.

수색작전 시 적의 생활유기물 흔적은 하나라도 가볍게 여길 수 없었다. 대변, 밥찌꺼기, 담배꽁초 등……

따라서 이번 수색은 머리를 써서 잘해야지 잘못하다가는 크게 당할지도 모른다는 생각을 했다.

나는 기관총을 포함한 2개 분대 규모로 능선을 먼저 점령했고, 나의 엄호하에 선임하사가 2개 분대 규모로 평평한 지역을 정밀 수색하기로 계획을 세운 후 소대를 좌우로 전개하기 시작했다.

낮은 자세로 이동하면서 수색대형을 갖추어 전진로를 확인하는 순간,

"꽝" 하는 소리가 났다. 소리가 나는 우측을 보니 우리 병사 한 명이 공중으로 약 2미터 정도 튀어 올랐다가 땅에 떨어지는 것이 보였다.

직감적으로 '부비트랩이 터졌구나' 생각하고 소리를 지르면서 그곳으로 기어갔다.

"무슨 일이냐?"

내가 무릎을 꿇고 서 있던 곳에서 우측으로 8미터 정도 옆으로 가서 확인해보았더니 병사는 이미 숨을 거둔 뒤였다.

소로 옆에 있는 큰 나무에 주렁주렁 매달려 있는 넝쿨을 적들이 부비트랩 인계철선으로 이용, 소로목에 TNT 폭약가루로 만든 급조식 지뢰를 묻었는데 바로 그 위에 엎드리자 나무 넝쿨을 잡아당기게 되어 안전핀이 빠지면서 폭발한 모양이었다.

같은 조에 있던 다른 병사는 바로 2, 3미터 우측에 무릎을 꿇고 자세를 낮춘 채 전방을 함께 주시했다가 폭음에 고막이 파열되기까지 하였으나, 다행히 옆에서 전사한 전우가 폭약을 전부 안아버리는 바람에 얼굴과 온몸이 피투성이만 되고 화상을 조금 입은 것 외에는 다친 곳이 없었다.

내 철모와 전투복에도 죽은 부하의 핏덩이가 튀어와 붙어 있었다. 수색도 하기 전에 전사자가 생기니 맥이 빠졌고, 소대원들도 초장부터 사기가 떨어져 어쩔 줄 몰라 했다.

전사자의 유품을 정리하고 흩어진 살점을 전부 모았다. 개울에서 판초우의를 깨끗이 씻은 다음 시신을 잘 싸서 놓았다. 그리고 2개 분대를 남겨 후방경계를 시키고, 필요 시 예비로 사용토록 복안을 수립했다.

천연동굴에는 숨지 마라. 쉽게 잡힌다

전우가 전사한 직후라 소대장과 선임하사가 앞장서서 끌고 나가지 않으면 소대의 전진이 매우 어렵게 되었다. 불과 50여 미터 전진하는데 30분 이상 걸릴 정도로 신중하기만 했다.

선임하사가 있는 쪽에서 먼저 바위 지역에 도착하여 산재한 작은 동굴들을 확인하기 시작했다.

전진로 전방에 60밀리 박격포 사격을 요청하여 수십 발을 터뜨렸지만 나뭇가지에 부딪혀 공중폭발하니 땅굴 속에 숨어 있는 적을 잡는 데는 별 효과가 없을 것 같았다. 그러나 수색하는 우리 병사들에게 우군 포탄이 작렬하는 소리는 용기 진작과 불안감 해소에 결정적인 영향을 미칠 수 있었다.

선임하사가 있는 곳으로 갔다.

과연 그곳에는 크고 작은 바윗덩어리들이 산재해 있었는데 물은 없고 굴과 굴이 서로 연결되어 출입구가 여러 개나 있었다. 출입구를 자세히 보니 덩치 큰 우리 병사들은 들어가기 힘들겠으나 몸집이 작은 적들은 충분히 드나들 수 있을 것 같은 예감이 들었다. 각 출입구에서 동굴 안에다 대고 총을 몇 발씩 쏘아보았다. 아무 소식이 없었다. 총 몇 발 쏘았다고 쉽게 기어 나올 적들이 아니었다.

정글도로 나뭇가지를 잘라서 그 끝에 백린연막탄과 수류탄을 매어 달았다.

안전핀 고리를 부비트랩 제거기에 있는 전화 야전선으로 붙들어 매고, 안전핀 끝을 잘 펴서 야전선을 잡아당기면 빠지도록 조정한 후 나뭇가지를 동굴 안으로 깊숙이 밀어 넣었다.

백린연막탄, 세열수류탄, 폭풍수류탄의 순으로 동굴 안에 밀어 넣고 줄

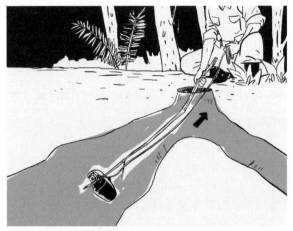

수류탄을 나뭇가지에 매달고 동굴 속에 밀어 넣은 뒤, 안전핀 고리와 연결된 끈
을 잡아당겨 폭발시킴으로써 10~20미터의 깊숙한 동굴 속까지 제압할 수 있
었다.

을 잡아당겨 터뜨렸다.

어떤 형태의 동굴이건 백린연막탄이 최적이었다.

파편 효과도 있었고, 백린 때문에 가연성 물질이 있으면 불이 붙고, 사
람의 신체에 닿으면 지글지글 타기 때문에 사살하지 않고 생포할 수 있을
뿐만 아니라, 연막 또한 냄새 때문에 그 효과가 컸다.

아무리 지독한 적이 동굴 안에 숨어 있더라도 작은 동굴에서 이런 형태
의 수류탄 공격을 받으면 모두 기어 나오게 되어 있었다.

동굴 입구가 너무 좁아서 몸집이 가장 작은 병사 두 명을 골라 대검과
플래시만을 휴대시켜 각기 다른 입구로 들여보냈다. 숨이 멎을 것 같은 긴
장된 얼마간의 시간이 흘렀다. 잠시 후 동굴 안으로 들어갔던 두 병사가
각기 배낭 하나씩을 들고 나왔다.

내가 처음 있었던 좌측 지역에서도 연락이 왔다. 적이 사용하던 공중변

소가 발견되었다는 것이다.

산 밑에 둥글고 깊게 변소통을 파고 그 위에 나무를 엮어 대변을 볼 수 있도록 만들었는데, 나뭇가지로 푹 찔러보니 대변의 깊이가 2미터 정도나 되었다.

대변이 검푸르게 썩은 것으로 보아 초식을 많이 한 것 같았고, 굵은 고구마 같은 대변 덩어리 서너 무더기가 아직 변하지 않은 채 그대로 있었다.

이 근처에서 바로 며칠 전까지 수십 명의 적이 집단생활을 하고 있었던 것이 분명하며, 우리가 찾고 있는 야전병원이 틀림없다고 확신했다.

우전방에 집채만 한 바위 세 개가 있었는데 그 밑에도 큰 자연동굴이 있는 것을 발견하였다. 바위 밑의 공간은 폭이 2~5미터 정도이고 길이가 40미터 정도였다. 측방으로도 굴이 뚫려 있었고, 대나무나 나뭇가지 혹은 덩굴이나 나일론 끈 등으로 엮어서 높은 곳에는 3층까지 침대를 만들어 전체 100여 명 정도의 환자를 충분히 수용할 수 있는 내부시설을 갖추어놓고 있었다.

나무로 엮어 만든 책상과 의자가 놓여 있는 것으로 보아 의사나 간호사가 있었던 곳으로 추측되었지만 약품이나 의료도구는 동굴 안에서 하나도 발견하지 못했다. 의사와 간호사는 물론 환자까지 모두 도망가고 의약품 및 의료도구도 다른 곳에 숨겨둔 것이 분명했다.

선임하사가 있는 지역에서 재수색을 하기로 했다.

우리 병사가 꺼내 온 배낭이 백린에 의해 일부가 타버린 것을 보면 좁은 동굴 안에 숨어 있던 적이 배낭으로 자기 앞을 막아놓고 있었던 모양이다. 우리 병사가 들어가다가 배낭이 앞을 막으니까 배낭만 잡아당겨 뒤로 기어 엉덩이부터 빠져나온 것이 분명했다.

동굴에 들어갔던 두 병사에게 기어들어간 방향과 거리를 땅 위에서 확인시켜보았더니 이 작은 동굴이 서로 통하고 있다는 것을 알 수 있었다. 중간에 상당한 거리만큼이 미처 확인되지 않았지만 대략 예측한 장소를 위에서 파내려가기 시작했다.

수류탄을 몇 발씩 다시 넣어 터뜨리면서 폭음 소리를 들어봤더니 동굴의 두께도 그리 두껍지 않은 것 같았다. 야전삽으로 파기 시작한 지 얼마 되지 않아 땅속에서 "따이한…… 따이한" 하고 부르는 소리가 났다.

두 명의 적을 생포하게 되었다. 이 두 포로는 이미 다리 부분에 파편상을 입었고, 그중 한 명은 총상으로 피고름이 흘러나오면서 썩어가고 있었다. 전부 넋이 빠져서 어리벙벙한 바보로 변해 있었고 고막이 폭음과 폭풍에 터져버려 말조차 통할 수 없는 지경이었다. 곧바로 중대로 후송시켰다.

적들은 항생제가 없어 더운 날씨에 총상을 입으면 치료가 어려운 모양이었다. 보급은 대부분 현지에서 조달하다 보니 조잡하기가 이루 말할 수 없었고, 모기나 해충에 대한 대비가 없어 옷을 벗겨 보니 모기에 물린 자리가 아예 새까맣게 되어 있었다.

새로 전입 온 신병들에게 수류탄을 좁은 동굴에 넣는 방법을 실습시키고 실제로 동굴 속에 기어 들어가 실체험 훈련을 하도록 했다.

동굴 속에서 최초로 나오는 적이
손에 무엇인가를 들었으면 무조건 쏴라

오전은 정신없이 지나가고 오후가 되었다. 선임하사조를 시켜 양쪽 동굴을 다시 정밀수색토록 지시하고, 나는 2개 분대를 데리고 능선을 따라 산 위로 올라간 다음 내려오면서 하향수색을 시작했다.

소대장이 앞에 내려가고 화기분대장이 기관총조를 인솔하여 뒤에서 엄호 및 예비임무를 수행토록 했다. 선임하사는 밑에서 주변 정밀수색을 계속하고 있었다.

능선에 전개하여 산의 경사면을 따라 내려오는데, 나무가 굵고 키가 커서 밀림치고는 관측이 잘되는 편이었다. 3명의 첨병이 전방을 개척하고 나면 의심나는 곳을 야전삽으로 파면서 수색해 내려갔다.

아래쪽을 수색하던 선임하사로부터 다량의 적 보급품을 발견했다는 보고가 들어왔다. 내려가서 확인해봤더니 혈액대용액 등 각종 약품이 많이 숨겨져 있었다. 어디서 구해 왔는지 대부분 미제가 많았고, 인쇄가 조잡한 북한제 페니실린 가루약도 발견되었다. 또한 타자기, 뼈 자르는 톱, 수술 칼, 주사기, 가위, 환자 명단 등 병원에서 필요한 각종 물건이 쏟아져 나왔다.

쌀자루와 소금 주머니를 비롯하여 우리 병사가 먹다 버린 치즈와 땅콩버터, 미숫가루, 찐쌀 등 보잘것없는 식량에다 연기에 그을려 시커멓게 찌그러진 밥솥과 냄비 등 각종 생활도구도 상당수 발견했다.

이처럼 우리에게는 다 버려야 할 쓰레기 같은 것을 소중히 간직하고 있었고 부식류는 전혀 보이지 않는 것을 보아하니 먹고 사는 데 어지간히 허덕이고 있다고 가히 짐작되었다. 포로를 잡으면 남자, 여자 할 것 없이 몸에 부스럼이 많이 나 있었다. 이것을 보면 그들의 식생활 실태가 어떠한지 여실히 알 수 있었다.

뒤에 따라 내려오던 화기분대장이 황급히 나를 불러 세웠다. 인공동굴 같은 것을 발견했다는 보고였다. 등골이 오싹하고 머리가 별안간 멍해졌다. 수색조가 그곳을 지나왔는데 뒤에 오던 엄호조가 동굴을 찾았다니…….

화살표 지점이 우리 병사의 발에 걸린 널빤지쪽이다. 건드리지 않았더라면 위장된 뚜껑을 발견하지 못했을 것이다.

무전병과 함께 내려왔던 곳을 다시 거슬러 올라가면서 이런 생각을 했다.

'적들이 숨기 좋은 곳에 인공동굴을 팠으니 중요한 것들이 모두 숨겨져 있을 것이고, 어쩌면 함께 탈출할 수 없었던 부상당한 동료들도 숨겨두지 않았을까? 제발 그렇게 좀 되었으면 얼마나 좋을까?'

마침 그곳은 아침 수색전에 박격포 사격을 했던 지역으로 포탄이 나뭇가지에 맞아 전부 공중폭발하여 가지와 잎들이 어지럽게 널려 있었다.

바위 옆에 뚜껑 덮인 동굴 입구가 보였다. 이것은 보통 행운이 아니었다. 이 넓은 밀림 속에서 좁게 파 들어간 인공동굴의 작은 뚜껑을 발견했다는 것은 병사들이 제아무리 동굴을 찾겠다는 의지가 강했다 하더라도 상당히 어려운 일이 아닐 수 없었다.

아직 뚜껑은 열지 않은 채였다. 뚜껑을 살펴보니 널빤지를 이용하여 'ㅂ'자 모양으로 만들어졌고, 놀랍게도 흙을 넣어서 방음조치까지 되도록 만들어놓았다. 설사 우리가 쇠꼬챙이로 쑤시거나 군홧발로 밟아도 '쿵쿵' 소리가 나지 않기 때문에 발견하기 어려웠을 것이다. 긴 쇠꼬챙이로 쿡쿡 쑤셔도 발견하기 힘든데, 양발로 나뭇잎을 헤치면서 확인하던 병사의 군화에 동굴 뚜껑 양옆 널빤지쪽이 툭 걸려서 발견되었으니 정말 운이 좋았다.

자연동굴은 쉽게 발견되어서인지 적이 없는 경우가 많았으나 적들이 판 인공동굴에는 대부분 적이 숨어 있었다. 적들의 인공동굴은 입구를 작게 하여 굴을 파고 밑으로 들어가 공기구멍을 따로 만들거나, 우리의 교통호처럼 구덩이를 파고 나서 나뭇가지로 덮고 그 위에 흙을 덮어 위장하는 방법을 주로 사용했다.

그러므로 인공동굴을 수색할 때에는 더욱 조심해야 했다. 특히 동굴 속에서 기어 나오는 적 가운데 최초로 나오는 놈이 손에 무엇인가를 들었으면 무조건 쏘아야 한다.

물건 보따리를 손에 들고 동굴 뚜껑 밖으로 내미는 척하다가 보따리 속에 든 가루폭약을 폭발시키든가 수류탄을 집어 던지고 나서, 소총을 연발로 쏘면서, 잠시 혼잡한 틈을 이용하여 나머지 적들이 동굴 밖으로 우르르 튀어나오며 탈출을 시도하기 때문이다.

동굴수색을 하다가 적으로부터 이런 식의 교활하고 영악한 급습을 당한 적이 있었다. 따라서 인공동굴 수색 시에는 적의 급습에 철저히 대비해야 하고, 만약 적과 입장이 바뀌었을 때라면 우리도 한 번쯤 이용해 볼 만한 전투기법이라고 생각한다.

포로의 기본 본능은 도주다. 항상 감시하라

백린연막탄은 전부 사용하고 남아 있지 않았기 때문에 세열수류탄을 동굴 속에 집어넣었다. 아무런 소리도 들리지 않던 조용한 동굴 안에서 '꽝' 하고 수류탄이 터지자 '아이고, 아' 등의 비명이 요란했고 땅속에서 동굴 위쪽을 '쾅쾅' 치면서 아우성이었다.

이제는 저항이 없겠구나 생각하고 동굴 안을 들여다보았더니 맨 앞에 있던 적이 수류탄을 뒤집어쓴 채 상체 부분이 박살나서 동굴 안에 꼬꾸라져 있었고, 그 때문에 뒤에 있던 적은 나올 수도 없는 지경이었다.

밑에서는 적이 밀어올리고 밖에서는 우리 병사들이 팔을 잡아당겨서 겨우 끌어냈다.

그 뒤는 키가 작고 예쁘장하게 생긴 여자였다. 배꼽 우측에 수류탄 파편 두 개가 나란히 박혀 있었고, 내장이 파열되었는지 몹시 고통스러워했다.

우리가 있는 지역에는 헬기가 착륙할 수 없었기 때문에 중대본부가 있는 곳까지 포로를 후송하라는 지시를 받았다. 1개 분대 정도로 후송시키도록 정하고 포로들 손목을 전부 포승줄에 묶었다.

여자 포로는 배의 통증을 계속 호소하였다. 먼저 잡은 포로들은 전부 파편상을 입었으므로 나중에 잡은 포로가 부상당한 포로를 업고 가도록 지시했다. 월남전에서 소대 규모로는 넉넉한 전과를 올린 편이었다.

지금은 생포되어 세상에서 제일 가련한 포로 신세가 되었지만, 조금 전까지만 해도 부비트랩을 매설해서 내 부하를 죽였고, 동굴 안에 숨어 끝까지 버티고 있던 녀석들이었다.

혹시 죽이지는 않을까 연신 굽실굽실 절을 하면서 배가 고프니 물이나 먹을 것을 달라는 시늉과 담배까지 달라고 측은하게 애걸하였지만, 나는

기어 나오는 동료를 끌어당겨 주는 여자 포로.

단호하게 거절했다.

통상 스스로 손을 들고 항복한 놈들이 아니었을 경우, 우리를 안심시키고 도주할 기회를 노리는 것이 포로들의 공통된 습성이다.

포로를 잡았을 때마다 공통적인 사실은 남자들일 경우 모든 것을 쉽게 포기했고 환심을 사기 위해 수다스럽고 비굴하게 행동했는데, 이에 반해 여자들은 오히려 말이 없고 침착했다. 오히려 비굴하게 구는 남자 동료들을 꾸짖는 경우도 있었다. 아무튼 독하고 질겼다.

평시라면 죄를 지은 사람이나 심지어는 살인범일지라도 세 번 재판을 받을 수 있는 기회가 부여되지만, 전투현장에서는 일선 소대장에게 붙들린 포로들은 말 그대로 파리 목숨이나 다름없었다. 싸우다가 소대원들이 적에게 전사라도 했다면, 분풀이로 보고도 하지 않은 채 그대로 세워 놓고 쏴 죽여버리는 경우도 가끔 있었다.

포로를 잘 대우하느냐, 거칠게 대우하느냐 하는 것은 그날의 전투상황에 달려 있다.

대부분의 사람들은 우리 소대장들의 전장심리를 잘 이해하지 못한다. 상급부대 지휘관이나 참모들조차 전투현장에서 생기는 인간의 묘한 심리 현상을 자세히 알지 못한다. 하물며 일반인들이야 더 말할 나위가 없다.

적탄에 맞아 피를 흘리면서도 고통을 참아가며, "소대장님, 내 걱정 말고 소대를 지휘하세요!"라고 오히려 소대장에게 용기를 주고 동료를 걱정하던 부하.

그 부하가 전우의 팔에 안겨 숨을 거둘 때, 과연 그 소대장의 심정이 어떠할 것인가는 당해본 사람이 아니면 아무도 이해하지 못한다. 거칠어지고 야만스러워지는 자연적 현상을 누가 감히 비난할 수 있겠는가!

쑤 병장이 되다

중대본부로 포로를 후송시키러 간 분대에서 조그만 사건이 발생했다는 보고가 들어왔다.

계속 통증을 호소하던 여자 포로가, 바위가 뒤엉켜 있는 개울 부근에서 별안간 도주했다는 것이다. 게다가 우리 병사가 뒤쫓아 가다 실족하여 바위 밑으로 떨어져 얼굴이 갈리고 코가 떨어져 나가는 중상을 입었다는 보고였다. 그리하여 부상당한 병사도 포로를 태우러 왔던 헬기와 함께 실어 후송 보냈다는 내용이었다. 한심하고 창피스러운 일이었지만 다 끝난 일이라 그냥 덮어두고 넘어가기로 했다.

작전을 전부 마치고 중대기지로 돌아왔다. 전우를 잃어버린 슬픔도 있었지만 야전병원을 찾아내는 전과를 올렸다.

여자 포로를 잘못 호송해서 코를 크게 다친 병사도 다친 코를 꿰매어 얼굴은 비록 보기 흉하게 되었지만, 워낙 낙천적이고 쾌활하며 얼굴 모습 때문에 생기는 부담은 전혀 없이 소대원들과 잘 어울려 지내고 있었다.

그런데 그가 온 지 며칠이 지나자 병사들 사이에서 그 병사가 '쏘' 병장으로 불리고 있었다. 이 병사는 군에 오기 전에 고향에서 목수 일을 했고 대패질과 톱질을 많이 했기 때문인지 소대원 중에서 가장 팔 힘이 강했다.

팔씨름 대회에서 우승도 했고, 몸이 무척 날렵하고 빨랐을 뿐 아니라 성격도 활달하여 중대의 장교와 사병 사이에서도 인기가 매우 좋았다.

얼마 후 나는 그 병사가 어떻게 하다가 그렇게 다치게 되었는지 자세히 알게 되었다. 분대원과 함께 포로를 후송하던 도중, 그 여자 포로가 배의 통증으로 더 이상 걷지 못하겠다고 주저앉아 버렸다. 할 수 없이 손목에 묶었던 포승줄을 풀어주고 나서 분대장과 함께 교대로 여자 포로를 업고 내려왔다.

복부 총상의 경우, 실탄에 맞았을 경우는 창자가 미끄럽고 둥글기 때문인지 회전하는 실탄마저 이상하게도 창자와 창자 사이로 피해 나간다. 그러나 파편상인 경우는, 파편의 모서리가 대체로 날카롭고 뾰족하기 때문에 복부에 맞기만 하면 거의 대부분 장기가 파열되어 총상보다 더 위험한 경우가 많았다.

아마 이 여자 포로도 그런 경우가 틀림없었던 것 같다. 그녀는 당시 나이 16세, 키가 작고 눈이 컸으며, 검정색 인조천으로 된 바지를 입은 전형적인 월남 여자로 꽤나 귀여워 보였다.

맨 처음에 분대장이 업고 가다가 다음에는 부분대장이 업었고, 계급이 낮은 사람은 업어보지도 못하고 둘이서만 돌아가면서 업고 왔던 모양이다.

여자를 업고 가면 젖무덤이 등에 닿으니까 기분이 좋고, 땀 냄새가 푹푹 나지만 여자 냄새만큼은 좋았던 모양이다. 그런데 여자를 업고 나니 업은 병사의 양손은 여자의 둔부에 닿게 되고, 호기심과 함께 만져보고 싶은 장난기가 발동하게 되었을 것이다.

분대장과 부분대장은 만져서는 안 될 여자의 그 부분을 만지작거리며 장난치는 데 정신이 없었던 모양이다. 여자 포로는 며칠 동안 밥도 물도 먹지 못한 데다가, 부상으로 탈진되어 정신을 잃은 채 축 늘어져 있는 상태였다.

마침내 바위가 뒤엉켜 있는 개울가에 도착하자, 힘이 좋은 부분대장이 여자를 들쳐 업고 뛰어넘기로 했다. 그런데 개울만 통과하면 중대본부에 포로를 인계해야 하기 때문에 두 녀석은 서로 킬킬 대면서 개울가 바위 위에서도 장난을 치고 말았다.

그 와중에 마침 부분대장이 개울을 뛰어넘으려고 껑충 뛰는 순간, 여자는 복부의 통증으로 다리를 오므리면서 힘을 주게 되었다. 건너편 바위에 가서 닿아야 할 부분대장은 발의 균형을 잃으면서 바위 사이의 허공을 딛게 되었고, 여자를 업은 채 약 3미터 아래의 바위와 뾰족한 돌 위로 떨어졌다. 등에 업혀 있던 여자는 크게 다친 곳 없이 타박상만 조금 입었고, 부분대장은 떨어지면서 얼굴이 바위에 갈려 얼굴 우측이 보기 흉하게 엉망이 되어버렸다.

포로수송 헬기가 도착하자마자 부분대장을 포로와 함께 후송을 보냈고, 소대장에게는 여자 포로가 도주해서 잡으러 쫓아가다가 바위에서 실족해 부상을 당하게 되었다고 거짓말을 했던 것이다.

훗날 그 광경을 지켜보고 있던 병사들에 의해서 사실대로 소문이 퍼지게 되었다.

나와 함께 지냈던 당시 우리 소대원들.

　그 후 그 병사의 이름은 '쑤시개' 병장에서, 우리가 성을 부르면서 김 일병,
김 상병 하듯이 소대원과 중대원 사이에서 늘 '쑤' 병장으로 불리게 되었다.
　그런데 그 쑤 병장은 남들이 그렇게 부르는 것을 기분 나쁘게 생각하지 않
았고, 여전히 중대원들과 잘 어울리고 잘 떠들면서 우리와 함께 잘 지냈다.

잠적

　　　　　　적들은 귀신같이 숨어버리는 잠적기술이 뛰어나서 '땅' 하고 저격한 뒤 어디론가 사라져버렸다. 이때 적들은 흔히 밀림 속, 동굴, 물속 같은 데로 들어가든지 천장, 아궁이, 심지어 묘지 속으로 숨어버리기도 했다.

　주간에 정밀수색을 끝내고 다음 날 다시 수색하다 보면 소름이 오싹 끼치는 섬뜩한 경우를 종종 겪었다. 우리가 작전 중 먹다 버린 시레이션 빈 깡통과 땅콩잼이나 치즈 깡통 등이 없어진 것을 흔히 발견할 수 있었는데, 이것은 적들이 주워 먹었거나 빈 깡통을 이용하여 부비트랩을 만들기 위해서 가져간 것이었다.

　어제 낮까지만 해도 아무 일 없이 잘 내려왔던 통로에 밤새 적들이 부비트랩을 설치해서 우리를 괴롭히곤 하였다.

　작전 중 사살한 적을 대충 풀로 덮어놓으면 다음 날 재수색 시 적의 시체가 없어진 것을 발견하게 되는데, 이는 적들이 밤중에 살금살금 기어 나와서 동료의 시체를 찾아갔다는 증거였다.

이러한 사실들을 종합해볼 때, 적들은 어디엔가 숨어서 작전 중인 우리의 일거수일투족을 감시하고 있음이 틀림없었다. 이 얼마나 소름끼치는 일인가!

생각만 해도 등골이 오싹했다.

주민의 마음을 잡아라
민심이 떠나면 적이 활개 친다

우리가 투입된 작전지역은 '고보이'라고 불리는 평야지대의 한 마을이었다.

우리는 마을 외곽을 경계했고, 월남 군인들과 경찰들은 주민을 대상으로 양민과 지방 게릴라 및 첩자를 분류하는 작전을 전개하고 있었다. 그 당시는 마을이 텅 비어 있었지만 이러한 작전이 끝나면 소개(疏開)되었던 주민들은 다시 마을로 돌아와서 농사를 지으며 살았다. 단지 마을 사람들은 우리가 적 색출작전을 하는 동안만 마을을 비워주게 되었던 것이다.

이때 주민들이 남겨놓고 간 소나 돼지, 닭, 오리 등 가축은 물론 닭둥우리에 있는 계란 하나에도 절대로 손을 대서는 안 되었다. 뿐만 아니라 병사들이 기념품으로 들고 갈 수 있는 도자기나 집집마다 모셔져 있는 부처상 등을 배낭 속에 넣어가지 않도록 각별히 주의시켜야 했다.

특히 주민들에게 친절해야 했고, 주민 소개 시 노쇠하여 미처 나오지 못한 마을 노인네는 친할아버지 대하듯이 정중하고 예의 바르게 대하여야 했다.

주민과 지방 게릴라는 물과 물고기의 관계에 있기 때문에 주민의 마음 속에서 떠나버린 게릴라는 말라 비틀어져 죽고 마는 법이다. 따라서 주민 에게 거칠게 대하며, 부녀자를 희롱하거나, 동네 어른들에게 불손하게 대하거나 또는 털끝만큼이라도 주민의 재산에 손해를 입히게 되면 주민의 마음은 우리를 떠나 적에게 가게 되고 적들은 물고기가 물을 만난 듯이 활개를 치게 된다.

이것은 상상할 수 없는 엄청난 이적행위가 되는 것이다. 만약 작전 중 본의 아니게 양민에게 피해를 입혔을 때에는 반드시 정당한 보상을 해주 어야 한다. 혹시 보복의 핑계로 양민에게 나쁜 짓을 한다거나 개인재산을 약탈하거나 손상을 끼치는 행위는 엄하게 다스려야 한다.

우리나라에서도 6·25를 전후해서 산속으로 숨어 들어가 공비가 되었 던 사람들 중에 이념이나 사상 때문에 입산한 사람도 있었겠지만, 많은 사 람들이 단순한 감정이나 사회모순 때문에 공비로 전락했다는 좋은 교훈 을 잊어서는 결코 안 된다.

우리가 작전에 투입된 첫날은 하루 종일 주민 분류작전만 하고 나서 야 간 매복작전에 들어갔지만 적과의 접전 없이 밤을 보냈다.

아침이 되니 텅 빈 마을에는 주인 없는 닭들이 요란하게 울어댔고 밤새 짖어대던 개들도 조용해졌다. 맑게 갠 하늘 아래 드러난 조용한 농촌의 아 침 풍경은 한 폭의 그림처럼 아름다웠다. 무척이나 더운 월남이었지만 논 에서 물안개가 피어나는 아침 새벽은 제법 신선하기도 했다.

병사들은 몸을 움츠리고 분대별로 모여 앉아 잘 마른 나뭇가지를 주워 다 조그만 모닥불을 지펴 시레이션 깡통을 끓이고, 빈 깡통에 커피를 끓여 먹고 있을 때였다.

아래위로 검은 옷을 입은 사람이 손에 종이 한 장을 들고 무어라고 소리를 지르면서 우리에게 다가왔다.

순간적으로 나는, '저놈이 우리에게 투항하는 것이구나'라고 생각하고 병사들을 보내서 데리고 오게 했다. 그의 손에는 아군이 항공기로 살포한 심리전 전단인 안전통행증이 쥐어져 있었다.

안전통행증은 작전지역의 적 투항을 유도하기 위하여 살포한 것으로서 통상 월남어, 영어 및 한글로 인쇄하여 '만약 이 증을 소지하고 오는 사람은 안전을 절대보장한다'는 내용이 적혀 있었다.

나의 2년여 파월기간 동안 이러한 증을 소지하고 투항한 적을 본 것은 그때가 처음이었고 그 후에는 전혀 없었다.

투항해 온 포로는, 며칠 전에 베트콩에게 납치되었지만 어젯밤 한국군의 출동으로 어수선한 틈을 이용하여 탈출했다고 하면서, 적이 숨어 있는 곳으로 우리를 안내하겠으니 빨리 자기를 따라가자고 재촉했다. 나는 이녀석이 죽음을 두려워하여 시간을 끌려고 머리를 쓰거나, 적들이 준비한 살상지대로 우리를 유인하려는 것이 아닌가 하는 의심이 앞섰다.

그러나 중대장님께서는, 이 포로의 태도가 진지하고 밤이슬에 온몸이 흠뻑 젖어 있으며 추워서 와들와들 떠는 것을 보면 탈출하여 밖에서 밤을 보낸 사실을 믿을 수 있을 것 같으니 속는 셈치고 한번 따라 가보자고 결심하셨다.

포로를 앞세우고 그가 안내하는 첫 번째 지점으로 가보니 빈 집이었다.

이곳은 어젯밤에 월맹 정규군 심리전 요원과 지방 게릴라들이 모여서 회의했던 곳이라고 말을 했지만 주변을 아무리 수색해봐도 적이 숨어 있을 만한 곳은 전혀 발견할 수 없었다. 이처럼 적들은 낮이 되면 발견되지 않도록 주로 굴속에 숨어버리고 활동하지 않았기 때문에 완전히 노출된 집으로 안내받아서 적을 잡은 경우는 한 번도 없었다.

길가의 적 은거지, 의외의 장소에 적이 있다

처음 안내받은 곳에서 적을 찾아내지 못하자 우리 대원들은 지금까지 여러 번 포로에게 속은 경험 때문에 또 허탕이구나 하고 덤덤하게 생각하고 있었는데, 포로는 오히려 죽이지나 않을까 해서 더 부들부들 떨고 있었다.

다시 포로가 안내하는 대로 따라가기 시작했다. 포로는 우리를 데리고 유속은 느리지만 물이 많고, 하폭이 20여 미터나 되는 하천의 둑을 따라갔다.

둑 좌우에는 대나무가 무성하였고 위에는 우마차가 다닐 수 있을 정도로 길이 나 있었으며, 주민들이 농사를 짓기 위해 왕래를 많이 했다.

우리는 적의 유인에 걸려들어 집중사격을 받을지 모르기 때문에 침착하면서 상당히 조심스럽게 접근했다. 포로가 가리키는 곳은 적이 숨어 있으리라고는 상상도 할 수 없는 우마차길 바로 옆이었다.

여기저기 대나무를 잘라서 누르스름한 밑둥치만 날카롭게 뾰족뾰족 솟아 있었는데 그중 하나를 가리키며 바로 그 밑에 적이 숨어 있다고 말했다. 믿을 수가 없었다.

우선 경계병을 배치하고 대나무 뿌리 둥치를 들어 올리니 널빤지가 보였다. 과연 틀림없이 이 밑에 적이 있다는 확신을 갖기에 충분했다. 나무 널빤지를 열기 전에 우리는 적에게 투항하라고 소리를 질렀다.

그러자 안에 있던 적 5명이 모든 것을 포기하고 기어 나왔는데 20세도 채 안 된 애들이었으며, 이들이 바로 월맹 정규군으로부터 대민심리전 전문교육을 받은 공작요원이었다. 이들은 낮에는 굴 안에 숨어 있다가 밤에

동굴 속에서 잡은 16~17세의 나이 어린 포로들과.

만 활동하다 보니 먹는 것이 부실해서 그런지 몰골이 말이 아니었다. 이렇게 나약한 어린애가 여기서 무얼 한단 말인가?

이들은 깊은 산속에 있는 그들의 사단이나 연대본부에서 주민선동과 심리전 등 대민선무활동을 위해 이 지역에 파견되었다. 따라서 이들은 깊은 산속에 있는 그들의 사단이나 연대로부터 마을을 왕래하며 작전을 수행하자니 거리가 멀기도 하고, 특히 우군 지역을 통과하자니 위험성도 따르는 등 활동상 많은 제약을 받게 되니까 과감하게 마을 근처에 은거지를 파고 활동해왔던 것이다.

그렇지만 사람의 왕래가 많은 길 바로 옆의 대나무밭에 은거지를 파는 것이 오히려 외진 곳에 은거지를 파는 것보다 발자국과 생활유기물로 인한 노출을 회피하는 데 훨씬 유리했다. 제법 영리한 편에 속하는 녀석들이었다.

동굴의 뚜껑인 대나무 뿌리 둥치를, 우리나라의 삼베처럼 통풍이 잘되는 천으로 밑을 싸서 흙이 떨어지는 것을 방지하고, 땅에 있는 뚜껑 위에 풀뿌리가 썩거나 말라 나무나 풀이 시들지 않도록 완벽하게 준비해두었다.

풀이 나 있는 지역을 수색할 때는 시들은 풀이 있나 살펴봐야 한다. 주변의 풀은 싱싱한데 일부분이 시들어 있으면 반드시 확인해야 한다. 그 밑에는 대개 동굴 뚜껑이 있는 수가 많았다. 동굴의 뚜껑을 덮고 그 위에 풀이 있는 흙을 덮다 보니 물기가 말라서 풀잎이 시들게 되는 것이다.

이번 경우에도 투항한 포로의 안내가 없었다면 우리로서는 도저히 찾아낼 수 없었을 것이다. 그곳을 지나가면서 대나무의 밑둥치가 잘린 것을 보았더라도 주민들이 가재도구를 만들기 위해 잘라 간 것으로 생각하고 그대로 지나쳐버렸을 것이다.

그런데 이 녀석들이 바보짓을 했다. 아무리 자기의 동조자라 하더라도 배신하는 놈이 있다는 것을 몰랐던 모양이다. 만약 우리들도 적지역에 들어가서 임무를 수행할 경우, 주민 가운데 동조자를 만나 접선을 하더라도 비밀접촉 장소를 사전에 여러 곳 정해놓아야 하는 법이다. 장소를 돌아가면서 접촉하고, 접촉장소에 접근할 때는 경계심을 풀지 말고 아주 조심성 있게 행동해야 한다.

주간에 잠적하는 은거지를 절대 그들에게 알려주어서는 안 된다. 뿐만 아니라 잠적하는 곳에서는 흔적제거를 철저히 해야 한다. 흔적이 남으면 잡힐 수밖에 없으니까.

또한 반드시 분산해 있어야 한다. 그래야만 유사시 상호지원이 가능하고 적에게 기습을 가하면서 탈출할 수 있는 기회도 얻을 수 있으며, 잡히더라도 한꺼번에 모두 당하지 않기 때문이다.

잠적할 장소는 어떠한 주민도 알아서는 안 된다
위협이 닥치면 배신한다

우리 소대는 돼지우리 옆에 자리를 잡았다. 꿀꿀 대는 돼지 소리와 똥 냄새를 맡으며 밤을 새웠다. 아침 일찍 송 중위가 어제 잡은 여자 포로를 데리고 다시 찾아왔다. 어젯밤 심문해본 결과 이 여자가 적이 숨어 있는 곳을 안내하겠다고 자청하기에 데리고 왔다는 것이다.

중대장님은 송 중위를 앞장세워 먼저 출발했고, 나는 일부 경계병을 인솔하여 뒤를 따랐다. 여자 포로도 우리와 똑같이 군복을 입히고 철모를 씌웠다. 적으로부터의 저격을 피하기 위해서였다.

만약 포로의 옷을 갈아입히지 않으면 적들이 숨어서 보고 있다가 은거지로 안내한다고 미리 짐작하고 도망가든가, 아니면 발각된 것으로 알고 대량의 기습사격을 가하면서 혼란을 틈타 탈출을 시도한다.

아주 조심해야 한다. 우리는 적에게 먼저 발견될 것을 우려하여 숲이 있는 곳으로 우회한 뒤, 적이 숨어 있다는 건너편 마을 외곽에 도착했다.

그녀가 안내한 곳 역시 민가의 마당 바로 옆이었다. 수십여 호가 모여 사는 마을로 외곽에는 대나무로 둘러싸여 있었고 마을 밖은 전부 논이었다. 이 집의 마당은 추수 때 이용하려고 부드러운 흙으로 잘 다져서 단단하게 만들어져 있었다. 마당과 접한 대나무 숲 속을 가리키며 그 안에 적이 있다고 설명해주었다.

그녀는 따라오면서 계속 살려달라고 애원하며 아무나 붙잡고 무엇인가 호소했지만 우리야 그녀의 월남말을 알아들을 수 있겠는가? 자기들은 공산주의가 싫은데도 불구하고 밤에 찾아와서 협조하지 않으면 일가족을 전부 죽이겠다고 위협하기 때문에 하는 수 없이 적에게 동조를 하게 되었으며, 자기 집 뒤에 숨어 있는 적을 잡을 수 있도록 안내할 터이니 용서해달라는 것이었다.

이 집 식구들은 그동안 마을 주민들에게 적의 앞잡이로 지목되어왔으며 이번 주민 분류작업 시에도 온 식구가 적의 첩자로 분류되었다.

중대장님 지시로 함께 온 송 중위가 수색하기로 한 후 나는 분대 규모의 병력을 인솔하여 논 쪽으로 내려가 경계하다가 적이 도망가면 사살하라는 명령을 받았다. 대원들과 논둑에 엎드려 거총하고서 적이 우리 쪽으로 도망 오기를 기다리고 있었다.

한참을 기다렸다.

인공동굴을 발견하고 뚜껑을 열고 백린연막탄을 집어넣는다는 연락이 무전을 통해 전해졌다. '펑' 하고 땅속에서 수류탄 터지는 소리가 났다. 전부 엎드린 채 조용했다. 대숲에 가리어 자세히 보이지는 않았지만 굴속에서 백린연막탄이 터진 것이 분명했다.

별안간 "쏘지 마!" 하고 중대장님의 고함이 들리면서 대숲 속에서 허연 연기가 뿌옇게 피어오르더니 대나무가 흔들렸다. 그러더니 웬 시커먼 물체가 논으로 휘청거리며 튀어나왔다.

백린을 뒤집어써서 온몸에 연기가 무럭무럭 났다. 그런데 그 물체는 20여 미터도 제대로 뛰어가지 못하고 논바닥에 푹 쓰러졌다. 백린은 물안에서도 지글지글 탄다. 그래서 한 번 백린을 뒤집어쓴 뒤에는 뜨겁다고 손을 대면 손에까지, 문지르면 문지르는 대로 퍼지게 마련이다.

대검으로 몸에 붙은 백린을 긁어내는 것이 제일 좋은 방법인데 많이 뒤집어쓰게 되면 방법이 없다. 다 탈 때까지 기다리는 수밖에.

쓰러진 저 친구도 두꺼운 옷을 입었더라면 옷을 벗어버리면 될 텐데 얇은 옷을 입었으니 옷이 백린에 전부 타버렸고, 익어버린 피부가 보기조차 흉측스러웠다. 고통이 극한에 달하면 그 사람에게 평소 신념화되어 있던 의식이 마지막 발악으로 표출되는 모양이다. 그는 마지막 발악처럼 외쳐댔다.

"호찌민 만시(호찌민 만세)!"

자기 조국을 위해 죽는 것이 아니라 한 개인을 위해 죽는다는 것을 우리는 도저히 이해할 수 없었다. 철저한 선전 선동으로 개인 숭배교육을 시켜서 그토록 될 수 있었던 것일까? 열악한 환경과 악조건 속에서도 희망을 버리지 않고 끈질기게 싸우는 그들을 보면서 무엇보다도 걱정이 앞섰다.

부정부패나 관료의 무능이 극에 달해 있었고, 정부는 싸움질이나 일삼았으며, 거리에서는 학생과 종교인, 정치인들 할 것 없이 공산당과 연계하여 길거리로 뛰쳐나와 매일 난폭한 데모를 하고 있었다. 정치적 사회적 도덕성을 찾을 길이 없었다.

호찌민은 월남의 공산화라는 하나의 목표를 위해 싸우는 데 비해 월남은 공산주의뿐 아니라 국내의 무질서에 대해서도 동시에 싸워야 했다. 월맹은 적이 하나요, 월남공화국은 적이 둘인 셈이었다. 월맹은 한곳에 노력을 집중했으나 월남은 내분으로 국가의 노력을 한곳에 집중하지 못했다. 참으로 어려운 전쟁이었다.

포로의 안내를 받아 다행히 찾을 수 있었다. 잠적할 장소는 아무리 믿을 만한 사람이라도 주민이 알아서는 안 된다. 위협이 닥치면 배신한다.

숙달된 잠적기술은
위기 시 생존을 보장한다

우리 중대는 주간수색을 마치고 물이 없는 논바닥에 원형으로 둥글게 매복진지를 준비하고 밤을 보내기로 했다. 내일의 수색을 위해서 잠을 충분히 자야 했으므로 원형으로 조밀하게 병력을 배치하고 한가운데에 중대장님과 지원된 장갑차 두 대가 자리 잡았다.

초저녁이었다. 밤 10시쯤 되었을 때였다. 바로 옆의 구 소위 소대 전방에서 섬광이 번쩍하더니 폭음이 들렸다.

연거푸 두 발의 폭음이 들리면서 원형 진지 한가운데에 있던 장갑차와 중대장님이 계신 곳에서 "꽝" 하고 포탄 터지는 소리가 났다.

나는 처음 들린 폭음은 구 소위 소대에서 적이 접근하는 것을 보고 누군가 크레모아를 사격한 것으로 생각했고, 중대장님이 계신 곳에서 난 폭음은 장갑차에 장착된 무반동총을 장갑차 근무자가 사격한 것으로 믿었기에 그의 신속한 즉각사격에 경탄했다. 그러나 이 모든 초기상황은 우리 중대원이 취한 즉각조치가 아니었다.

우리 중대가 주간수색을 마치고 그 자리에 도착하여 원형 매복을 준비하는 것을 교묘하게 만들어진 굴속이나 다른 은신처에 숨어서 자세히 보고 있던 적이, 밤이 되자 들고양이처럼 살금살금 기어 나와서 매복 지역의 중앙에 있는 장갑차를 보고 대전차화기로 사격한 것이었다.

우리의 매복 위치를 정확하게 알아두었다가 야음을 틈타 매복진지 코앞에까지 은밀히 접근해서 사격하고 달아난다는 것은 우리가 배워야 할 과감성이었다.

특히 그것도 매복 준비를 하느라고 호도 제대로 파지 않은 상태에서 식사하고 보급품을 나누어주는 어수선한 취약 시간에, 과감하게 다수 병력으로 덤벼들었다면 우리 중대는 엄청난 피해를 입었을지도 모른다.

도대체 어디에 숨어 있다가 기어 나왔단 말인가? 적들의 잠적 기술은 우리들의 수색 활동으로 여러 해 시달리는 동안 완전히 숙달 단계에까지 와 있었다. 많은 사람이 피를 흘린 다음에 터득한 전장의 산 교훈이었으며 값진 경험이었다. 적은 야습하거나 야간에 포위망을 뚫을 때에는 반드시 발가벗고 맨발로 다녔다. 예민한 촉각을 이용하고, 소리를 내지 않기 위해서였다. 이것 또한 배울 점이었다.

아침에 지역수색을 다시 실시했다. 적이 쏜 대전차화기는 중대장님 옆에 떨어져서 터졌고, 파편은 장갑차 문짝을 뚫어버렸으나 다행히 안에서 자고 있던 승무원은 하나도 다치지 않았다.

나는 적의 대전차화기인 B-40 척탄통의 파편이 이중으로 된 장갑차 문짝을 관통한다는 사실을 처음 알았다. 적이 접근했던 논 사이의 작은 도랑에는 맨발로 기어왔던 발가락 흔적이 선명하였고, 도랑 사이에 설치한 조명지뢰의 인계철선은 예리한 도구로 끊겨 있었다.

적들은 야간에 매복 지역이나 포위권 탈출을 위해서 철저히 기도비닉을 유지했다. 조명지뢰가 폭발하면 무자비한 사격이 날아오기 때문에 조명지뢰 인계철선을 찾는 데는 아주 잘 훈련되어 있었다.

그들은 평상시에 우리와 똑같은 조명지뢰를 풀밭에 설치해놓고서 인계철선 찾는 훈련을 철저히 했다.

적은 야간에 발가벗고 엎드려 포복하면서 양팔을 앞으로 쭉 뻗쳐서 땅바닥으로부터 위로 팔을 올려가면서 팔에 닿는 촉감으로 인계철선을 찾아내는 훈련을 받았다.

마찻길 바로 옆의 잠적 장소.

　야간에 실상과 똑같은 상황과 조건을 부여하고 수천 번 수만 번씩 인계철선에 팔을 대고 반복 확인하면 기계보다 더 정확하게 인계철선을 찾아낼 수 있게 된다. 우리가 조명지뢰를 설치하는 바로 그때에도 적들은 어디선가 숨어서 보고 있었던 것이 분명했다.

　차라리 적과 교전이 붙어서 총을 맞대고 싸울 때는 잘못하면 자기도 죽고 전우도 죽으니 소대장의 지시대로 재빠르게 움직이며 잘들 싸운다. 그러나 일단 부비트랩이나 지뢰가 깔려 있는 지역에 들어간 다음에는 도대체 앞으로 전진할 의욕을 잃어버리고 전부 수동적이 되었으며 가옥이고 풀밭이고 들어가길 죽기보다 싫어했다.

　다리가 굳어져서 발이 떨어지질 않는 모양이었다. 그러다가 '꽝' 하고 한 발이 터져서 전우가 다치거나 저격이 '땅' 하고 날아와서 누가 쓰러지면 완전히 전체가 굳어버리는 일종의 마비 상황도 생겼다. 이때 수습한답시고 소대장이 이리 뛰고 저리 뛰고 설치다 보면 또 터지곤 했다. 서두르지 말고 침착해야 한다.

우리가 부비트랩 때문에 쩔쩔매고 있는 사이, 시간을 벌게 된 적은 멀리 도망가서 또 다른 지역에 미리 준비된 잠적지에 숨어버렸다. 이처럼 적은 숨어서 괴롭히고 몰래 와서 타격했지, 절대 정면으로는 달려들지 않았다.

병력이 적은 이유도 있었지만 그들의 목적 자체가 전술적 차원의 승리가 아니라 정치적 목적을 달성하기 위한 선전선동과 테러, 주민동원 등이었기 때문이다.

만약 우리가 적지에서 활동하면서 적의 수색을 피해 숨는다는 것은 쉬운 일이 아니다. 무엇보다 중요한 것은 흔적을 남겨서는 안 된다는 사실이다. 아무리 손에 손을 잡고 수색하더라도 우거진 가시덤불 속이나 위험한 바위절벽 주위 등 오르내리기 힘든 지역을 일일이 세밀하게 뒤지면서 전진하기란 참으로 어려운 일이다. 대부분 원칙대로 하지 않는다.

앞 사람이 지나간 곳이거나 다니기에 편리한 곳으로만 움직이기 때문이다. 그러므로 수색 도중 이상한 흔적이 발견되거나 동굴과 바위틈처럼 은거가 예상되는 지점이 나타나면 그때서야 비로소 정밀수색을 하게 된다.

군견 또한 아무리 영리해도 흔적이 남아 있어야 그 냄새를 따라 추적이 가능하다. 그러나 산속 유격기지에서 평소 생활하다 보면 흔적을 남기지 않을 수 없다. 따라서 적의 수색 병력이 접근하면 유격 기지를 과감히 포기해야 한다. 그들과 싸운다는 것은 어리석은 일이다.

사전에 유격기지에서 어느 정도 이격된 곳에 잠적해버릴 수 있도록 작은 굴을 주위 환경과 조화 있게 준비해둔 후 그곳에 숨어야 한다. 유사시 상호지원이 가능하도록 주도면밀한 사전 준비가 필요하다.

수중 은거지, 물속에도 적이 있다

작전 기간 중 연대장님께서 각 중대 지역을 헬기로 순시하시면서 우리를 격려해주셨다.

우리 중대에 들러 중대 장병을 격려하시고 나서 인접 8중대에서 헬기로 이륙하여 막 고도를 잡으려는 순간, 지상에서 대공사격이 날아왔다. 실탄이 헬기의 밑바닥을 관통해서 연대장님이 앉으신 양 무릎 사이를 지나 천장을 뚫고 나가버렸다.

헬기에는 그 외에도 여러 발의 실탄이 박혔으므로 연대로 복귀하지도 못하고 다시 8중대로 날아와 앉게 되었다. 적이 사격한 지역은 8중대가 낮에 수색했던 곳이었다. 중대가 수색했던 지역이라 안심하고 그 방향으로 이륙하다가 저격을 받았던 것이다.

비록 인접 중대에서 일어난 상황이지만 우리의 체면이 말이 아니었다.

우리 중대가 재수색을 맡은 지역에는 평야지대를 가로지르는 하천이 하나 있었다. 저지대의 하천이라 유속이 완만했고, 이끼가 많이 끼어 있어서 물속을 볼 수 없을 정도로 흐려 있었다. 개울 밑바닥은 거의 수렁이 되다시피 해서 푹푹 빠졌다. 이런 곳에는 예외 없이 수중동굴이 있기 마련이었다. 더욱이 물이 늘 나무 그늘에 가려져 있었고 이끼 긴 더러운 물에는 적이 도망가면서 물속에 뛰어들어 숨더라도 흙탕물이 생기지 않아 바로 뒤따라가서 보더라도 눈치챌 수 없었다. 그러나 물이 맑은 곳에서는 물이 흐려지므로 쉽게 발각되었다.

은거지 가운데 가장 찾기 힘든 곳이 수중동굴이었다. 당시 적들은 깊은 물이 있는 곳에 수중동굴을 파놓고 그곳에 자주 숨었다.

수중 동굴의 단면도. 대부분의 굴은 2~3명 정도 드러누워 숨을 수 있도록 만든
다. 출입은 화살표와 같이 물을 통해서 한다.

　우리나라의 시냇물처럼 물이 졸졸 흐르는 지역에는 이용할 수가 없었
고, 주로 물 흐름이 느리고 깊은 하천가 둑 밑이나 저수지같이 물이 많이
고여 있는 곳에 은거지를 구축했다. 그림에서 보는 바와 같이 물가의 양쪽
둑을 이용하여 수면보다 약 30~40센티미터 위쪽에 적당한 크기의 숨을
수 있는 공간을 흙을 파내 만들었다.
　굴의 위 천장 부분은 나무나 풀이 시들지 않도록 충분한 두께를 두고 구
축했으며 몇 군데의 공기 구멍을 뚫어놓아 질식을 방지했다.
　동굴의 출입은 물을 통하게 하고 때로는 천장 부분에 비밀 통로 구멍을
만들어놓기도 했다. 우리 중대는 수중동굴의 공기구멍과 출입구를 찾으려
고 조를 편성하고 각 조별로 구역을 지정해주었다.
　하천의 양 가에는 중대원이 나무막대기 하나씩을 들고 물 안에 들어가
물 밑으로 들어가는 출입구를 찾으려고 물속에 막대기를 집어넣고 둑을
푹푹 찌르면서 수색했다.

막대기가 땅에 닿지 않고 허공을 찌르면 동굴 입구인지 확인하기 위해 머리를 물에 처박고 들여다보거나 손으로 다시 더듬어보기도 했다.

머리를 물속으로 넣고 수중동굴 입구로 머리를 디밀었다가 안에 숨어 있던 적과 얼굴이 마주친 일도 있었다.

둑 위에서는 공기구멍을 찾기 위해 손으로 풀밭을 더듬으면서 수색을 하고 있었다.

분대별로 수색 구간을 지정해주고 경쟁적으로 정밀수색을 한 결과 우리가 예측한 대로 두 개의 수중동굴을 발견했다.

적은 이미 멀리 다른 곳으로 도주해버린 뒤였고 인접 중대에서는 아무 것도 찾지 못했다.

적의 수색을 피할 잠적 장소를 여러 곳에 숨겨놓았다가 상황에 따라 적절히 사용해야 한다

수색완료지역에서 아군 헬기가 저격당했기 때문에 부대의 체면과 명예 회복을 위해 적을 잡으려고 최선을 다했지만 실패했다. 수중동굴을 수색하던 우리 중대 지역에서는 부비트랩은 없었지만 개활지를 담당한 다른 중대는 많이 고전했다. 사실 상급부대에서 아무리 재촉해도 일선 소대장과 병사들로서는 적을 찾는 것은 다음 문제였고, 전진해나가는 중에 지뢰나 부비트랩을 건드려 터지지나 않을까 하는 걱정부터 앞섰다. 그러니 속도도 느리고 수색도 제대로 될 리 없었다.

적이 앞에서 뛰어 달아나도 총이나 쏘지, 제대로 추격조차 못했다. 왜냐하면 여우 같은 적이 우리를 부비트랩 밭으로 유인하는 경우도 있었기 때

작전 후 반드시 중대원과 전술토의를 실시했다.

문이다.

적진에서 활동하는 게릴라는 싸우는 것보다 숨기를 잘해야 한다. 주위와 철저하게 조화를 이루어 감쪽같이 위장해버리면 넓은 지역을 수색하는 병력에게는 발견되지 않는다.

또한 수색 병력은 뒤지기에 기분 나쁜 곳은 슬그머니 피해 가버리는 경향이 많다. 그러니 안심하고 숨을 수 있다. 수색 병력이 찾는 것은 흔적이다. 흔적이 발견되면 그때부터 지역 일대에 대한 정밀수색이 실시된다.

적 후방의 게릴라 기지에서 생활하다 보면 흔적을 남기지 않을 수 없게 된다. 따라서 적 수색 병력이 접근하는 것을 조기에 경보할 수 있는 조치를 강구해야 하며, 적이 수색하면 재빨리 유격기지를 포기하고 멀리 떨어진 곳에 미리 준비한 잠적 장소로 잠적해야 한다.

잠적 장소는 여러 곳에 준비하여 숨겨놓았다가 필요시 상황과 여건에 따라 사용해야 한다. 천연동굴은, 이용하기에 더 편리하다고 하여 잠적지로 사용해서는 안 된다. 쉽게 발견되기 때문이다.

잠적한 굴 안에서 밖을 감시할 수 있도록 해야 한다. 적이 어느 한 곳을 발견하면 상호감시하던 동료들이 일제히 기습사격을 실시하여 적을 혼란에 빠뜨린 후 그 틈을 이용하여 탈출하여야 한다.

또한 여러 곳에 지뢰나 부비트랩을 설치하여 적의 추격을 지연시키고, 필요시 다른 곳으로 잠적지를 옮길 시간을 벌면서 아울러 적으로 하여금 적극적인 수색 활동을 포기하게 할 수 있는 효과를 얻어야 한다.

크레모아,
조심해야 한다

　　내가 처음 파월해서 배치된 부대는 맹호 1연대 6중대였다. 파월을 함께한 17명의 병사들은 각 소대로 흩어졌고, 나는 화기소대장 보직을 받았다.

　　중대에 도착하자마자 현지 적응 훈련의 일환으로 1소대장 김 소위의 책임하에 소총사격을 비롯하여 수류탄과 크레모아 및 매복 등의 전입교육을 받았다.

　　야간 경계근무와 매복작전을 나가야 했기 때문에 오후에는 잠을 잤고, 모든 교육은 주로 오전에 이루어졌다.

　　중대에 부임한 지 사흘쯤 되던 날, 나는 박격포를 가지고 사격장으로 가서 소대원과 60밀리 박격포 사격연습을 하였고, 김 소위는 조금 떨어진 개활지에서 나와 함께 전입 온 신병들에게 전입교육을 하고 있었다.

첫 휴식시간을 이용하여 신병들이 훈련받는 장소에 찾아가 보았다. 병사들은 나를 보고 자랑스럽게 얘기했다. 교관인 김 소위가 자기들 앞에서 수류탄 안전핀을 뽑았다 끼웠다 하면서 시범을 보였을 때 처음에는 몹시 불안했지만, 이제는 자기들도 모두 여유 있게 수류탄 안전핀을 뽑아 손잡이가 튀어 나간 다음에 하나, 둘, 셋까지 세고서 교육목적상 파놓은 간이 동굴에 집어넣는 실제 훈련을 했다고 말했다. 앞으로 작전을 나가서 동굴 속에 수류탄을 집어넣을 경우, 적이 다시 집어던지지 못하도록 하기 위해 꼭 필요한 교육이라 생각되었지만 신병에게는 아직 너무 이른 편이라 부담스러운 교육이라고 생각되었다.

그들과 헤어져 다시 박격포 사격장으로 와서 훈련을 계속하고 있는데, 방금 내가 다녀온 신병훈련장 부근에서 "꽝" 하는 폭음소리와 함께 뽀얀 먼지가 보이더니 고함을 지르면서 위생병을 찾는 소리가 들려왔다. 몇 명은 이쪽으로 뛰어온다. 나도 모르게 소리를 질렀다.

"우리가 쏜 박격포탄은 분명히 산 너머에서 터졌지?"

처음에는 우리가 쏜 박격포의 오폭인 것으로 생각했다. 소대원들은 사고가 난 것이 틀림없으니 빨리 가보자고 소리쳤다.

나는 폭발현장이 사실이 아니기를 바랐다. 방금 전까지 휴식시간에 담배를 함께 피웠던 김 소위는 얼굴이 하얗게 질려 땅바닥에 벌렁 드러누워 눈만 껌뻑이며 말을 잃었고, 바로 몇 발짝 앞에는 나와 함께 전입 온 병사 네 명이 피를 흘리며 쓰러져 있었다.

난 우선 위생병과 함께 김 소위에게 달라붙어 그의 옷을 찢었다. 상처 확인을 위해서였다. 그가 가리키는 다리를 확인하기 위해 바지를 찢어보니 세상에 이럴 수가 있나, 눈을 뜨고 볼 수 있다는 사실이 원망스러울 지경이었다.

그가 교육시키던 크레모아가 터지면서 파편은 전방으로 날아가 병사들을 쓰러뜨리고, 후폭풍은 흙먼지와 함께 김 소위의 정강이 아래에서 발목 위까지를 때려서 뼈와 살 속에 새까맣게 박혀버렸다.

응급처치를 하려고 압박붕대를 들이대니, 마치 만두소를 만들려고 고기를 다져놓은 것처럼 이미 장단지살이 전부 흙먼지로 문드러져 잡는 대로 손가락 사이로 밀려 나왔다.

그가 내게 물었다.

"다리가 몹시 아픈데, 서 중위님 제 다리 상태가 어떻습니까?"

나는 차마 말을 할 수가 없었다.

"김 소위! 뼈는 이상 없고 근육이 끊어진 것 같으니 걱정 말고 조금만 참고 있게."

이렇게 대충 거짓말을 할 수밖에 없었다. 결국 김 소위는 두 다리를 잃었다. 그가 헬기에 실려 가기 전, 몰핀을 맞고 통증을 잠시 잊어버리게 되자 내게 간단한 상황 설명을 해주었다.

자기는 전혀 크레모아 격발기를 누른 일이 없으며 안전장치까지 했는데, 크레모아에 격발기를 연결하는 요령을 시범 보인 후 격발기를 땅바닥에 던지는 순간 폭발했다고 얘기했다. 격발기를 확인해달라는 당부의 말을 내게 남기고 그는 헬기에 실려 병원으로 떠났다.

병사들이 쓰러져 있는 곳 역시 마찬가지였다. 소대장 앞에서 하나라도 더 익히려고 턱을 고이고 김 소위의 교육 내용을 경청하던 병사들 중 애석하게도 1명이 사망하고 3명이 부상했다.

생각보다 피해가 적었던 것은 크레모아가 비스듬히 위쪽으로 눕혀져 있었기 때문이다. 그나마 다행이라고 생각되었다.

크레모아, 늘 우리 주변에 있다. 항상 배낭 속에 지고 다닌다. 잘 알고 사용해야 한다. 얼마나 많은 사람들이 죽거나 다쳤는가? 나는 김 소위가 말한 격발기를 갖고 중대로 돌아와 중대장님과 격발기를 연구한 후 그 원인을 찾아냈다.

모든 무기는 결함이 있다
모르면 내가 죽는다

크레모아는 미군이 한국전쟁을 치르면서, 중공군같이 인해 전술로 달려드는 적을 효과적으로 저지하기 위해서 동시에 대량살상이 가능한 무기가 필요하다는 판단하에 개발한 무기이다.

크레모아는 격발기 손잡이를 1, 2단계로 누르면 내부의 피스톤이 상하로 이동하면서 급속한 자극변화를 일으켜 유도전류를 발생시킨다. 이때 발생된 전류를 유도코일이 증폭시켜서 뇌관을 점화시키고 마침내 크레모아 몸체가 폭발하게끔 만들어졌다.

크레모아의 격발장치 용수철은 텅스텐 성분이 혼합된 강철 성분으로 제작되어 격발 후 용수철이 반드시 원위치 되도록 만들어졌다. 그러나 용수철의 탄력성이 저하되어 격발기 손잡이를 누르고 난 후, 용수철의 수축 작용만 이루어지고 다시 용수철이 원위치로 팽창되지 않으면 예민한 작은 충격에도 용수철이 위로 튕겨 올라오면서 전류를 발생시키고 뇌관을 점화시켜 크레모아를 폭발시킨다.

교범의 내용에도, 크레모아를 교육하는 대부분의 교관들마저 크레모아 손잡이를 누르면 1, 2단계의 격발 과정을 거쳐서 '딱, 딱' 소리를 내면서 폭

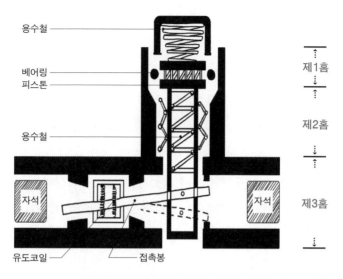

용수철

베어링
피스톤

용수철

자석

유도코일

접촉봉

제1홈

제2홈

제3홈

자석

용수철의 탄력이 저하되어 용수철이 그림과 같이 원위치되지 않고 밑으로 눌려 있을 경우 작은 충격에도 용수철이 위로 튀면서 전기를 발생시켜 폭발한다.

발한다는 것만 알고 있지, 용수철이 밑으로 눌려 있다가 위로 튕겨 올라오면서 전기를 발생시켜 뇌관을 폭발시킨다는 사실은 거의 모르고 있다.

그러므로 격발기에 점검기를 결합하여 전기가 정상적으로 발생하고 도전선이 절단되지 않았는지 반드시 확인해야 한다. 이때 격발기 손잡이를 누르면 전기가 발생하고, 이상이 없을 때 점검기에 불이 들어온다.

이 과정에서 고무 커버에 덮여져 있는 용수철이 한 번 내려가서 격발시키고, 용수철이 다시 원위치가 되지 않은 채 그대로 눌려진 상태로 있을 수 있다. 이때 격발기에 작은 충격을 가해도 눌려 있던 용수철이 위로 '탕' 튀면서 전류를 발생시켜 점검기에 불이 들어오는 것을 볼 수 있다.

왜 용수철이 밑에 눌려져 있을까?

격발장치의 용수철을 덮고 있는 고무보호막은 실리콘 고무 재질로서 기온 변화에 따라 동계에는 딱딱해지고 하계에는 아주 부드러워지기 때문에, 재질 자체의 이완 및 수축작용이 크고, 여러 번 격발하면 고무가 찢어지는 경우가 발생한다.

또한 장기간 야외에 노출되면 빗물, 습기 등이 고무보호막 안으로 들어가서 내부의 용수철, 피스톤, 베어링 등이 모두 부식되어 녹이 슬게 되고, 흙이나 먼지가 찢어진 고무 틈 사이로 들어가 마침내 녹과 함께 범벅이 되면 용수철이 제 기능을 발휘하지 못하게 된다.

김 소위가 들고 교육하던 크레모아 격발기는 그의 말대로 안전장치가 되어 있었다. 그러나 그 격발기는 용수철 고무보호막이 찢어져 있었고, 내부를 분해하여 보니 찢어진 고무보호막 사이로 물과 습기가 들어가 녹이 많이 슬어 있었다.

미세한 먼지도 많이 끼어 있어서 용수철, 피스톤, 작은 베어링, 접촉봉 등이 제대로 작동할 수 없게 되어 있었다. 점검기를 연결해서 격발기 손잡이를 눌러보니 용수철이 원위치 되지 않고 밑부분에 그대로 눌려 있었다. 그것이 바로 그 격발기의 문제였다.

김 소위는 점검기를 결합하고 사용 요령을 교육하고 난 다음에 다시 점검기를 제거한 뒤 안전장치를 하였고, 크레모아 도전선에 안전장치가 되어 있는 격발기를 결합한 후, 아무 이상이 없겠지 하고 크레모아 격발기를 땅에 놓는 순간, 작은 충격에 오므려졌던 용수철이 위로 튀면서 전기가 발생하여 크레모아가 터졌던 것이다.

중대의 모든 격발기를 검사해보니 몇 년 동안 교통호에서 사용했기 때문에 전체의 반 이상이 유사한 결함을 갖고 있었다. 고무보호막이 찢어진 것이 그중 절반 이상이었다. 전부 회수해서 반납하고 철저한 교육을 시켰다.

김 소위는 양 다리를 잃었고 다른 한 명의 병사가 순직하는 아픔이 있었지만, 이 연구 결과는 맹호사단 내에서는 말할 것도 없었고 주월사령부 전체에 교훈으로 전파되었다. 또한 전 부대를 대상으로 감찰검열을 실시, 재발을 막기 위한 지휘 및 참모 활동이 전개되었기 때문에 또 다른 희생을 사전에 방지하는 계기가 되었다.

나는 화기소대장에 보직된 지 3일 만에 다시 김 소위가 지휘하던 1소대장으로 보직되었고, 이 때부터 본격적인 소총소대장 생활이 시작되었다.

선임하사와
딸

　　　　　내가 월남에서 소대장을 할 당시의 나이는 겨우 스물
여섯이었다. 당시 소대 선임하사는 파월된 지 7개월가량 되었는데 전투경
험이 많았고, 나이도 나보다 여덟 살 정도 연상인 서른네 살가량으로 기억
한다.

　그는 순박하고 성실했지만, 한 번 고집을 부리기 시작하면 막무가내로
누구에게도 잘 굽힐 줄 몰랐다. 그동안 대소 작전에 참가하여 실전경험도
많았고, 작전 책임지역의 지형이나 주민의 성향 및 적정에 대하여 소상하
게 알고 있었다.

　처음 지역 내 수색정찰 임무를 받고 소대원들과 회의를 할 때였다. '신
임소대장은 아무것도 모르니 서두르면 죽는다'는 식으로 겁을 주는가 하
면, 소대장 공백 기간에 자기가 잘해냈으니 앞으로도 계속 자기가 하자는
대로 따르라고 은근히 강요하기도 했다. 몹시 자존심 상하고 불쾌하기

도 했지만 어쩌면 그의 말이 맞을지도 모른다고 생각하면서 참았다.

나이가 여덟 살이나 아래인 신임 소대장에게 처음부터 고개 숙이고 들어간다는 것이 오히려 그의 자존심을 상하게 했고, 비록 짧은 기간이었지만 자기에게 마음이 쏠려 있던 병사들인데, 고스란히 신임 소대장에게 전부 돌려주자니 마음이 몹시 상하는 것은 당연했을 것이다.

초임 소대장의 고충

처음으로 소대원들을 인솔하여 지역 내 수색정찰을 나가게 된 전날 밤, '내가 이제 전투를 하는구나, 사람을 총으로 쏴야 하는구나' 하는 생각에 가볍게 흥분하여 잠도 제대로 못 잤다.

지금까지 주위에서 들은 바에 의하면 소대장이 가장 많이 당했다고 하기에 앞으로 전개될 상황에 대해서 이런저런 걱정이 들었고, 사실 겁도 많이 났다. 나뿐만 아니라 다른 사람도 똑같은 심정이었을 것이다.

산으로 작전을 나갔을 경우, 사람이 나타나면 그것은 반드시 적이었다. 들판으로 나가면 적과 주민 그리고 적의 첩자까지 섞여 있었기 때문에 피아식별이 곤란했다. 비록 적일지라도 확인되기 전까지는 먼저 쏠 수 없었다. 적이 먼저 쏴야 우리가 쏠 수 있었다. 참으로 어려운 일이었다.

첫 수색정찰은 주민들이 살고 있었던 마을지역으로 나갔다. 중대를 출발하기 전에 치밀하게 작전을 준비했고, 작전 중에 일어났던 상황과 관찰된 첩보 사항들은 돌아와서 상세히 보고해야 했다. 적정이나 지형은 물론이었고, 촌장을 포함한 주민의 성향과 심지어 고추밭이나 수박밭이 어디 있나 하는 것까지 세부적으로 보고해야 했다.

당시 소대장들에게 제일 무서운 것은 적의 저격이었다. '땅' 하고 총소리가 나면 십중팔구 소대장이 총을 맞게 마련이었고 다음은 무전기를 메고 있는 통신병이었다. 선임하사는 첫 임무부터 소대장이 저격 받지 않도록 하얀 지도는 아예 꺼내 보지도 못하게 했고, 무전기 안테나도 뽑아버렸다. 중대 상황실과의 교신도 선임하사가 했다.

모두 소대장을 위한 것이니까 이해하고 그대로 따르라는 것이었다. 나로서는 귀대 후에 정찰 결과를 보고하려면 지도와 실지형을 대조하면서 지형 숙지를 해야 했음에도 불구하고 지도를 제대로 꺼내 보지 못했으므로 난처하기만 했다. 독도법은 꽤나 자신이 있었는데도 어디가 어딘지 잘 모를 수밖에 없었다.

무전기 교신 역시 음어와 적당히 우리끼리 만들어 쓰는 은어가 뒤섞여 있어 도무지 무슨 소리인지 알아듣기 어려웠다.

매복과 수색을 비롯하여 기타 작전활동 간에는 통상 소대장조와 선임하사조로 나뉘어서 작전을 했다. 밀림 속에 넓게 전개된 소대를 효과적으로 통제하기 위한 하나의 방법이었다.

소대장이 기관총으로 편제된 화기분대와 1개 소총분대를 맡았고, 선임하사가 2개 분대를 맡아서 지휘했다. 하지만 한 사람 밑에 오래 있으면 소대 화합과 교육 면에서 고르지 못한 현상이 발생했고, 편애하는 경향이 생길 우려가 있어 분대를 돌아가면서 맡아 지휘했다. 그때마다 소대장인 나의 조로 들어오는 병사들은 소대장이 전투경험이 전혀 없다는 이유로 매우 걱정스러워하는 표정을 노골적으로 드러냈다. 그러니 신임 소대장에 대한 존경과 기대는커녕 걱정과 우려를 잔뜩 갖고 나를 대하는 분위기였다.

예나 지금이나 마찬가지지만, 나의 첫인상은 짧은 머리와 땅땅한 몸집 때문에 외형적으로 강하고 거칠 것이라는 선입관을 남에게 준다. 그래서 그랬는지 마치 전장에서 전투경험이나 전장감각도 없이 마구 설쳐댈 것으로 미리 짐작하고 겁을 주어보자는 분위기 같았다.

이런 숨 막히는 분위기는 선임하사를 포함한 고참들의 소행에 의한 것이 틀림없었다. 오락이나 별다른 즐거움이 없는 무미건조하고 거친 생활의 연속이라, 새로운 신참내기 소대장을 골탕 먹여 쩔쩔매는 모습을 보고 싶어 하는 것은 전투에 지친 병사들의 속성이라고 할 수도 있었다.

산속으로 작전을 나가면 서부영화에서 본 인디안 같은 놈이 나무 위에서 금방 도끼를 들고 뛰어내려 올 것 같았고, 어디에선가 나를 노려보고 있는 놈이 내 심장에 정조준을 하고 기다리는 것 같아 섬뜩섬뜩하기만 했다.

나무넝쿨을 보면 전부 부비트랩 인계철선처럼 보였고, 발을 내디딜 때마다 지뢰가 곧 터질 것 같았다. 또한 들판으로 나가면 독침이 어디 있을까 두리번거렸고, 풀숲을 보면 그 속에서 적이 총을 쏘며 뛰어나올 것만 같았으며, 민간인을 마주칠 때마다 적이 아닌가 싶어 바짝 긴장하는 신참내기 시절이었다.

지금 돌이켜보면 전부 잘 수행하기는 한 것 같지만 당시 고참들이 보기에는 어설픈 점이 많았을 것이다. 전장에서 우연히 발생하는 여러 가지 사건들을 조치하는 능력은 내 스스로 터득해야 했다. 그러나 그 모든 것을 직접 체험해서 터득하기란 힘든 일이기도 했지만 매우 어리석은 짓이었다. 그러므로 나는 항상 전장의 제반 요소들을 배워야 했고, 소대원은 나를 가르쳐야 했다. 나는 배우려는 의욕에 가득 차 있어도 가르쳐주어야 할 사람들이 나 때문에 안 해도 될 훈련과 고생을 한다고 생각하니 참으로 곤혹스러웠다.

중대에서 수립한 교육훈련계획에 현지적응을 위한 프로그램이 많이 잡혀 있었다. 다른 소대와는 달리 밀림지역과 마을이 있는 평야지의 수색정찰, 강가의 수중 은거지 탐색 요령, 각종 화기 및 폭발물 사용 요령과 기지 경계 요령 등이 포함되어 있었다. 교육 때마다 소대원들은 말없이 따라오긴 했지만 속으로는 항상 불만스러워하였고, 선임하사나 분대장급에서는 안 해도 되는 훈련을 한다는 식으로 불평이 새어 나왔다.

처음부터 나는 이런 분위기를 해소하기 위해 노력을 많이 했다. 맥주도 사 주고 면담도 했다. 내가 처음 왔으니까 한번 으스대고 싶어서 그런 것이겠지 하고 당연한 것으로 받아들였고, 결코 조급하게 서두르지 않았다.

값비싼 대가를 치르고 터득한 그들의 경험을 존중해주었고 이해하면서 내 사람을 만들기 위해 노력했다. 어떻게 하면 진심으로 나를 따르고 마음속에서 진정한 복종이 우러나오는 소대원을 만들까 하는 고심도 많이 했다. 중대장님도 나의 심정을 이해하시고 조급하게 서두르지 말고 느긋하게 지내다 보면 시간이 해결해주니 기다리라는 충고를 해주셨다.

나는 이곳에 도착하자마자 고향에 계신 부모님께 편지를 쓰면서 중대장님과 대대장님에 관해서도 적어 보냈다. 편지를 받으신 아버님께서 중대장님과 대대장님께 편지를 보내셨다. 편지 내용이 어떠했는지는 잘 모르겠으나 두 분 모두 아주 반가워하시며 다른 사람보다 나에게 더 각별한 관심을 주신다는 인상을 받았다.

나는 이 점을 중시하고 소대원 가족과도 편지를 하기로 했다. 소대원의 신상명세서를 보고 주로 부모님들께 자제분의 소대장임을 밝히고 '잘 데리고 있다가 건강한 모습으로 귀국할 수 있도록 최선을 다하겠다'는 내용을 써 보냈다. 답장은 부모님이 직접 써서 보내시는 경우는 별로 없었지만 형이나 동생들이 대신 답해줄 경우는 많았다. 시집 안 간 누나나 여동생이 호기심을 갖고 정성스럽게 보내준 내용도 있었다. 전쟁터에 자식을 보낸 부모 마음이 하루도 편할 리 없던 차에 생사를 함께하는 소대장이 친필로 쓴 소식은 부모님들을 안심시키기에 충분하였고, 마침내 소대원들의 마음을 끌어안는 데도 큰 도움이 되었다.

편지로 맺어진 선임하사 딸과의 우정

선임하사에게는 초등학교에 다니는 두 딸이 있었다.

전방에서 근무하다가 파월되어 가족은 아직 전방에서 애들과 함께 살고 있었기 때문에, 고향으로 소식을 전하는 것보다 딸들과 소식을 주고받는 것이 좋을 것 같아 두 딸에게 편지를 보냈다. 딸들에게서 곧 답장이 왔다. 이렇게 해서 나는 소대 선임하사의 딸들과 친구가 되어 우정의 편지를 주고받았다.

이동 PX가 오면 간단한 학용품을 사서 보내주기도 했고, 중대에서 나오는 일용품 중에서 여학생이 좋아할 지우개나 볼펜 및 노트 등을 골라서 조금씩 보내주었다.

선임하사의 딸들과 편지를 하면서 쌓은 그의 딸들과의 우정은 내가 정성을 들인 것만큼 그대로 선임하사에게 전달되었다.

시간이 지나면서 대원들과 신뢰가 쌓이고 처음 왔을 때의 어리벙벙한 티도 많이 벗었다. 작전만 나가면 선임하사 뒤만 따라다니던 초년병의 신세도 이제 면했다.

어느 날 우리 중대는 차를 타고 마을 평정작전에 투입되었다. 적의 활동

주민 분류작전을 하고 있는 중대원들.

이 많은 지역이라 출동해서 보니 마을에 온통 민간인뿐이어서 누가 적이고 누가 양민인지 구분이 되지 않았다. 첫날은 우리들의 출현으로 놀란 주민들이 싸움판을 피해 쏟아져 나와서, 이들을 안전한 장소로 이동시키고 적색분자를 분류하느라 눈코 뜰 사이 없이 바쁘게들 보냈다.

다음 날 중대에서 1개 소대씩 포위권 내부수색을 했다. 전날 민간인으로부터 마을 내부에 미처 대피하지 못한 지방 게릴라들이 많이 있다는 첩보를 듣고 나섰기 때문에 저격과 기습사격에 철저하게 대비하면서 앞으로 앞으로 나아갔다.

마을은 비교적 부농이었고 집집마다 부처님을 모셔놓았으며, 부처님 앞의 제단에는 바나나와 바나나잎에 싼 찹쌀 인절미가 많이 놓여 있었다. 가택수색 시 민간인 재산에 대해서는 일절 손을 대지 않았으나 바나나와 인절미는 부처님상을 돌려놓고 집어 먹기도 했다. 배가 고파서가 아니라 장난기가 담겨 있는 행동들이었다고 본다.

바나나와 야자수가 무성한 지역을 지나는 도중 멀리 떨어진 거리에서 적의 개인화기 사격을 받았다. 연발로 "다다다 딱" 소리가 나자마자 주변의 바나나 나뭇잎 뚫어지는 소리가 "타다닥" 났다. 상탄이 나는 것을 보니 소총사격이 틀림없었다. 기관총은 어깨에 견고하게 견착하고 쏘기 때문에 상탄이 나지 않는다.

오싹하는 전율을 느끼면서 우전방에서 전진하는 선임하사를 부르기 위해 무전기 키를 잡았다. 그런데 내가 그를 채 호출하기도 전에 무전기로부터 선임하사의 목소리가 다급하게 흘러나왔다.

"우리 좌전방에서 적의 실탄이 날아오는데, 내가 접근해서 처치할 테니 소대장조는 더 이상 전진하지 말라. 잘못하면 접근하는 우군의 총에 맞을지 모르니 사격도 하지 말라. 소대장님 고개를 못 들게 해라. 엎드려! 엎드려! 절대로 튀어나오지 못하게 하라! 이상."

그러고 나서 그는 조를 이끌고 집중사격을 하면서 적에게 접근하고 있었다. 적은 많은 탄피만 남겨놓고 도주해버려 적을 잡지는 못했다.

작전이 끝나고 나는 선임하사와 마주 앉았다. 그의 손을 잡고 보니 여러 가지 생각이 떠올랐다. 지금까지 조금이나마 그를 오해하고 있었다는 게 부끄러웠다. 언제나 '소대장이 잘못하면 죽는다'는 것을 내세워 소대원들 앞에서 무안을 줄 때마다 겉으로는 표현하지 않았지만 내심으로는 기분 나쁠 때가 한두 번이 아니었다. 그를 미워했던 것도 사실이었다. 또한 소대장을 위한다는 표현이 세련되지 못하여 투박하게 표현된 것을 내가 이해를 못 한 것이 민망하기만 했다.

그는 나에게 이런 말을 했다. 총소리가 나고 적이 소대장 쪽으로 사격하는 것이 확인되는 순간, 고국땅 전방에 두고 온 사랑하는 딸들이 생각나더라고.

그들은 자기 아버지에게 편지를 보낼 때마다 아빠의 건강뿐 아니라 자기들의 친구가 되어준 소대장의 안부를 물으면서 소대장 역시 몸성히 근무 잘하기를 바란다는 소식을 전해왔다고 했다. 자기 부인까지도……

총소리가 "따다닥" 하는 순간, 소대장이 다치면 자기 딸들에게 어떡하나 하는 생각이 떠올라 자기도 모르게 무전기로 상황보고를 하면서 소대장이 고개를 들지 못하게 했다는 것이다.

나는 기지에 돌아온 뒤 그의 딸들에게 아빠가 보여준 생사를 초월한 깊은 전우애에 대하여 소상한 소식을 전했다.

편지로 이어진 선임하사 딸들과의 우정은 나와 선임하사를 뜨거운 전우애와 신뢰로 깊게 맺어주었고, 그때부터 그의 세련되지 못한 어설프고 투박한 표현들을 때 묻지 않은 선하고 순박한 표현으로 다시금 받아들이게 되었다.

그것은 그림책 속의
참외가 아니야

　　나는 1969년 4월 1일부로 임시대위가 되자마자 그날로 1연대 11중대장으로 부임하라는 명령을 받고 정글에서 작전 중인 대대본부로 헬기를 타고 날아갔다.

　전임 중대장과 함께 대대장님께 신고를 드린 후 중대장 휘장과 견장을 달았다. 사실 당시 나에게 소원이 있었다면 소총중대장을 한번 해보는 것이었다.

　정규전 시 대대장급 이상은 전투를 통제하는 임무를 주로 하는데, 월남 전투상황 역시 대대나 연대는 대부분 기지 내에서 생활했으며 작전에 투입되더라도 적이 거의 없는 안전한 곳에서 소총중대의 전투를 통제하는 일만 했기 때문에 적과 마주 보고 싸우는 경우는 거의 없었다.

　소대장, 중대장만이 정글을 누비면서 적과 부딪쳤으며 총을 맞대고 싸움을 했다.

소대장 시절 나의 중대장님은 나에게 많은 것을 가르쳐주신 스승이셨다. 그분은 본인 스스로 자신에게 엄격하면서 모든 훈련이나 작전활동 간 비전술적, 비전투적 행동은 그대로 묵과하는 법이 없어서 우리는 적보다 중대장님의 질책이나 교육을 더 무서워했다. 중대장님께서도 적보다 자신이 더 무서워 보이기를 원하시는 것 같았다.

매일 아침마다 중대장실에서 열리는 상황회의 때에도 한 마디조차 불필요한 말이 없었고, 꼭 필요한 말만 명쾌하게 일러주셨다. 지하벙커는 항상 어두컴컴했고 중대장님 의자도 볼품없이 초라하였지만 거기에 앉으신 중대장님의 자세는 언제나 꼿꼿하면서 위엄을 갖추고 계셨다.

이처럼 엄하고 빈틈없는 분 밑에서 나는 한 명의 전투지휘자로 성장하고 단단하게 다져졌다.

지금도 교육훈련군기나 야외훈련 시 전장군기를 위반하는 것을 보고 그대로 간과하는 법 없이 엄하게 꾸짖는 것은 당시 중대장님의 가르침 때문이다. 중대장님은 그것이 바로 전장에서 부하를 죽이지 않고 적과 싸워서 이기는 길이라는 것을 일깨워주셨다.

내가 어찌나 중대장님을 좋아했던지 평소 말씀하시는 내용은 물론 언행까지 소대원들 앞에서 흉내 내기도 했고 소대장실에서 혼자 연습해보기도 했다.

**상급부대의 명령이나 지시는 철저하게 이행하고
매사를 빈틈없이 진지하게 처리해야 한다**

그토록 동경하던 소총중대장이 되어 녹색 견장을 양 어깨에 달았고, 난

생처음으로 지휘관 휘장을 심장이 박동하는 좌측 가슴에 달게 되었다.

중대원으로부터 신뢰와 존경을 받고 전투를 승리로 이끌 수 있는 중대장이 되어야 한다고 다짐하면서 나는 헬기를 타고 중대가 배치되어 있는 작전지역으로 날아와 소대장과 첫 대면을 했다.

중대에 부임하던 그날, 나는 전임자에게 소대장들과 함께 전선에 배치되어 있는 소대들을 돌아보고 필요한 곳은 수색정찰을 하면서 중대를 인계해달라고 요구했는데, 대대에서도 그렇게 하도록 지시를 받았음에도 불구하고 그는 중대본부 지역에서 화기소대장만 소개시켜주고는 내가 타고 왔던 헬기로 곧바로 날아가 버렸다.

처음 중대장으로 올 때와 임기를 마치고 떠날 때, 그때가 특히 적으로부터 저격을 당하거나 혹은 지뢰나 부비트랩으로 다치는 경우가 가장 많으니 서로 위험을 피하자는 의도였을 것이다.

상급부대에서는 내가 작전지역에서 지휘권을 인수받았으니 신임 중대장으로서 임무수행이 벅찰 것이라고 판단했었는지 어렵고 위험한 임무는 다른 중대가 맡도록 했고 우리 중대는 요소 요소에 매복해 있다가 도망가거나 빠져나가는 적을 잡는 싱거운 임무만 부여했다.

다른 중대는 전과를 많이 올렸으나 우리 중대는 적과 한 번의 접전도 없이 중대로 복귀하는 맥 빠진 나날이 계속되었다.

나는 소대장 시절, 작전을 마치고 돌아오면 중대장님께서 직접 준비하고 주도하시는 작전회의에 숙달되어 있었다. 작전 전반을 총망라하여 토의하고 발표하면서 다음에 있을 전투 준비를 위해서 염출된 모든 문제를 반드시 반복해서 숙달시키곤 했었다.

그런 반복 연습에 숙달된 나는 임무를 마치고 기지에 돌아오자 장교와

하사관들에게 작전 전반에 걸쳐 반복 연습할 것을 지시했지만 반응이 시원치 않았다. 더군다나 그런 복잡한 것 없이도 지금까지 잘해왔는데 신임 중대장이 중대 사정을 잘 알지도 못하면서 하지 않아도 될 일들을 골치 아프게 시키느냐는 태도였다. 더욱 놀랐던 것은 작전을 나가서 적과 접촉 한 번 없이 복귀하는 것을 다행스러운 일로 생각하는 자세였다.

신임 중대장으로서 너무 의욕이 앞서 실수를 할 수도 있으니 매 작전마다 신중하도록 자제시키려는 의도로도 이해하려 노력했지만, 상급부대의 명령이나 지시를 철저히 이행하고 매사를 빈틈없이 진지하게 처리했던 지휘관 밑에서 엄격하게 훈련된 나로서는 도저히 받아들이기가 어려웠다.

중대기지로 복귀 후에 중대장으로서 해야 할 일은 주요 간부들과의 면담이었다. 이 과정을 통하여 단호하게 다스리고 시정해야 할 문제점을 몇 가지 발견했다.

첫째는 미온적인 작전 활동이었다.

기지 내에 있을 때에는 수시로 책임지역 내의 적정을 파악하기 위하여 정찰 활동을 하게 되어 있었는데도, 상당한 기간 동안 책임지역 내의 정찰을 전혀 하지 않아 울타리 밖이 어떻게 돌아가고 있는지조차 잘 모르고 있었다.

또한 매일 1개 소대씩 매복작전을 나가게 되어 있었는데 기지에서 멀리는 나가지 않고 단지 중대 철조망 울타리에서 가까운 거리 내에서만 형식적으로 실시하고 있었다. 심지어 대대에는 매복 나갔다고 보고하고 실제로는 나가지 않은 채 기지에서 잠을 잤던 경우도 자주 있었다. 물론 다른 제대급에서는 이런 일들이 발생하는 법이 없었지만 소총중대급의 경우, 중대장이 귀국 말년이 되어 몸조심하느라 가끔씩 있었다.

따라서 이런 분위기를 쇄신하고 전투부대 본래의 임무를 성실히 수행하기 위해서는 단호한 조치가 절실하다고 느꼈다.

두 번째는 소대장과 하사관 사이에 일어나는 갈등이었다. 당시에는 소대장급의 초급장교가 부족하여 하사관 중에서 선발하여 소정의 교육을 이수하게 한 후 장교로 임관시키는 제도가 있었는데, 이 과정을 이수하고 임관한 장교가 부중대장을 포함하여 3명이 있었다. 이들은 임관되기 전에 하사관 생활을 했기 때문에 서로 잘 이해하면서 화목하게 지내는 줄 알았는데 사실은 그렇지가 못했다. 소대 선임하사들은 소대장이 옛날 하사관 시절을 생각해서라도 잘 대해줄 만도 한데 그렇지 않고 오히려 소대원들 앞에서 자기들을 무시하고 함부로 대한다고 불평이었고, 또 소대장들은 선임하사가 군대 생활을 더 많이 했다고 으스대며 함부로 버릇없이 군다고 불만이었다.

세 번째는 전투에 대한 기피 현상이었다.

작전에 출동한 어느 소대장이 지휘하는 조에서 일어난 사건이었다. 밤에 매복을 서고 있는데 측방에서 계속 나뭇가지 꺾이는 소리가 나는데도 소대장이 크레모아 격발을 못하도록 제지했고, 소리가 다 끝날 때까지 상당한 시간 동안 꼼짝도 못하게 했다는 것이다. 날이 밝은 후 분대장이 확인해보니 수많은 적이 그곳을 통과해 빠져나갔다는 것이다.

이런 사실을 면담 과정에서 선임하사의 입을 통해 알게 되었다. 소대장은 보고도 하지 않은 채 꿀꺽 삼켜버리고 만 것이었다.

용서하라. 누구에게나 실수는 있는 법이다
그러나 뉘우치지 못하면 엄히 다스려야 한다

나는 그간 관찰을 통해서 파악한 세 가지 문제점을 하나씩 해결해나가 기로 했다. 먼저 전투를 기피한 책임 추궁을 위해 소대장들을 불러 심한 질책을 했다. 그런데 당사자인 바로 그 소대장은 전혀 그런 사실이 없었다 는 식으로 변명하면서, 분대장이 잘못 알고서 보고드린 것을 가지고 장교 인 소대장을 꾸짖고 질책한다고 오히려 화를 냈다.

그뿐 아니라 소대로 돌아가서는 기어코 자기 소대 선임하사와 해당 분 대장이 소대의 일들을 중대장에게 고자질했다는 이유로 구타까지 하고 말았다.

꾸짖기도 하고 좋은 말로 타일러도 보았으나 근본 바탕이 넉넉하지 못 했고, 장교로서의 자질이 없었던 탓인지 전혀 반성하는 기미가 없었다.

그 후 대대에서 주관하는 박격포 사격대회 준비를 위해 사격연습 소대 장으로 임명하여 대대 사격장에 내보냈더니, 며칠 동안이나 병사 인솔만 한 후 자기는 급수차를 타고 대낮부터 술집을 출입하고 뒤늦게 술이 취한 채 사격연습장으로 되돌아와 병력만 인솔하여 기지로 돌아오는 등 상식 적으로 생각해도 장교로서의 책임과 의무를 망각한 몰상식한 행동을 서 슴지 않고 계속했다.

대대장님께 지휘보고를 하고, 헌병으로 하여금 명령위반으로 구속조사 토록 하여 본국으로 조기 귀국시켜야겠다는 결정을 내렸다.

마지막 카드인 구속과 조기귀국이라는 결정을 내리기 전까지 내 나름 대로 많은 고민을 했다. 그러나 소대원들은 물론이고 중대원 전체가 그 소 대장은 있는 것보다 없는 것이 중대를 위해 좋다는 일치된 의견이었으며,

나 또한 소대원들의 불만이 폭발 직전이므로 더 곪기 전에 과감한 수술을 단행해야겠다고 결심했다. 본인 스스로 판 무덤이었고 피할 수 없는 막다른 골목까지 자기 스스로 오고 말았던 것이다.

대대 인사과장과 연대 헌병이 중대에 도착하였다. 마침내 나에게는 괴롭고 외로운 시간이 들이닥쳤던 것이다.

나는 부중대장과 소대장들을 중대장실로 집합시켰다. 의자에 앉지도 못하게 하고 부동자세로 세워둔 채 해당 소대장을 가리키면서 단호하게 말했다.

"적을 눈앞에 두고 고의적으로 전투를 기피시키는 등 이적 행위를 자행하고, 훈련장 무단이탈, 중대장에 대한 반항과 자신을 속이는 변명과 항의, 잘못이 없는 부하를 자기의 잘못을 건의한다고 구타하는 무분별한 행위 등을 용서할 수 없으며, 반성과 뉘우침의 기회를 여러 번 부여했으나 그 기미가 전혀 보이지 않아 함께 근무할 수 없다고 판단하여 오늘 이 시간부로 보직을 해임한다. 명령위반과 전투회피 및 이적행위는 헌병대에 가서 별도로 조사를 받도록 하라."

그때서야 그 소대장은 그 자리에서 무릎을 꿇고 잘못했다고 빌었다. 나는 그를 뿌리치면서, 부중대장에게 그의 사물을 챙겨서 보내주고 인사과장과 헌병에게 신병을 인계하라고 지시했다. 부중대장이 그를 일으켜 밖으로 데리고 나갔다.

이 사건이 있은 후 중대원들의 잘못된 추측이나 유언비어가 생길 우려가 있었기 때문에 전투회피와 명령불복종, 구타행위 등을 엄단하겠다는 나의 의지와 지시사항을 엄격하게 교육시켰다. 내가 장교를 보직해임시킨 것은 군 생활 동안 그때가 처음이자 마지막이었으며, 중대장 보직을 받은 지 한 달 남짓한 시기에 일어난 일이었다.

위험한 고비를 넘겼다고 방심할 때
예기치 않은 위험이 뒤따르는 법이다

중대를 인수받으면 중대 책임지역을 숙지하기 위하여 자기 지역 내를 정찰하면서 지형을 머릿속에 그려야 하고, 지역 내 마을 주민들과 좋은 유대관계를 유지하도록 해야 했다.

중대는 해안선을 연해 남북으로 발달된 도로를 따라 한국군으로는 최북단에 배치되어 있었으며, 북쪽에는 작은 강이 흐르고 있었다. 그 강을 경계로 하여 북쪽은 월남군의 책임구역이었지만 대부분 적이 장악했으므로, 생명이 붙어 있고 움직이는 것은 무엇이든지 사살할 수 있는 무제한 사격구역으로 지정되어 있었다.

특히 이곳에는 한국군이 파병되기 전, 미군과 월남군이 작전하면서 지역 일대를 적이 사용하지 못하도록 거부작전의 일환으로 대인지뢰와 M16 폭풍지뢰를 많이 매설해놓았기 때문에 상당히 위험한 지역이었다.

이 지역을 한국군이 인수받을 때 지뢰가 매설되어 있다는 사실만 인수받았지 정확한 지뢰지대의 위치 및 매설발수와 종류 등은 전혀 인수인계되지 않은 상태였다.

세월이 지나면서 흙이 파이고 홍수로 인해 지뢰가 밖으로 나오거나 물에 떠내려간 것을 적이 수집하여 우리가 잘 다니는 통로에다 매설하였으므로 우리 주변에는 항상 지뢰와 부비트랩의 위험이 여기저기 도사리고 있었다.

더욱이 중대장 인수인계 시 상당 기간 동안 담당구역 내 수색 정찰을 실시하지 않아서 최근 지역 내 적 상황에 대해서는 잘 모르고 있는 형편이었다.

수색정찰 계획을 수립하여 작전회의를 마치고 아침 일찍 중대기지를 출발했다. 나는 지도와 실지형을 대조해가며 지형을 숙지하면서 적정을 살폈고, 약 2시간 정도 지나서 강가에 도착했다.

아니나 다를까, 강 건너편 숲 속에서 소수인원에 의한 소화기 연발사격이 우리에게 날아왔다. 기습적 다량사격으로 응사하면서 전방에 위치한 소대장에게 즉시 강을 도하하여 공격하라고 명령했다.

예상한 대로 소대장은 이렇게 말했다.

"한 번도 이 강을 도강한 적이 없었고, 강 주변의 대나무밭에는 수년전 미군이 묻어둔 대인지뢰와 폭풍지뢰가 많이 매설되어 있어 도강이 어렵습니다."

대대에도 문의했지만, 한 번도 강을 넘어간 일이 없었으니 도강하지 말라고 했다. 강을 건너 깊숙이 들어가지 않고 강 건너 상황만 확인한 뒤 즉시 돌아오겠다는 조건으로 도강 승인을 얻었다.

대검으로 대나무밭을 푹푹 쑤셔 지뢰매설 여부를 확인하면서 두 곳에 통로를 개척하여 강을 건너갔다.

강을 건너 500미터 정도까지만 전진했다.

적은 이미 도주해버렸고 특이한 흔적이나 유기물은 발견하지 못했으나 강을 따라 산 쪽으로 2미터 폭의 길이 나 있었는데, 얼마나 많은 사람이 다녔는지 단단하고 반들반들했다.

많은 적이 이 길을 이용한다는 증거였다. 적은 이 강이 한국군과 월남군의 접경지역임을 이미 알고 있었으며 자유롭게 돌아다녀도 아무런 장애나 위험이 없다고 판단했음이 분명했다. 나는 생각했다. '이 지역 일대를 최대로 이용하여 내 싸움터로 삼아야지. 이놈들이 마음 놓고 지나다닐 때 깊은 밤 은밀히 들어와 마음껏 두들겨야지!'라고.

작전 중인 밀림 속의 중대원.

　따라서 오늘 정찰은 이것만으로도 충분히 성공적이었다고 생각했다. 상이한 통로를 이용하여 강을 따라 올라가다가 중대기지를 향해 전진 방향을 바꾸었다. 부대로 복귀하기 위해서였다. '위험한 고비는 넘었구나' 하고 한숨을 돌리는데 갑자기 앞서 가던 소대 쪽에서 '꽝' 하는 폭음이 났다. 순간적으로 지뢰나 부비트랩이 터진 것임을 직감했다.

부하는 자기 지휘관을 닮고 배운 대로 행한다

　소대장 때의 일이 떠올랐다. 내가 소대장을 6개월 정도 하는 동안 동료 소대장 3명이 부상으로 후송된 적이 있었다.

　처음 소대장 보직 시 전입병에게 크레모아 교육을 시키던 중 후폭풍에 다리를 잃은 소대장, 적의 저격으로 부상당한 소대장, 부비트랩에 쓰러진 소대장, 이렇게 모두 3명이었다.

따라서 이들 모두 본국으로 후송되었으며, 6개월 만에 내가 고참 소대장이 되었던 것이다. 그러다 보니 나는 중대의 선두 임무를 많이 수행할 수밖에 없었다.

당시 중대는 '고보이' 평야지대에 헬기로 투입되었다. 조그마한 야산에 착륙하자마자 적이 빠져나가기 전에 인접 중대와 서로 손을 잡아 연결해 포위권을 형성하려고 빠른 속도로 측방으로 전개해나갔고, 후속 병력들이 우리 소대를 따라오면서 포위권을 형성했다.

야산에서 얼마 내려오지 않아서 갑자기 숲 속에서 날아온 적의 저격탄에 병사 한 명이 엉덩이 아랫부분에 얕은 관통상을 입었다.

저격은 첫 발에 맞지 않으면 아무것도 아니다. 그대로 전진해도 무방하다. 왜냐하면 저격한 적이 한 발을 쏘고 나서 즉시 그 자리를 이탈하여 도망가기 때문이다. 저격병이 노리는 것은 아군을 혼란시키고 전진속도를 늦추는 것이 목적이다.

그러나 여러 곳에서 다량으로 실탄이 날아오는 것은 위험하고 겁이 난다. 그것은 적이 우리를 기다리고 있다가 살상 지대에 들어왔을 때 실시하는 다량의 기습사격이기 때문이다.

이 병사가 맞은 것은 저격이 분명했다. 총에 맞은 것이 안타까웠지만 참으로 운이 좋은 병사였다. 부상이 심하지 않아 압박붕대로 감아주고 위생병을 곁에 남겨둔 뒤 측방으로 전개해나갔다.

산 위에는 헬기가 후속병력을 착륙시키고 있었고, 중대장님은 후속병력과 함께 착륙하자마자 우리 소대의 부상자 발생을 보고받으시고는 이렇게 지시를 내렸다.

"부상자는 중대본부에서 인수받아 후송토록 조치하겠으니 신속히 전진해서 후속 착륙 부대원이 좁은 장소에 몰리지 않도록 넓은 안전지대를 확보하라!"

사실 이때가 가장 취약한 시간이었다.

산의 와지선 부분에 내려왔더니 독립가옥이 있기에 집 뒤쪽으로 돌아 뛰어가는데 또 "꽝" 하는 소리가 들렸다. '또 터졌구나……' 하고 돌아보니 두 명의 병사가 주저앉아 있었다. 대검을 꺼내 부상병의 옷을 찢었다. 이 번에도 또 엉덩이 부분이었다. 허벅지와 엉덩이에 돌 부스러기와 가는 철 사 부스러기가 박혀 있었다. 위생병도 없어서 손으로 엉덩이를 잡아 비틀 면서 돌과 철사 부스러기를 모두 빼냈다. 경상이었다.

급조식 부비트랩은 깡통을 이용해서 제작한 것도 있었지만 아군이 비 행기로 공중 살포한 지뢰를 적이 회수, 개조하여 많이 사용했다. 이것은 마치 노란색 참외 같았다. 그래서 우리는 이것들을 참외라고 불렀다.

나는 중대장님께 선두를 다른 소대로 교대시켜달라고 건의했다. 부상자 때문에 승락해주실 줄 믿었다. 그러나 중대장님의 대답은 의외였다.

"이 사람아, 그건(부비트랩) 그림책 속의 참외가 아니야. 부비트랩은 밟아 터지라고 만든 것인데 밟아서 터졌으니 그건 당연한 것이다. 그 정도면 다 행인 줄 알아라. 잔소리 말고 앞으로 나가!"

그렇게 야속할 수가 없었으나 계속 앞으로 나갔다. 나는 그때 중대장님 이 사람같이 보이지 않았고 마귀가 낀 귀신 같다는 생각이 들었다.

작전이 모두 끝난 훗날 중대장님은 나를 불러놓고는 이렇게 말씀해주 셨다.

"당시 상황으로는 어쩔 수 없었다. 다른 소대장들은 신참이라 경험이 없 어서 앞으로 내보낼 수가 없었다. 결과가 어떻게 되었을지 몰라도 네가 앞 장섰으니까 그 정도로 끝난 것이 아니겠나? 더욱이 부비트랩이 설치된 근 처에는 혼란한 와중을 이용하려고 적이 기다리고 있었는지도 모른다. 소대를 교대하려는 혼잡한 순간에 적의 집중사격으로 더 큰 피해를 입을 수도 있었기 때문에 너를 계속 전진시킬 수밖에 없었다."

충분히 그 뜻을 이해할 수 있었다.

'꽝' 소리가 난 전방에서는 웅성거리는 소리가 났고, 소대장으로부터 M16 플라스틱 폭풍지뢰가 터져서 병사 한 명이 발뒤꿈치에 부상을 당했다는 보고가 들어왔다.

부상자가 발생했으니 첨병소대를 교대해달라는 건의와 함께……. 나는 첫 마디에 거절했다.

"그건 그림책 속의 참외가 아니야. 부비트랩이나 지뢰는 밟아 터지라고 만든 것이다. 밟아 터지라고 만든 것을 밟았으니 터진 것은 당연하다. 그만하면 다행인 줄 알아라. 부비트랩이 설치된 곳에는 혼잡한 틈을 이용하여 기습사격을 하려는 적이 기다리고 있을 가능성이 높다. 상당히 위험하다. 환자는 부상이 심하지 않으니 위생병과 함께 그곳에서 기다리게 하면 내가 데리고 와서 안전지대에 도착한 후 헬기로 후송하마. 소대장은 잔소리 말고 병력을 데리고 앞으로 나가라."

우리는 중간에 부상병을 헬기로 후송시키고 중대기지로 돌아왔다. 그들도 역시 나를 무척 야속하게 여겼을 것이며 마귀가 흠뻑 낀 귀신이라고 생각했을 것이다.

나는 중대로 복귀 후 소대장을 불러서 중대장으로서는 그럴 수밖에 없었다는 이유를 자세히 설명해주었다. 옛날 나의 중대장님이 그랬듯이…….

마대포와
적의 심리전

우리 중대는 대대본부에서 10여 킬로미터 떨어진 벌판에 조그만 기지를 편성하여 이를 중심으로 수색, 정찰, 매복, 마을 평정 작전 등을 수행하면서 대대나 연대, 사단 단위의 작전에 참가했다.

이 기지 내에서 우리 중대원 180여 명의 생활이 이루어졌다. 15개월간의 중대장 기간 중 기지 내에서 먹고 자면서 떠나는 사람을 부러움과 아쉬움으로 보냈고, 새로 전입 오는 신병을 교육 훈련시켰으며, 어두워지면 매복작전을 나가서 다음 날 해 뜨기 전에 들어오곤 했다.

누추하지만 피로에 지친 몸을 눕혀 푸근하게 쉴 수 있는 나의 잠자리가 있었고, 피와 땀을 함께 흘리며 고통을 나누는 전우가 있었으며, 허기진 배를 채울 수 있는 식당이 있는 곳이었다. 아침에 용무가 있어 떠났던 사람도 해가 지기 전에는 모두 돌아오는 곳이었다.

서로 사랑하고 미워하기도 하면서 살던 곳, 우리 중대원의 손때가 구석

맨발과 팬티 바람으로 생활하던 중대기지.

구석에 묻어 있었고 한과 서러움이 서려 있던 곳, 함께 살고 함께 숨 쉬던 곳이었다. 믿음과 우정과 사랑이 있었고 슬픔과 즐거움이, 신뢰와 배신이 함께 공존했던 곳이다.

나는 중대기지 내에서 중대원 전부가 반바지만 입고 생활하도록 했다. 나 역시 수영팬티에 맨발로 지냈으며, 중대원들은 누구나 할 것 없이 살갗이 구릿빛으로 검게 그을려 있었다.

이렇게 하여 의례 군화를 신으면 생기는 무좀환자가 한 사람도 없었으며, 나를 비롯한 모든 병사들의 발바닥은 곰발바닥처럼 단단해져 장거리 정찰 시나 각종 작전 출동 시 발바닥이 부르트거나 아파서 고생하는 일이 전혀 없었다.

중대기지 내에서 생활할 때, 나는 중대 한가운데 우뚝 세워놓은 관망대 위에 올라가 잠을 자곤 했다.

이 관망대는 중대기지 주위의 평지 대부분을 관측할 수 있도록 긴 전신주 네 개를 세워서 그 위에 망루를 만든 것으로 망루 내부의 사면벽을 모래주머니로 둘러서 소총탄이 관통할 수 없도록 방호벽을 만들어놓았다.

반지하로 되어 있는 중대장실은 잠자고 쉬기에는 편안한 곳이었지만 밖이 보이지 않아 안이한 사고와 행동에 빠지기 쉬운 곳이었다. 나는 편안히 안주하기가 싫어 조금만 이상해도 중대관망대에 올라가 기지 주변을 둘러보았고, 매복작전을 나간 소대를 불러서 이것저것 확인도 하였다. 때로는 경계호에 근무하는 병사들을 야간조준경으로 일일이 세어보기도 했으며, 포진지에 연습사격 임무를 부여하여 훈련을 시키기도 했다.

어느 날 매복조를 출동시켰는데, 그들이 나간 곳이 기지에서 너무 멀리 떨어져 있어 걱정도 되었고 마음이 왠지 불안하여 무전병에게 무전기를 휴대시켜 오랜만에 관망대 위로 올라갔다.

나는 관망대에 올라가면 조용히 쉬거나 기지를 둘러보고 내려오는 것이 아니라 정문부터 시작하여 중대 경계근무호를 따라 야간조준경으로 근무 상태를 확인했고, 매복지점에 대한 박격포 조명지원과 고폭탄 지원사격, 대대로부터 지원되는 105밀리 곡사포 지원 요청 문제, 중대기지 주변에 적의 공격을 예상한 상황조치, 포사격, 예비대 투입 훈련 등을 지켜워할 정도로 연습시키고 확인해왔다. 조그만 오차나 방심, 잘못이 있었을 때에는 완벽하게 시정될 때까지 밤새도록 반복훈련을 시켰기 때문에 내가 관망대에만 올라가면 소대장, 선임하사 및 분대장과 고참병들은 적이 나타난 것만큼이나 긴장했다.

보통 한 집에 4~5명이 사는데도 복잡한 일이 많이 생기는 법인데, 180여명의 남자들만 사는 기지 내 생활이란 대수롭지 않은 것 같아도 사실은 복잡한 일들이 상당히 많았다. 생활 속에서 일어나는 일들 중에 사소한 것들은 그대로 넘어갈 수 있지만 중대원의 생명과 관련되는 문제, 전투와 관련되는 사항은 한 번도 그대로 넘어가지 않았고 좁쌀 세듯이 전부 하나하나 철저하게 챙겼다.

초저녁이었다.

어두워진 지 얼마 되지 않아서였다. 정문 좌전방에 중대 쓰레기장이 있었는데 갑자기 그곳에서 "탁" 하는 소리가 났다. 쓰레기장은 정문에서 150미터 정도 떨어져 있었고, 그곳에서 300미터 정도 떨어진 곳에는 월남군 민병대 1개 소대 규모가 자리 잡고 있었다. 나와의 거리에서 보면 거의 중간 지역이었다. 또 "탁" 하는 소리가 났다.

동네 사람들이 이 밤에 그곳에 있을 리 없었고, 우리 병사들이 쓰레기장에서 지금까지 작업할 리도 만무했다. 쓰레기를 버리고 나면 인근에 있는 마을 아이들이 우리 병사가 먹다 버린 시레이션 깡통을 뒤지곤 했는데 그 시간까지 그럴 리가 없었고, 동네 개들이 자주 모여서 쓰레기 속을 뒤졌지만 저런 둔탁한 소리를 낼 리는 더더욱 없었다. 또 "탁" 하는 소리가 났다. 옆의 근무자에게 물어보았다.

"무슨 소리지?"

"모르겠는데요."

나는 직감적으로 이상하다는 생각을 하면서 근무자에게 기관총 사격준비를 시키고, 바로 관망대 밑에 있는 81밀리와 60밀리 박격포 진지에 연락해 쓰레기장을 사격할 수 있도록 준비시켰다.

거리는 400미터 정도, 아주 지근거리로서 잘못 사격하면 월남 민병대 진지 내에 포탄이 떨어질 판이었다.

조금 있으려니까 식당 근처에서 "픽" 하면서 흙마대가 떨어지는 소리가 나더니, "꽝" 하고 굉장한 섬광과 함께 폭음이 요란했다.

두 번째도 "꽝" 하고 바로 옆에 있던 155밀리 포대의 탁구장 근처에서 터졌다.

세 번째 역시 "꽝" 하고 관망대 우측 아래에 있는 중대 창고에서 터졌다.

첫 탄이 터지자마자 취사장 근처에서 쓰레기장을 향해 기관총 사격을 했고, 정문 근처 초소에서도 사격을 했다. 그러나 포사격을 하기에는 워낙 근거리라 60밀리 박격포만 사격을 했다.

월남 민병대 진지에서는 자기들에게 실탄이 날아온다고 아우성이었지만, 호 안에 들어가면 소총 실탄을 피할 수 있었기 때문에 전화로 연락하여 모두 호 안에 엎드리라고 연락하고 계속 사격해버렸다. 우리의 박격포 탄도 거의 정확하게 떨어져서 터졌다.

적의 행동은 곧 끝이 났다.

조명탄을 띄워놓고, 월남 민병대와 협조 후 1개 소대 병력으로 하여금 포복 자세로 기어가 확인토록 했더니 적은 이미 도주해버렸고, 가루폭약에 뇌관이 설치된 마대 주머니 여섯 개만 찾아 들고 돌아왔다.

얕은 지혜와 계산되지 않은 용기는 만용이며, 그 만용은 모두를 죽게 한다

당시 적들은 탄약 보급의 제한 때문에 현지에서 조달한 폭약가루를 작은 자루에 넣고 지연신관의 뇌관을 부착하여, 옛날 소총이 발명되기 전에 돌을 멀리 보내기 위해 석포(石砲)로 돌사격 하던 것과 같은 요령으로 별다른 조준이 필요 없는 넓은 기지 내로 사격을 하곤 했다.

우리는 원시적인 이 조잡한 월맹군의 포를 마대에 넣고 쏜다고 하여 '마대포' 또는 '마다리포'라고 불렀다. 포탄이 떨어질 당시 병사들은 지하에 벙커식으로 된 분대별 내무반이 무더워서 상당한 인원이 소대 주위에 있는 공터에 옹기종기 모여 앉아 교육을 하거나 막사 지붕 위에 모여 앉아 이런 저런 이야기를 하고 있었다.

바로 이 시간이 하루 중 가장 취약한 시간이었다.

쓰레기장은 중대와 월남 민병대 정중앙 지역에 위치해 있었다. 쓰레기장을 향해 서로 사격을 하다 보면 잘못하여 실탄이 상대편 기지로 날아가고 결과적으로 월남군과 한국군이 교전하는 엉뚱한 경우가 생기게 된다. 적은 그것을 유도하여 우군끼리 사상자가 발생토록 서로를 이간시키려는 잔꾀를 썼던 것이다.

우리가 사격하기 전 아군끼리 피해가 생기는 것을 방지하기 위해 월남군과 서로 협조하는 사이, 적들은 가지고 온 마대포 폭약을 남김없이 다 쏘고 도망갈 수 있는 안전시간을 확보하자는 술책이었다.

중대기지 주변과 접근로상에는 많은 화집점이 형성되어 있었고, 함께 있던 155밀리 포대에는 기지방어를 위해 개발된 바늘탄을 영거리사격으로 공중폭발시키면 그 일대에 생명이 있는 것은 살아날 수 없게끔 준비되어 있었다.

시간적으로 대부분의 중대원이 밖으로 나와 있어서 조준 없이 아무 곳에나 떨어뜨려도 피해 입을 가능성이 가장 많은 시간, 위치상으로 바로 우리와 함께 있던 155밀리 곡사포조차 이용할 수 없는 장소.

경계적 측면에서도 월남군이나 한국군이 서로 소홀히 할 수 있는 장소.

또한 쓰레기장은 구덩이를 크게 파놓고 사용하므로 적이 그 속에 들어가면 우군의 직사화기로부터 보호받을 수 있는 지역이었다.

우리 병사들은 '건너편에 월남군이 있는데 어떤 적이 이곳으로 오겠는

가?'라고 생각하기 쉬웠고, 월남군 지역에서는 '화력이 좋고 잘 싸우는 한
국군이 건너편에 있는데 이 지역에 어떤 녀석이 감히 오겠는가?' 하고 믿
기 쉬운 곳이었다. 작전이나 경계적인 측면에서 보더라도 언제나 소홀하
여 경계심이 해이해질 수 있는 교묘한 지역이었다.

적이지만 영악하고 영리한 놈들이었다. 위험하고 어려운 임무였지만 과
감하게 쓰레기장까지 기어 들어와서 공격한 것은 배울 점이 많았다.

중대를 확인해 보았더니 별 피해는 없었다.

다만 식당의 식탁 위에서 벌렁 드러누워 있던 취사병이 널빤지가 튀면
서 발뒤꿈치를 맞아 인대가 끊어졌고, 155밀리 포대의 탁구대 위에 누워
있던 이발병은 유리창이 깨지면서 파편이 튀는 바람에 몇 군데 다쳤다. 이
상하게 두 명 모두 널빤지 위에 드러누워 있던 병사들이었다. 그 후 다시
는 널빤지 위에 드러눕는 사람이 없어졌다.

아침 먼동이 트자마자 지역 일대를 재수색했고 쓰레기장을 전부 뒤집어
보았으나 특별히 적에 관한 것은 찾지 못했다. 어떤 투발수단을 이용해서
그 마대 주머니를 수백 미터씩이나 날려 보냈는지 지금까지도 모르겠다.

아침 수색 중에 중대 앞에 있는 마을에 가서 마을 사람들에게 어제 저녁
의 상황을 설명하고 "그에 대해서 아는 바가 없느냐?"고 물었다. 생각했던
대로 하나같이 모른다는 대답이었다.

마을 사람들이 우리를 대하는 태도가 무관심하고 무표정했으며 무엇인
가 불만이 꽉 차 있는 것 같았다. 여자들은 말을 붙여도 대답을 하지 않았
고 아이들은 손을 입에 물고 어른의 다리나 허리를 붙들고 그저 멍하니 우
리를 쳐다볼 뿐이었다.

예감에 마을 사람들이 우리 중대에 대해서 무엇인가 큰 불만이 있구나

하는 생각이 들었다. 어느 집 대나무 평상에 걸터앉아 마을 어른들과 이야기를 나누었다.

나이가 많은 어른 가운데 한문을 아는 사람들이 더러 있었기 때문에 나는 자주 옥편을 가지고 다녔다. 다행히 이 지역 마을 어른 중에서도 한문을 잘 아는 사람이 있어서 종이에 한문을 쓰기도 하고 월남어 통역병을 통하기도 해서 의사를 소통할 수가 있었다.

그 사람들의 이야기는 어제 저녁에 우리가 쏜 기관총 실탄이 마을로 많이 날아와서 마을 사람들이 모두 죽는 줄 알았다는 것이었다.

노인 한 분이 나를 안내하여 그간 실탄이 날아와 박힌 흙담벽과 집기둥을 보여주었다.

전부 우리 M16 소총과 기관총 실탄 자국이었고, 흙담이나 벽의 여러 곳이 총에 맞아 부서지고 망가져 있었으며, 기둥을 비롯한 여러 군데의 나무 부위에도 실탄이 많이 박혀 있었다.

마을 사람들은 우리 중대에서 총소리가 나면 무서워서 벌벌 떨었고, 대나무로 얼기설기 엮어서 만든 침대에서 잠을 자다가 총소리가 나면 몸을 피할 수 있도록 침대 바로 밑에 호를 파놓고 "땅" 하면 침대 밑으로 "툭" 굴러 떨어진다고 설명했다.

나는 이 노인의 설명을 들으면서 생각했다. '세상에 이런 멍청한 짓을 할 수 있을까? 이런 짓을 하는 것이 나 자신인가? 어쩌다 이런 실수를 했을까?' 내 잘못을 뼈저리게 느꼈다. 생명은 똑같이 귀한 것이다. 내 부모나 이 노인이나 모두 어른이다. 그런데 우리는 이 마을 주위에 살면서, 마을 주민의 평화와 자유를 지켜주기 위해 싸운다면서 그들을 괴롭힌 꼴이 되고 만 것이었다.

우리는 마을에 있는 기지를 중심으로 작전을 하면서 마을 사람들의 호

응을 얻기는커녕 주민의 마음을 적에게 내어준 채로 돌아다녔던 것이다. 얼마나 어리석고 위험한 짓을 했던가. 내 자신과 중대원을 다 죽이려고 환장했단 말인가!

이 노인이 한문까지 알고 있었고, 마을 사람들의 의사를 대변할 수 있는 사람이라면 마을에서 존경받는 사람인 동시에 전체 의사를 결정할 수 있는 마을 어른이 틀림없으리라고 생각했다.

그가 마을의 피해상황에 대한 설명을 다 끝마쳤을 때 중대원과 마을 사람이 보는 앞에서 나는 노인을 대나무 평상에 앉히고는 넙죽 엎드려서 큰절을 한 번 했다.

그 뒤로 마을 주위에 대한 사격을 통제했고, 이발 지원이나 의무 지원뿐만 아니라 그 노인장 생신 때에는 선물을 사 가지고 찾아가 보기도 했고, 마을 사람들이 모내기를 할 때에는 물도 같이 퍼주고 추수기에는 벼도 베어주었다.

순박하고 온순한 사람들이었다. 그저 가난하고 어렵게 살아가고 있었을

모내기 때 마을 사람들과 함께.

뿐이다. 이 마을도 다른 마을과 마찬가지로 어느 집 아들은 정부군에, 어느 집 아들 혹은 딸은 베트콩으로 나뉘어져 있었다.

이념문제에 대해서는 거의 무관심하였고 어떻게 농사나 잘 지어서 식량 걱정 안 하고 사나, 정부군 측과 베트콩 사이에서 죽지 않고 어떻게 살아남을 것인가, 이런 것들이 눈앞의 목적일 뿐이었다.

일련의 사건이 있고 얼마 후, 마을과 우리 중대 사이에는 비포장도로와 도로를 따라 논에 물을 대는 도랑이 있었는데, 이 도랑을 타고 베트콩이 살금살금 기어와 밤중에 중대기지에 수십 발의 소총 연발사격을 하고 도주한 사건이 발생했다.

그전 같으면 박격포를 포함하여 엄청난 양의 소화기 사격을 가했을 테지만 이번에는 조명탄만 띄우고 전혀 사격을 하지 않았다. 야간에 300~400미터 떨어진 도랑에 엎드려 소화기 사격만 하고 살살 기어서 달아나는 적을 사살하기란 마치 황소가 뒷걸음질 치다가 쥐 잡는 것만큼이나 어려운 일이었다.

적은 우리에게 사격을 유도하여 마을로 실탄을 날려 보내 마을 사람들을 죽이도록 하는 데 그 목적이 있었다. 그렇게 되면 당연히 마을 사람들은 우리 한국군에 대한 증오심을 갖게 되고, 월맹군 편에 서서 필요시 우리에 대한 각종 첩보를 그들에게 알려주게 될 것이다.

이처럼 적들은 고도로 철저히 계산된 심리전을 수행했다. 물리지도 않을 미끼에 현혹되어 덥석 무는 격으로, 잡히지도 않을 생쥐새끼를 잡으려고 총을 마구 갈겨댔다가는, 우리가 이기기 위해서 반드시 우리 곁에 끌어들여야 할 마을 사람들의 마음을 다 잃어버리고 결과적으로 그들을 적으로 만드는 어리석은 행동을 범하게 되는 것이다.

그 후에도 똑같은 총격사건이 두 번인가 더 있었지만 그때도 우리는 쏘지 않았다. 철저하게 계산된 용기와 지혜는 적을 능가할 수 있지만, 얕은 지혜와 계산되지 않은 용기는 만용이며 그 만용은 반드시 우리 모두를 곤경에 빠뜨리거나 죽게 한다.

구사일생

166고지는 세월이 지나면서 적에게 노출되었다. 고지를 중심으로 노출되지 않은 상태에서 작전을 하려고 했으나 근무교대와 더구나 동굴 내에서만 생활할 수 없는 병사들이 출입하다 보니 노출은 피할 수 없는 노릇이었다.

얼마간의 기간이 지난 후에는 아예 적에게 노출된 것으로 간주하고 교통호, 개인유개호, 취침호 등을 준비해놓고 81밀리와 60밀리 박격포 및 57밀리 무반동총을 166고지에 올려놓았다. 마대를 쌓아서 관망대를 지어놓고 기관총을 거치하여 주야간 근무자를 배치해두었다. 60밀리와 81밀리 박격포는 정확한 지원사격을 하도록 사정거리 내에 여러 개의 화집점을 선정하여 주간에 사격연습을 시켰기 때문에 직사화기만큼 정확하게 포탄이 떨어지도록 훈련되었고, 기관총 사격을 위해 말뚝을 박아놓고서 주야 예행연습까지 시켰다. 그래서 소로 교차로 및 저명한 지형지물에는 눈을 감고 쏘더라도 거의 정확히 실탄이 날아갔으며, 이를 기점으로 전후좌우 필요한 곳에 사격을 할 수 있었다.

지역 내에 있는 미군 전투기 비행장에서 사람을 탐지하는 레이더와 미군 두 명도 올라와 우리와 함께 근무했다. 이 레이더는 우리 매복조를 야간에 지원하는 데 효율적으로 이용되었고 움직이는 적이 포착되었을 경우 따라가면서 박격포 사격을 했다.

기지방어를 위해서 유개호를 준비해두고 적이 공격을 하기 위해 포사격을 할 때는 전원이 호 안에 들어가서 대피한 뒤 적이 철조망에 달라붙을 때 기습사격을 할 수 있도록 준비하고 연습시켰다. 적은 주로 박격포만 갖고 있었기 때문에 대박격포 사격을 위한 준비를 철저히 했으며 또한 적이 방독면을 제대로 보유하고 있지 않은 점을 감안하여 풍향을 이용한 가스 공격을 하도록 준비했다.

바람의 반대 방향에는 최루탄을 터뜨려서 방독면을 쓴다든지 쿨럭 대는 사이를 이용해 모두 두들겨 잡을 작정이었다. 유사시 기지방어가 어려울 때는 포병 진내사격을 할 수 있도록 진지도 견고하게 구축해두었다.

적의 기습공격은 큰 산과 연결되어 있는 능선을 따라 내려올 것이 틀림없었으므로 매일 1개 분대 규모가 주야 매복 또는 수색정찰을 실시했으며 조명지뢰를 설치하기도 했고 능선 접근로상에 불모지대를 몇 군데 만들어 적이 지나간 흔적을 확인해왔다.

이 166고지는 유명해지기 시작했다. 산 위에서 적의 움직임을 내려다보면서 산 밑의 매복조에게 전투를 유도해주기도 했고, 때때로 고지에서 뛰어 내려가 길목에서 적을 기다리고 있다가 지나가는 적을 두들겨 잡기도 했다.

우리 매복 자리로 오지 않는 적은 포병사격을 유도하여 달아나는 적을 따라가면서 포탄 세례를 퍼부었다. 그리고 나서 중대원들이 추격한 후 기습공격을 했다. 또한 밤이면 레이더에 포착되는 즉시 박격포를 쏘아 적이 출현한 지역 일대를 쑥대밭으로 만들어버렸다.

우리는 적의 목을 잡고 있었으며, 적의 입장에서 보면 우리는 목구멍의 가시였다.

어느 날 오후, 나는 지하막사 지붕 위에서 중대원과 바둑인가 장기인가를 두고 있었다. 맨발에 반바지만 입고 뙤약볕 아래서 열중하고 있었다.

그런데 우리가 늘 적의 접근로라고 판단하여 경계를 하고 있던 능선 너머에서 "쿵" 하는 소리가 나더니 고지 하단부에서 '쨍' 하고 무엇이 터졌다. 계속 "쿵" 하면 '쨍' 하고 터졌다.

그러고서 밑에서부터 점점 위로 올라와 드디어는 철조망 근처에서 터졌다. 포탄이 터지니 병사들은 전부 호 안으로 대피해버린 뒤였다. 심지어는 관망대에 거치해놓았던 기관총 사수조차 총을 놔두고 호 안으로 들어가 버렸다. 소대장은 관망대 밑의 탄약고로 기어 들어갔다. 그러고는 날 보고 빨리 호 안으로 들어오라고 소리소리 질렀다. 적의 포탄은 계속 날아왔고 철조망 주위와 지하막사 위 마대에서 마구 터졌다. 나는 박격포사격을 지시하고 관망대의 기관총 진지로 뛰어 들어갔다. 적이 포를 쏘는 자리에서 포연이 동그랗게 만들어져 피어올랐다.

그곳에다 대고 박격포사격을 지시한 후 나는 기관총을 갈겨댔다. 거리는 약 1,200미터 정도로 잘 쏘면 기관총 실탄이 날아갈 수 있는 거리였다. 예광탄 비행을 보면서 계속 쏘아댔다.

그런데 별안간 "쨍" 하는 소리가 났고 눈앞에서 무언가 번쩍한다. 직격탄이 날아와서 관망대 전면벽 중앙에서 터졌다. 관망대가 와르르 무너지면서 나는 기관총과 함께 마대더미 속으로 굴러 떨어졌다.

기지 주변 관측을 위해 설치한 고지 관망대. 무너진 곳을 다시 쌓아 올리고 기념촬영.

박격포 진지에서 탄약을 까 주던 병사들의 소리가 들렸다.

"중대장님이 맞았어!"

"중대장님이 포탄에 쓰러지셨어. 야, 이 새끼들아, 빨리 와봐. 위생병 빨리 와!"

떠드는 고함소리를 어렴풋이 들으면서 나는 포탄에 맞아 죽는 것이 바로 이런 것인가 보다 생각했다.

중대원이 "중대장님, 중대장님!" 소리 소리 지르면서 마대를 걷어내고 나를 안아 일으켰다. 그때까지 멍한 채로 가만히 있었다.

병사들이 무조건 나를 들어다가 호 안으로 끌고 들어갈 때에도 내가 지금 살아 있는지 죽은 것인지, 아니면 어디를 다친 것인지 분간할 수 없었다.

병사들이 놀라서 아우성치는 바람에 나는 어디가 부러졌거나 다친 줄 알았다. 맞은 자리를 확인하기 위해 병사들이 다급하게 바지를 벗기는 바람에 나는 졸지에 발가벗겨졌다.

옷을 안 입고 맨발에 반바지만 입고 있어서 몸에 찰과상을 입었다. 피가 나는 곳에 총알이나 파편이 박혔나 확인하려고 병사들은 야단법석이었다. 그때 우측 어깨에 기관총과 부딪치면서 살이 푹 파인 자리가 지금도 남아 있다.

시간대를 예측할 수 없도록
수색은 불규칙적으로 해야 한다

왜 이처럼 어처구니없이 적의 포탄 세례를 받게 되었을까 생각해보니 두 가지 문제점이 있었던 게 분명했다.

첫째는 오전에 수색을 하면서 능선지역을 세밀하게 확인했지만, 그때까지는 아침식사 후 고지에서 수색을 나가든지, 또는 매복을 나갔던 병력이 아침 일찍 능선 일대를 수색하면서 고지로 철수하는 식이었다. 주로 오전에 활동했고 오후에는 야간근무와 매복을 위해서 활동을 안 하고 잠을 잤다.

우리가 조식 후 규칙적인 시간대에 움직인다는 사실을 적이 놓칠 리 없었다. 우리 병력이 오전에 수색을 마치고 돌아오는 것을 숨어서 보고 있다가 적들은 오후에 고지 가까운 곳까지 와서는 사격을 하고 달아났다.

시간대를 예측할 수 없도록 수색 시간을 불규칙적으로 해야 한다는 아주 평범한 전술상식을 지키지 않았던 것이다.

이후로는 오전과 오후를 번갈아가며 고지군 일대를 수색하여 적의 기습사격을 예방하도록 노력했으며 그 후 다시는 포탄 세례를 받지 않았다.

둘째는 중대기지에다 국기게양대를 높이 설치해서 대형 태극기를 게양시켜두고 시간에 맞추어 게양식과 하기식을 하면서 애국심을 고취하고 한국인의 자긍심을 심어주려고 노력했다는 점이다. 그때도 바로 그 대형

태극기가 적에게 정확한 표적의 위치를 제공해준 것 같다.

전술상황하에서는 이런 점도 각별히 유의해야 한다는 좋은 교훈을 얻었다.

그러나 병사들은 내가 교육시킨 대로 적의 포탄이 떨어지자 전부 호 안으로 뛰어 들어가서 아무도 다친 사람이 없었으며, 다행히 박격포 진지에도 포탄이 떨어지지 않아 부상자가 없었다.

포상에서 대기하고 있다가 즉각 사격한 두 명의 병사, 적 포탄이 주변에 떨어지는데도 꼼짝하지 않고 침착하게 박격포를 조준해서 계속 사격을 가한 믿음직스런 나의 병사들. 나는 그들의 어깨를 어루만지면서 가슴깊이 솟아오르는 고마움에 눈시울을 붉혔다.

소대장에게 2개 분대 병력으로 능선을 따라 신속히 달려가서 포를 쏜 적들을 습격하라고 지시했다.

적들은 우리 병사들의 즉각적인 반격 사격과 동시에 우리 중대원이 접근하는 것을 보고는 박격포탄과 무반동총탄을 그대로 남겨둔 채 달아나 버렸다.

나는 그때 죽다가 다시 살아났다. 몸이 가루가 될 뻔했는데 천운이 나를 보호해준 것이 틀림없었다.

그 후 중대원들이 기관총을 쏜 중대장에게 미안해서인지 이렇게 말했다. "중대장님, 적 포탄이 떨어지면 호 안으로 들어가라고 우리에게 교육시키시고, 그래 미쳤다고 관망대에 올라가 기관총을 쏘십니까?"

한두 마디씩 건네는 이야기였지만 나와 대원들 사이의 깊은 신뢰를 읽을 수 있었다.

매복전투

모든 준비는 출발 전에,

그다음은 믿고 맡겨라. 쓸데없는 간섭은 금물이다

1969년 11월경이었다. 나는 중대의 전초진지인 166고지에 올라가 있었다. 오늘은 지난번 수색정찰 때 적의 흔적을 발견한 고지 밑 교통호에 매복하기로 했다.

이 교통호는 월남인들이 프랑스군과 싸울 당시, 월남 민병대들이 파놓은 교통호였다. 폭 3미터, 깊이 4미터 정도로 항공기가 뜨면 대피소로 사용했고, 지상군이 공격하면 일종의 함정으로 사용했던 곳이다.

사각형으로 된 넓은 면적의 외곽에 교통호가 파져 있었고, 호는 동서남북으로 연결되어 한쪽 면이 500미터 정도로서 전체 길이는 약 2킬로미터나 되었다.

우리는 이 지역 일대를 수없이 지나 다녔지만 그 호 안에 들어가는 것은 몹시 싫어했다. 너무 깊었을 뿐 아니라 때로는 물이 차서 들어가기 곤란했고, 심지어는 바닥에 청독사나 독충이 많았으며, 풀이 양쪽 벽면이나 밑바닥에 무성하게 자라나 있었기 때문이다. 밖에서 보기에도 우중충하고 기분 나쁜 곳이었다.

하루는 주간수색을 하다가 사태가 나서 무너진 곳을 이용하여 밑으로 내려가 보았더니 호 바닥에 사람이 다닌 흔적이 많이 드러나 있었다.

나는 166고지로 다시 올라와 수색을 함께 나갔던 3소대장 한 중위를 불러 매복을 지시했다. 소대를 2개 조로 나누어 조편성을 하고, 사각형의 교통호를 살상지대로 하여 적이 교통호 내로 들어오면 충분히 유인하였다가 교통호 위에서 크레모아와 수류탄으로 적을 격멸하도록 계획을 세웠다.

2명을 1개 조로 하고 조와 조간을 30미터 이격했으며, 교통호 위쪽에 크레모아를 설치해 위에서 아래로 타격하도록 계획했다. 수류탄은 개인당 5발 이상을 휴대시켰다.

한 중위가 내려간 지 한 시간이 좀 지났을 때였다. 고지에서 교통호 매복지점까지 50분 정도면 도착할 수 있는 거리였기 때문에 1시간 남짓 지난 지금쯤은 병력배치를 하면서 호를 파고, 크레모아를 설치하는 등 매복 준비를 한참 하고 있을 시간이었다. 이렇게 매복 준비 중일 때가 가장 취약한 시간이었다.

별안간 소대장 조가 있을 것으로 예측되는 곳에서 총소리 한 발이 "땅" 하고 났다. 그러고는 다시 조용했다. 경계병이 쏘았거나 오발한 것이 틀림없다고 생각했다. 아무 소식이 없었다. 답답해서 무전기로 물었다. 예측한 대로 한 중위 역시 경계병을 배치한 곳에서 총소리가 한 발 났는데 자기도 지금 무슨 영문인지 전혀 모르니 확인될 때까지 기다리라는 대답이었다.

이럴 때는 차분히 기다려야 한다. 하고 싶은 지시사항이 있으면 간략하게 요점만 전달해야 한다. 지휘관이 서두른다거나 중언부언 말을 많이 하면 절대 안 된다. 무전통화 때문에 귀중한 즉각 조치 시간을 놓치기 때문이다. 소대장도 자기가 할 수 있는 범위 내에서 최선을 다하고 있으니 그의 능력을 믿고 조치하기를 기다려야 한다. 소대장을 믿기 어려우면 떠나기 전에 예행연습과정을 통해 철저히 사전 지도를 해야 한다.

답답한 시간을 얼마나 보냈을까? 산 위에서는 박격포 차단사격과 조명 준비를 완료하고 박격포 사격요원들이 명령만 기다리고 있었다.

소대장으로부터 보고가 왔다. "적의 안내를 담당한 첨병이 다가오는 것을 경계근무자가 자기 앞에 올 때까지 기다린 후, 적을 코앞에다 놓고 한 발로 심장을 뚫어 사살했으며 시체를 끌어다가 소대장호 옆에 놓고 나뭇가지로 덮어두었다"라는 보고였다.

이어서 소대장은 매복진지점령 완료보고를 했다. 나는 반드시 그 교통호 속으로 적이 빠르면 30분 정도 후에, 늦으면 내일 새벽에 올 터이니 눈 똑바로 뜨고 근무하라고 경고했다.

소대장과 마지막으로 교신한 지 한 시간도 채 되지 않아서 적이 접근한다는 신호가 왔다. 적이 접근하면 기도비닉 유지를 위해 무전기로 말은 하지 않고 무전기 송수화기를 가슴 속에서 두 번씩 연속하여 키만 눌러야 했다. "칙칙, 칙칙, 칙칙……." 산 위에 있던 우리는 긴장과 흥분 속에서 조명탄사격과 차단사격을 위한 만반의 준비를 하고 대기했다. 이처럼 결정적 시기에 무전통신은 절대 금물이다. 적이 듣고 도망쳐버릴 뿐 아니라 교신 때문에 소대장과 무전병의 즉각조치에 차질이 생길 수 있고 또한 현장 감각이 없는 중대장이 자칫 엉뚱한 지시를 할 수도 있기 때문이다. 통상 이 정도 상황이 전개되면 무전병은 아예 무전기를 꺼버리는 경우가 많았다. 그래도 그들을 믿고 차분히 기다려야 한다.

드디어 크레모아와 수류탄이 터지고 수타식조명이 공중에서 "꽉" 퍼졌다. 박격포 조명탄이 날아갔고 주변이 대낮같이 밝아지면서 무전교신도 정상적으로 되었다. 바로 우리가 정찰했던 그 장소, 그 자리, 우리 병력이 기다리고 있는 교통호 안으로 들어온 적을 100여 미터의 살상지대에 정확히 집어넣고 교통호 위에서 크레모아와 수류탄으로 완전히 섬멸했다. 30여 명의 적을 사살했다.

한 중위는 이 작전으로 충무무공훈장을 받았고, 적의 안내병을 한 발에 쓰러뜨린 경계병은 화랑무공훈장을 받았으며, 다른 장병에게도 많은 포상이 수여되었다.

나는 이번 매복작전에 성공한 한 중위를 그대로 더 데리고 있다가는, 나와 중대로서는 좋지만 그가 몸성히 귀국할 것 같지 않아 상급 지휘관에게 건의하여 연대 전투지원 중대 소대장으로 전출시켰다. 2년여의 소대장, 중대장 시절을 통틀어 내가 가장 완벽하게 수행했던 매복작전이었다.

조우전, 먼저 보고 먼저 쏴라. 그리고 과감하라

1969년 말경, 이 시기에 우리 중대지역에는 많은 월맹 정규군이 나타났다.
하루는 아침나절에 고지근무 교체병력 1개 소대와 함께 166고지로 올라가다가 하단부 근처의 개울 숲에서 약 150명의 월맹 정규군 이동병력과 조우했다. 우리 중대의 선두병력이 이동하는 적 무리를 발견하고 월남어 통역병을 시켜서 확인하는 사이, 적이 먼저 사격하는 바람에 교전이 붙었다. 적과의 거리는 약 200미터, 서로 조준사격이 가능한 거리였다. 나는 적을 발견한 순간 잠시 머뭇거렸다.

산 위에 있는 중대원이 마중을 나온 것이 아닌지, 혹시 지역 내 월남 지방군이 수색을 나온 것은 아닌지 등 생각하는 사이에 적이 먼저 총을 쏘게 하는 기회를 주고 말았다. 천만다행으로 총에 맞은 사람은 없었지만 적을 빤히 보면서도 판단착오로 먼저 쏘지 못했다는 것은 큰 실책이었다.

고지에서 박격포사격을 실시하고, 포병사격을 유도하여 지역일대를 사정없이 두들겨 패니 적은 응사도 제대로 못하고 곧 도주하여버렸다.

포병사격을 중지시킨 후 중대원을 이끌고 공격했다. 하천을 건너가 보았더니 적은 이미 도주하고 없었으나 여기저기에 메고 왔던 배낭을 버려둔 채 부상병을 들쳐 업고 도주한 흔적이 많이 남아 있었다. 개울을 따라 한참을 추격했으나 적의 꼬리를 잡지 못하고 피 묻은 붕대와 헝겊조각만 한 보따리를 회수해서 고지로 돌아왔다.

상급부대에서는 피 묻은 배낭과 붕대를 보고는 약 30명 정도의 비전투손실이 난 것으로 판정했다.

조우전, 순간적인 판단이 빨라야 한다. 그리고 먼저 쏴야 한다. 과감하게 덤벼들어야 한다. 피차 전투준비가 안 된 상태에서 우연히 만난 것이므로 과감한 쪽이 승리하는 법이다. 우물우물하면 호기를 상실한다. 군복 색깔, 군화, 철모, 배낭 등을 보고 직감으로 첫눈에 적인지 아군인지 구분해야 한다.

이번의 경우, 출발 전에 이미 대대에 확인했음에도 불구하고 판단이 늦었다. 중대장이 166고지에 올라간다고 통보하면 고지에서 안내병이 하천까지 내려왔던 일이 가끔 있었고, 이따금 월남 지방군과 이 지역 수색을 함께 한 일이 있었기 때문에 '혹시 오인사격을 해서 우군을 죽이면 어찌하나' 하는 우려 때문에 기회를 놓쳤다.

항상 생각하면서 걸어야 한다. '늘 다니는 길인데 무슨 일이 있으려고' 하는 겸손하지 못한 안일한 생각이나 행동은 절대 금물이다.

고지에 도착하고 난 그날 오후 뒤늦게 대대에서 중요한 첩보가 전달되었다. 당시 월맹 정규군에는 북한에서 파견된 장교들이 월맹군과 함께 무전기로 우리 통신 내용을 도청해 그들의 작전을 도와주는 한편, 삐라나 선전문을 한글로 만들어 심리전을 전개하고 있다는 첩보가 입수되어 있었다.

바로 그 북괴군이 월맹군과 함께 우리 중대지역을 통과한다는 첩보였다. 그렇다면 오전에 조우한 월맹군 무리 속에 북괴군이 있을 수도 있었다고 생각되었다. 잘하면 잡을 수도 있었는데 모두들 몹시 아쉬워했다.

166고지에 올라온 첫날부터 중대는 '캇숀' 계곡을 완전히 틀어막고 이곳을 지나갈지도 모를 북괴군을 잡으려고 전 중대가 매복작전에 들어갔다. 첫날 들어가자마자 임 중위가 지휘하는 제2소대에서 적 게릴라 한 명을 사살하고, 권총을 찬 간부 한 명의 다리를 맞춰 부상을 입히고 생포하는 전과를 올렸다.

바로 같은 날 밤이었다. 10시쯤 되었을 때였다. 나와 함께 매복하던 제1소대 선임하사조에서 적 발견신호가 왔다. 곧이어 길을 안내하는 적의 첨병 한 명이 우리 앞을 덜렁덜렁 지나갔다. 조그만 배낭을 하나 짊어지고 사방을 두리번거리며 가는 모습이 선명하게 보였다.

숲 속에서 꼼짝하지 않은 채 후속하는 본대가 있을 것으로 믿고, 쏘지 않고 그대로 살려서 통과시켜주었다. 15분 정도 지나자 같은 길로 5명이 걸어서 내려왔다. 좌우의 매복조는 중대장 지시가 없으면 크레모아를 누르지 못하게 되어 있었다. 5명의 적 뒤에 더 많은 적이 오는지를 기다렸다. 좌측 소대의 선임하사조에서 전혀 소식이 없었으므로 후속해서 오는 적이 없는 것으로 판단하고 우측조에 크레모아 사격신호를 보냈다.

"꽝 꽝……."

조명탄을 띄워놓고 총을 쏘면서 전방으로 나가 확인했다. 5명의 적은 전부 사살되었다.

우리는 시체를 끌어다가 호 뒤쪽에 놓고 풀로 덮어두고 밤을 보냈다. 다시 올지도 모를 적에 대비하여 크레모아를 재조정하고 소로에 흩어진 적의 배낭과 신발, 소총들을 전부 치웠다.

중대장인 나의 생각으로는, 침투하자마자 두 곳에서 적과 교전을 하여 탄약을 많이 소모했고 피로도 겹쳤다고 판단되었다. 그러므로 적과 접전이 없었던 1개 소대 규모만 남겨서 잔류매복을 시키고 남아 있는 크레모아와 실탄 등을 모두 인계한 뒤, 적과 접전이 있었던 조는 다음 날 아침 일찍 철수시키기로 결심했다.

확인사살, 안 하면 당한다

아침이 되었다. 날이 밝자 연대장님과 대대장님이 현장으로 격려차 오신다는 전달이 왔다. 전리품을 보여드리기 위해 소총과 배낭 및 시체들을 정리해야 했다. 어젯밤에 사살했던 적의 시체를 개활지로 옮겨놓으려고 덮어두었던 풀과 나뭇가지를 걷었을 때, 나는 깜짝 놀라지 않을 수 없었다.

어젯밤에 내 눈으로 시체가 다섯 구인 것을 분명히 확인했는데 하나가 없어지고 네 구뿐이었다. 도대체 죽은 놈이 어디로 갔단 말인가?

여기저기 찾아보았으나 연대장님이 현장에 오셨을 때까지도 찾아내지 못했다. 중대장인 나는 허위 과장보고나 하는 실없는 중대장이 되고 말았다. 연대장님도 대대장님도 시체가 밤사이 증발해버렸다는 보고는 귀담아 들으시지 않았다.

"4명이나 5명이나 무슨 차이가 있나?"

"여하튼 수고했다."

내가 네 명을 잡아놓고 하나 정도 덤으로 붙여서 다섯 명으로 보고한 것으로 생각하셨던 모양이다.

현지 격려를 마치시고 떠나시기 직전에서야 비로소 주변을 수색하던 중대원에 의해 가시덤불 속에서 증발했던 적을 다시 찾아냈다.

크레모아 파편을 가까이서 맞은 모양이었다. 허벅지 이하에만 많은 파편이 박혔고 허리 위에는 한 발도 맞지 않았다. 하체에서 나는 피를 얼굴과 가슴 등에 자기 손으로 바르고는 죽은 체하고 있다가 밤에 몰래 빠져나가 가시덤불 속에 숨었던 것이다. 그는 자기 옷을 찢어서 상처 부위의 지혈을 잘했기 때문에 밤새 살아 있을 수 있었다.

"너희 중대는 안 해보는 것 없이 다 해보는구나. 확인을 확실히 해야지."

연대장님께서는 이런 말씀을 남기시고 연대로 돌아가셨다. 그렇다. 반드시 확인사살을 해야 한다. 적의 후속제대가 뒤따라올지도 모른다는 조급함 때문에 시체를 옮기는 데만 정신이 팔려서 순간적으로 잊어버려 생긴 실수였다.

연대장님이 떠나신 후 전과 정정보고를 했다. 생포 1명, 사살 4명으로……

잃었다가 다시 찾은 전투음어
하늘은 스스로 돕는 자를 돕는다. 희망을 버리지 마라

중대장 시절, 우리 중대에는 내가 파월되기 전 15사단에서 최초 소대장을 할 때 함께 근무했던 제 중사가 있었다. 내가 소대장 시 그는 분대장이었으나, 우리 중대로 파월된 후 중사로 진급하여 소대 선임하사가 되었다. 제 중사는 내가 이곳에 있는 줄도 몰랐고, 1연대에 전입 와서야 옛날 소대장이 중대장으로 근무하는 것을 알았다. 연대 인사과에서 부탁도 하고 나에게도 연락이 왔기에 다른 중대로 갈 뻔한 것을 우리 중대로 데리고 왔다.

제 중사는 눈이 커서인지 겁이 많은 편이었고, 머리에 상처가 있어 땜질이라고 부르기도 했다. 사람이 착하기가 이를 데 없었으며, 마음이 너무 좋아서 늘 손해를 보며 지냈다. 항상 성경을 가까이했고, 부대 내에서도 병사들과 함께 찬송가를 부르며 가끔 기도도 하곤 했다. 자기 소대원에게 한 번도 욕하는 법이 없었으며, 남에게 싫은 소리하기를 무척 꺼려했다. 위험한 일은 겁이 나서 덜덜 떨기는 했지만 누구보다도 앞장서기를 잘했다. 그렇지만 언제나 주위가 산만하고, 태평스럽고, 세상에 바쁜 일이라곤 없었으며 어디든지 가면 무엇을 흘리고 다니기를 잘했다. 우리 중대에서 그를 싫어하는 사람은 한 사람도 없었지만 그는 수난을 많이 겪었다.

그가 일으킨 사건 중 제일 큰 것은 매복을 나갔다가 전투음어를 분실하고 돌아온 사건이었다. 당시 월남전에는 북괴군 고문관이 월맹군 측에 참전하여 우리의 무전교신을 도청하면서 월맹군 작전을 지원하고 있다는 정보가 입수되었으므로 전투음어를 제작하여 사용하고 있었다.

그런데 매복을 나갔다가 이 전투음어를 어딘가에 흘리고 돌아왔다.

그는 전날 밤 중대기지에서 약 4킬로미터 떨어진 숲에서 매복하다가 혼자 오는 적을 사살해서 크게 망신을 당했다.

원래 우리 중대는 혼자 앞서 오는 첨병을 쏘는 사람을 두고, '겁쟁이'요 '비겁한 군인'이라고 비난했고, 비록 적을 잡더라도 자기 소대나 분대의 수치로 간주해왔었다.

적을 처음 발견한 병사가 자기 앞으로 지나가는 적 첨병을 통과시켰는데 중앙 지점에서 근무하던 제 중사가 자기 조 앞에 적이 지나갈 때 크레모아를 눌러버렸다는 것이다. 대원들이 선임하사 때문에 망쳤다고 빈정대면서 "중대장이 꾸짖으면 무어라고 답하겠느냐?"고 묻는 고참병들에게 "빈손으로 가는 것보다는 낫다"는 식으로 말할 만큼 태평스러운 사람이었다.

다음 날 새벽에 적의 시체를 땅에 묻어주고 매복했던 자리를 정리한 뒤 중대기지로 돌아왔다. 중대에 도착하자마자 전투음어를 반납해야 하는데 찾아보니 없었다.

나는 그 길로 중대원을 인솔하고 잃어버린 전투음어를 찾으려고 어제의 매복지점으로 다시 갔다. 어제 매복했던 호를 다시 파보기도 하고 적을 묻었던 장소도 파보았지만 찾을 길이 없었다.

그러나 매복병력이 철수한 후 이곳에 몇 명의 적이 왔다 간 흔적을 발견했다. 즉 우리 병사들은 국산담배나 양담배를 피웠고, 또한 매복 나올 때 담배를 한 사람도 지참하지 않았는데도, 어젯밤에 파고 들어갔다가 아침에 다시 메운 호 근처에 월남 사람들이 즐겨 피우는 담배꽁초 몇 개가 흩어져 있었다.

담배필터나 종이가 아직 깨끗했다. 분명히 적이 다녀간 것이 확실했다. 적들이 첨병을 뒤따라오다가 어디엔가 숨어 있었음에 틀림없었다. 아침에 철수할 때 습격을 받거나 역매복에 걸려들지 않은 것이 천만다행이었다.

그 전날 산에서 마을 쪽으로 내려오는 적을 타격했었다.

그래서 생각해 보니 산속에 계급이 높은 적 지휘관이 있을 것이며, 그들의 지휘관에게 보고하기 위해 음어를 가지고 빠른 시간 내에 산으로 다시 들어가리라고 예측되었다.

나는 대대에 전투음어를 분실한 사실을 보고하고, 3일 이내에 반드시 찾겠으니 음어를 분실한 제 중사를 3일 동안만 함께 작전할 수 있도록 허락해달라고 건의드려 승낙을 받아냈다. 중대에는 상급부대의 음어관계관이 와서 우리와 함께 음어를 찾는 데 협력했다.

우리는 비장한 각오로 음어회수 작전에 임했다. 전 중대원을 3명 1개조로 편성하여 조당 거리를 평균 50~100미터 정도 이격시켜 약 2킬로미터 정도 되는 캇숀 계곡 입구를 완전히 막았다.

출동 전에 군장검사를 하면서 일장 훈시도 하고 현상금도 걸었다. 극비문서인 전투음어가 적의 손에 들어가서 북한에서 온 장교의 손으로 면밀히 연구, 분석된다면 앞으로 교신 내용이 적에게 완전히 노출되어 많은 전우가 희생된다는 내용을 강조했으며, 중대의 명예를 더럽히지 않도록 최선을 다해주길 당부했다. 또한 찾지 못하면 중대장과 제 중사가 군법회의에 회부된다는 사실에 중대원들은 많은 부담을 느꼈을 것이다.

꼭 찾아서 돌아오겠다는 다짐을 하고 대원들이 중대 정문을 나서서 컴컴한 어둠속으로 빨려 들어갔다. 중대기지에는 화기소대를 포함하여 20여 명만 최소의 기지경계를 위해 잔류시켰고, 나는 관망대 위에 올라가 밤을 보냈다.

그날 밤, 중대는 세 군데서 적과 접전을 했다. 나는 전투음어를 분실한 제 중사와 그가 인솔했던 어제의 매복조를 같은 장소로 다시 내보냈다. 그 길로 적들이 다시 올 것 같은 예감이 들었기 때문이다.

나의 예감은 적중했다. 새벽 2시경, 관망대에서 폭음을 듣고 바라보니

제 중사가 매복하고 있는 장소 상공에 적과의 접촉을 알리는 빨간색 수타
식조명탄이 떠올라 있지 않은가!

"살상지대로 10여 명의 적을 완전히 유인하여 전부 사살했다"는 보고가
날아왔다. 미리 출발 전에 이르기를 적 첨병은 음어를 절대 갖고 있지 않
으며, 본대에 있는 간부가 소지하고 있을 것이므로 절대 첨병을 공격하지
말고 반드시 통과시킨 뒤 본대를 공격하라고 명령했었다. 첨병을 타격하
는 조는 전부 군법회의에 회부시키겠다는 중대장의 의지를 병사들은 실
천에 옮겨주었다.

제 중사는 두 명의 첨병을 통과시키고 본대를 타격했다. 그들은 조명 아
래서 경계병을 배치하고, 적의 군장과 옷을 전부 벗기고 샅샅이 뒤지기 시
작했다. 적의 지갑 속에서 제 중사가 분실했던 바로 그 음어를 기적같이
찾아냈다. 음어는 크레모아 파편에 구멍이 났고, 선혈이 흥건하게 묻어 있
었다. 정말 기적 같은 행운이었다.

우리 중대는 유명해졌다. 주월 한국군 최초로 전투음어를 분실하여 적
의 수중에 들어가게 하여 유명해졌고, 또 그 분실한 음어를 분실했던 바로
그 장소에서, 분실했던 장본인이 다시 찾아냈기 때문에 더욱 유명해졌다.

전투 공포를 이기지 못하는 병사를
이해하고 대책을 강구해야 한다

음어분실 사건 후, 제 중사는 최소한 대대 내에서만큼은 유명인사가 되
었다. 그 후에도 그는 몇 번이나 엉뚱한 행동을 해 우리를 놀라게 했다.

그 첫 번째가 한 병사의 자해사건이었다.

사냥꾼이나 낚시꾼처럼 멧돼지를 쓰러뜨리거나 월척을 낚기 위해 스스로 고생하며 스릴을 찾아 즐기는 사람이 있는가 하면 살생 자체를 거부하는 사람도 있다. 전장에서도 마찬가지이다. 싸움 자체를 즐기는 사람이 있는가 하면 무서움이나 공포를 이기지 못하고 부들부들 떠는 사람도 있다.

제 중사의 대원 중 한 병사가 전입 온 지 얼마 되지 않은 시기에 야간매복을 나갔다. 밤의 공포를 극복하지 못하고 호 안에서 근무를 서다가 자기 우측발의 엄지발가락과 둘째 발가락 사이에 총을 대고 쏜 사건이 발생했다. 소위 전장에서 자해를 한 것이다.

호 안에는 다른 두 명의 동료가 함께 있었는데 그 당시 그들은 가면을 하고 있었다. 적이 접근하면 눈 뜨고 근무하는 병사가 옆의 가면하고 있는 동료를 깨운다. 그리고 함께 전투를 한다.

우리 병사들은 그런 절차에 숙달되어 있었다. 그들이 가면 상태에 있을 때 전혀 예고도 없이 호 안에서 총소리가 "땅" 하고 났으니 어찌 되었겠는가?

같이 있던 한 병사는 벌떡 일어나 앉아 총을 잡고, 자해한 병사를 보면서 "적이 어디 있느냐?"고 묻고 사격준비를 했다. 이 병사는 다가오는 적을 향해 근무자가 총을 쏜 것으로 믿었다. 다른 한 병사는 엉뚱하게도 호에서 뛰쳐나가 매복지점의 측후방으로 뛰어 달아났다. 이 병사는 적이 호 앞까지 와서 호 안에다 대고 총을 쏜 것으로 착각했다. 그가 뛰어가면서 측후방에 동료가 설치한 조명지뢰를 터뜨리자, 인접매복조 근무자가 후방에 매설한 크레모아를 터뜨리고 사격을 했다.

그는 뛰어 달아나다 정신이 들었는지 약 20미터 정도 후방에 있는 작은 둑 밑에 엎드렸다. 간발의 차이로 전우의 총에 맞아 죽는 것을 면했다. 행운이었다. 네다섯 발짝만 더 뛰어갔어도 전우의 크레모아에 맞아 죽었을 것이다.

그 가운데서도 참으로 다행인 것은, 자해한 병사가 겁에 질려 자기 옆의 고참 병사에게 "무서워서 제가 제발을 쐈어요" 하고 부들부들 떨면서 즉시 이실직고를 하였기 때문에 옆의 고참병이 총기오발이라고 고함을 질렀고, 그 때문에 엉뚱하게 벌어진 사건은 운 좋게 끝났다.

그런데 이 사건의 뒤처리를 제 중사는 또 엉뚱하게 했다. 그는 전장에서 자해를 하면 현장에서 즉결처분을 하거나 군법회의에서 사형에 처할 만큼 엄하게 다스린다는 것을 알고 있었으면서도 사건 자체를 보고도 하지 않고 꿀꺽 삼켜버렸다. 자기는 말할 것도 없고 함께 매복한 병사들까지 함구하도록 교육을 철저히 시켰다. 근무병이 허깨비를 보고 적으로 오인하여 일어난 촌극이라고 조작해서 보고했다.

전장에서 깊은 밤에 무서워지기 시작하면 전입 온 지 얼마 안 되는 신병들이 나뭇등걸이나 돌을 총을 든 적으로 오인하여 사격하는 어처구니없는 일이 어쩌다 한 번씩 발생했기 때문에 나는 제 중사의 허위보고를 사실로 믿어버렸다.

3일째 되는 날 모든 사실이 들통 나고 말았다. 그날은 제 중사 조가 다시 매복 나가는 날이었다. 군장검사를 마치고 잠시 휴식을 취하는 시간에 자해했던 그 병사가 다시 총을 들고 호로 들어가 지난번에 쐈던 발가락 사이를 또 쐈다.

중대장 앞에 불려 온 그의 군화에는 피가 흥건히 고여 있었다. 아무리 물어도 말을 못하고 사시나무 떨듯 와들와들 떨기만 했다. 군화를 벗기니 실탄이 지나간 자리가 나란히 두 군데였다. 잘못해서 연발사격이 된 것으로 알았다. 그러나 순간적으로 자해라는 의심이 들어 다그쳐 물었으나 와들와들 떨기만 하고 더 이상 말을 못했다.

날이 어두워졌으므로 더 확인을 못하고 중대 급수차에 태워서 대대 의

무지대로 후송했다. 나는 후송 간 병사가 자해한 것으로 의심이 되니 대대에서 좀 더 자세히 조사해달라고 보고했다.

다음 날 아침, 매복에서 돌아온 제 중사가 매복 복귀신고를 마치고 중대장실로 따라 들어왔다. 의자에 앉은 내 옆에 무릎을 꿇었다. 나는 어제의 사고에 대해 용서를 비는 줄 알고 부하를 걱정하는 그를 오히려 위로했다. 그러나…….

그의 보고를 다 듣고 난 후 나는 새로운 사실, 즉 전장에서 인간이기 때문에 겪게 되는 고뇌와 고통의 한 부분을 체험했다.

후송 간 병사는 전입 온 지 얼마 안 되는 신병이었다. 며칠간 기지 내 동화기간이 지나 첫 매복을 나갔다. 당시 이 병사의 분대는 소대장인 한 중위 조에 편성되어 며칠 전 큰 전과를 올렸던 교통호 매복에 참가한 경험이 있었다. 앞에서 이미 소개했듯이 그의 소대는 30여 명의 적을 교통호 안으로 유인하여 몰살시켰다.

이런 경우, 시체에 대한 전장정리는 주로 신병들의 차지였다. 신병의 입장에서 차마 눈 뜨고는 볼 수 없었던 피비린내 나는 현장에서 적의 시체를 한곳으로 모으고, 갈기갈기 찢긴 옷 속에서 피범벅이 된 소지품을 수집하여 첩보의 가치가 있는 문서와 기록물을 찾아내야만 했다.

이때부터 이 병사는 겁에 질려 떨기 시작했다. 음식을 먹으면 자주 토하고 아예 제대로 먹지도 못했다. 밤만 되면 악몽에 시달렸다. 무서워서 잠도 못 잤고 며칠 사이에 신경이 극도로 쇠약해져서 피로가 극에 달했으며, 점점 야위어가더니 끝내는 자기감정을 스스로 통제할 수 없는 지경까지 와버렸다. 불과 며칠 사이였다. 게다가 고참병들은 신병의 그러한 행동을 꾀병으로 간주하고는 그의 호소를 전혀 받아들여 주지 않았다. 오히려 자기 집단의 수치로 생각하고 윽박지르기만 했다. 제 중사는 그 모든 사실을 다 알고 있었다. 그는 이런 증세는 약으로는 치료할 수 없고, 오로지 하나님의 힘으로만 치료가 가능하다고 믿었다.

첫 번째 자해가 있고 난 후 그 병사의 고통을 잘 알고 있던 제 중사는 늘 그 병사와 함께 있었다. 낮이나 밤이나 그를 데리고 기도했다. 밤이면 병사가 잠들기 전까지 곁에 쭈그리고 앉아 기도했고, 야간에 기지 내 경계호에서 경계근무를 할 때는 그의 손을 잡고 함께 근무하면서 작은 목소리로 함께 기도했다. 자기 자신의 허위보고에 대한 잘못과 병사의 자해를 용서하고, 고통과 괴로움, 무서움에서 벗어나게 해달라고 하나님께 기도했다. 그의 대원들 역시 그의 진지한 종교적 태도에 감동해 다 같이 입을 다물어 주었다. 아무도 보고를 하지 않았다.

첫 번째 자해사건이 있고 3일이 지난 후, 다시 매복임무를 부여받았다. 병사는 엄습해오는 고통과 두려움, 죽음에 대한 공포를 극복할 자신이 없어 다시 발가락을 쏴버렸다. 전장에서 자해행위를 한 그 병사는, 당시 상황으로 보아 즉결처분할 여건은 못 된다 하더라도 군법회의에 회부되어 중벌을 받게 될 것은 분명한 사실이었다.

제 중사의 울먹이는 보고를 다 들은 나는 그를 돌려보내고 나서 군율을 공정하게 다스려야 하는 지휘관으로서 깊은 고민에 빠졌다. 사실대로 보고를 해서 처벌을 받게 할 것인가? 아니면 모른다고 할 것인가?

제 중사가 사실대로 보고를 하지 않았으면 나도 자세한 사실을 알 수 없었다.

나는 자해사건에 대해서 추가로 보고하지 않았다. 많은 사람들이 저마다 공포감을 받아들이는 감각이 다르고 개인에 따라서 차이가 있다는 사실을 인정하기로 했다. 비록 짧은 기간이었지만 그가 받은 심적 고통과 두려움은 우리 인간으로서 얼마든지 이해하고 수용해야 한다고 믿었다. 이미 그는 벌을 받은 것이나 다를 바 없다고 판단했다.

그 병사가 후송된 후에도 상급부대에서는 몇 차례 문의를 해왔다. 그때마다 "경계호에서 소총 손질도구를 개머리판 속에 집어넣기 위해 총을 거꾸로 놓고, 뚜껑을 열고 집어넣다가 노리쇠뭉치가 충격을 받는 바람에 격발되어 발가락을 다쳤다"고 주장했다. 이런 경우에는 오발로 처리되어 벌을 받지 않는다. 나에게 "사실이냐?"고 재차 물었을 때에 "현장에서 아무도 본 사람이 없어 확실한 증명을 할 수는 없다"고 답변했다.

그는 우리 중대를 떠났다. 그러나 그가 남긴 여운은 그리 달갑지 못했다. 그 병사는 제 중사의 간절한 기도대로 인간적인 고뇌와 고통을 청산하고 싸움터의 공포에서 완전히 벗어났겠지만, 지금 어디에선가 인생의 수치스러운 부분을 간직한 채 살고 있을 것이다. 제 중사의 허위보고와 변명, 자기 과오와 병사의 두려움을 씻어주기 위한 간절했던 기도, 그것이 아름다운 것이었는지 또는 허위에 가득 찬 변명이었는지 지금도 판단이 옳게 내려지지 않는다.

중대장으로서 사실대로 보고하지 않고 자해한 병사를 비호한 것은 상급부대의 꾸지람이 두려워서 그런 것이 절대 아니었다. 내 나라의 전쟁도 아닌 남의 나라 전쟁터에 잘못 뛰어든 그를 낙인찍힌 인간으로 살게 만든다는 사실이 내 자신을 두렵게 했을 뿐이다. 사실대로 보고하지 않은 것을 잘했다고 생각하지는 않는다. 다만 공포에 시달리던 그를 이해하고 용서함으로써 전과자로 만들지 않고 우리 사회의 건전한 시민으로 살 수 있게 해주었다는 데서 의미를 찾고 싶다.

벙어리와의 교신, 방법은 있다

야간에는 매복진지에서 최소 200미터 정도 거리 내에 적이 들어왔을 때, 적이 이동하는 발걸음 소리나 휴대장비가 흔들리는 소리 등이 들린다.

이러한 소음을 인지하고 그것이 적이 접근하는 소리인지 아니면 잘못 들은 것인지를 판단하다 보면 거의 100미터 이내의 거리에 왔을 때쯤에야 적인지 아닌지 확실히 알 수 있게 된다. 나무가 우거진 산속, 탁 트인 개활지, 각종 풀이 무성한 숲 속 등 지형 조건에 따라 적의 접근을 청각으로 확인할 수 있는 거리는 상이하다. 특히 물이 흐르는 강이나 개울가 등에 매복 위치를 선정했을 때나, 비가 오거나 바람이 부는 날의 밤에는 청각으로 판단하는 데 상당한 제한을 받는다.

100미터 이내 거리에 적이 들어왔을 때 무전기에 대고 음성으로 상황보고를 하기란 상당히 어렵고 또한 위험한 짓이다. 소음에 의한 매복 위치의 노출은 매복작전의 실패를 초래할 뿐 아니라 습격으로 인한 매복조의 전멸을 불러올 수도 있다. 따라서 매복작전 시 소음은 철저히 통제되어야 한다.

1소대의 박 중사가 인솔하여 매복 나간 지역에서 적이 매복진지 앞으로 접근한다는 신호가 왔다.

상황실과 박격포 포상의 무전기에서 "칙칙, 칙칙, 칙칙" 두 번씩 연속해서 소리가 났다. 100미터 정도의 거리 내에 적이 들어왔다는 신호였다. 박격포 포상에서는 조명탄과 차단사격 준비를 완료해놓고 긴장하며 기다렸다.

"쾌쾅, 쾅."

크레모아와 수류탄이 터지는 폭음과 소총소리, 박격포 사격방향을 알려주는 적색의 수타식 낙하산조명탄이 떠올랐다. 얼마 후 매복대장인 박 중사로부터 적을 타격했다는 최초 무선보고가 날아오고 나서 갑자기 교신이 뚝 끊겼다. 무전기를 잡고 아무리 불러도 응답이 없었다. 매복전투 시 교신두절은 무전기가 파괴되었음을 의미한다. 틀림없이 선임하사와 무전병이 같은 호에서 근무를 했을 텐데 '호 안으로 적이 던진 수류탄이 굴러 들어 온 것은 아닌가?' 하는 불길한 생각이 스쳐 갔다.

그런데 상황실에서 송신을 하면 "칙-, 칙-" 하면서 무전기의 키 잡는 소리가 들렸다. 무전기의 송신기에 이상이 있음을 직감하고, 송신기에 이상이 있으면 무전기의 키를 짧게 세 번만 잡아보라고 지시하니 응답이 왔다. "칙, 칙, 칙."

"내가 보내는 말이 잘 들리면 키를 두 번 잡아라" 하니 또다시 응답이 왔다. "칙-, 칙-."

송신기 고장이 확실했다. 모든 전투작전 시 특히 매복전투 시 무전기의 고장은 단순한 고장으로 끝나지 않는다. 고립무원의 상태가 되고 마는 것이다. 이미 위치가 노출된 상태에서 적의 제2차 공격 행위가 있을 때 화력 지원을 받을 수 없다면 그 매복조는 적의 공격에 궤멸되고 만다. 이 문제가 가장 염려스러웠다. 무전기의 키를 잡고 선임하사와 벙어리 같은 교신을 시작했다.

문 : 조명 상태가 좋으면 무전기 키를 한 번 누르고, 나쁘면 두 번 눌러라.
답 : 칙, 칙(조명상태 나쁨).
문 : 현재 조명탄 위치가 어떠한가? 중대기지를 바라보고 앞쪽은 한 번, 뒤쪽이면 두 번, 좌측은 세 번, 우측은 네 번 눌러라.
답 : 칙(조명사거리가 짧음).
문 : 조명거리를 늘리겠다. 더하기 200미터이면 한 번, 400미터이면 두

번, 600미터 시 세 번 눌러라.

답: 칙, 칙(사거리 400미터 연장).

문: 사거리 수정된 조명이 뜬다. 조명이 좋으면 한 번, 나쁘면 두 번 눌러라.

답: 칙(조명상태 양호).

문: 적의 후속제대가 있으면 한 번, 없으면 두 번, 잘 모르겠으면 세 번 눌러라.

답: 칙, 칙(후속제대 없음).

문: 부상자가 있는가? 전사 한 번, 중상 두 번, 경상은 세 번 눌러라.

답: 칙, 칙, 칙(경상환자 발생).

문: 밤을 넘길 수 있으면 한 번, 없으면 두 번 눌러라.

답: 칙(밤을 넘길 수 있음).

문: 적을 몇 명 잡았는가? 숫자대로 키를 눌러라.

답: 칙, 칙, 칙, 칙, 칙(적 5명 사살).

문: 포로가 없으면 한 번, 있으면 두 번 눌러라.

답: 칙(포로 없음).

나는 답답했지만 이런 식으로 교신을 하면서 백린연막탄을 쏘아주고 매복진지 주변에 사격을 실시하여 만일의 경우 적이 매복조를 공격하면 매복 주변에 정확하게 사격할 수 있도록 철저히 준비했다. 매복조 주변에 일일이 사격을 하면서 완벽한 제원을 산출해냈고, 인접 155밀리와 105밀리 포대와도 협조하여 준비를 완벽하게 마쳤다.

어떠한 역경과 고난이 닥치더라도
상급자가 함께 겪어주면 병사는 잘 참아낸다

아침 일찍 먼동이 트기도 전, 나는 중대원을 인솔하여 지역수색을 병행하면서 매복지점에 도착했다.

현장에 도착해보니 밤새 예상했던 것과 같았다. 적의 접근을 확인하고 나서 앞서 가는 첨병을 통과시킨 후 짐을 짊어지고 산으로 들어가는 적 본대를 살상지대로 유인하여 완전히 사살했던 것이다.

무전기는 송신기가 고장 나 있었다. 적이 던진 수류탄이 선임하사 호 앞쪽에서 폭발하여 무전기의 송화유니트가 수류탄 파편에 맞아 깨져버렸던 것이다.

또한 선임하사는 수류탄을 투척하려고 상체를 일으키는 순간, 적이 던진 수류탄 파편에 맞아 우측 복부에 작은 파편이 박혔다. 본인 판단에 큰 부상이 아닌 것 같아 미련스럽게도 긴 밤을 버틴 결과 얼굴이 몹시 창백해 있었다. 그러나 그의 우직스러운 충성심과 책임감에 깊은 존경심을 느꼈다.

그날 아침 일찍 매복 현장에 부연대장님과 대대장님이 헬기로 날아오셨다. 어젯밤에 있었던 벙어리 같은 교신 내용을 모두 들으셨고, 심지어 참모들에게 유사 상황에서 그 같은 교신 방법을 발전시키라는 지시도 하셨다며 칭찬해주셨다. 그 후 벙어리 교신 내용은 참모들에 의해 더욱 발전되었으며, 예상되는 조치 요령도 잘 정리되어 교육회보를 통해 하달되기도 했다.

매복 현장까지 찾아와 주신 부연대장님과 대대장님은 성공적인 매복작전보다는 부상을 당했으면서도 끝까지 자기의 책임을 다한 충성스런 부하를 만난 것에 큰 감명을 받으신 것 같았다. 따갑고 아픈 배를 움켜잡고 밤새 그의 대원들과 고난을 함께한 박 중사의 우직한 책임감과 충성심을 보면서, 함께 싸웠던 대원들이 훌륭한 전투원이었던 이유를 깨달았다. 그는 부연대장님과 대대장님이 타고 오셨던 헬기를 타고 병원으로 후송되었다.

박 중사는 우리에게 많은 것을 가르쳐주었다. 책임완수와 솔선수범이라는 말은 남보다 앞장 서서 모범을 보이고 자기가 맡은 임무를 철저히 완수한다는 뜻이다. 다시 말해서 모든 임무를 적극적으로 훌륭히 완수해나가는 진취적이며 능동적인 태도라고 할 수 있다. 책임완수나 솔선수범은 비록 말하기는 쉬우나 그 실천은 힘들다.

군대가 엄격한 계급으로 구성되어 있는 조직이라 상급자가 하급자에게 명령만 내리면 모든 것이 해결되는 것으로 이해하기 쉽다. 그러나 상급자의 책임감과 솔선수범 없이는 자율적이고 능동적인 참여가 있을 수 없으며, 소기의 목적 달성이나 효율성 또한 기대할 수 없다. 병사는 아무리 극복하기 어려운 역경과 고난이 닥치더라도 상급자가 함께 겪어주면 잘 참아내며, 명령이니까 복종한다거나 할 수 없이 처벌이 무서워서 끌려간다는 따위의 생각은 전혀 하지 않는다.

전장에서 우리 병사들이 가장 존경하는 사람은 맛있는 음식을 주고 멋있는 차림으로 찾아와 상투적인 칭찬이나 늘어놓고 다니는 상급자가 아니라 위험과 고생을 함께 해주는 사람이다. 군대가 가장 멋있고 아름답게 보이는 것은 북 치고 나팔 부는 퍼레이드가 아니라 윗사람과 아랫사람이 함께 고생하고 함께 위험을 극복하고, 함께 고통을 견뎌내는 자세라고 본다.

우리는 책임완수와 솔선수범이란 말을 많이 하고 또 많이 들어왔다. 상급자에게도 많이 했고, 아랫사람에게도 많이 요구해왔다. 그러나 백 마디

박 중사의 매복작전 전과를 대대장님이 둘러보시고 있다.

만 마디의 달변보다는 고통과 아픔을 참고 버티면서 죽음과 직면한 상황
에서 솔선수범을 행동으로 보일 때, 부하를 감동시키고 강한 전투력을 발
휘할 수 있게 된다는 평범한 진리를 박 중사를 통해 배웠다.

매복 준비와 전투

|

: : 매복 준비
작은 것에 충실하라

매복에서 가장 우선적이고 지배적인 요소는 적이 반드시 통과할 수밖에 없는 '목'을 선정하는 것이다.

사람이란 참으로 이상한 동물이다. 왜냐하면 전쟁터에서 그렇게 하면 죽는 줄 뻔히 알면서도 자기가 다니던 길로 계속 다니기 때문이다. 산돼지, 노루, 토끼 등의 산짐승들도 늘 다니던 길로만 다니는 습성 때문에 사냥꾼에게 잡힌다. 사람도 마찬가지이다. 그래서 매복할 때는 적이 꼭 지나가야 하는 목을 찾아서 자리 잡으면 틀림없이 적을 잡는다.

지도상에서 목을 찾기란 간단하다. 소로가 마주치는 곳이나 소로와 고지 능선이 마주치는 곳이 목이다. 적은 주로 소로나 능선으로 다니기 때문이다.

매복을 출발하기 전에 확인하고 교육할 사항이 많이 있지만 무엇보다 중요한 점은 반드시 냄새를 풍기는 일이 없도록 철저히 단속하는 것이다.

담배는 죽음을 초래하는 독초다. 또한 대소변 처리를 잘해야 한다. 고양이가 하는 버릇처럼 반드시 흙을 파고 묻어야 한다. 장기간 매복의 경우 대소변 냄새와 땀내, 음식물 냄새, 담배 냄새, 김치 냄새, 사람에게서 풍기는 인내 등은 새벽이나 밤이 되면 날아가지 않고 땅에 깔려 냄새구역(smelling pocket)을 형성하게 된다. 신선한 풀내와 흙내를 맡으며 걸어온 사람은 이 냄새를 쉽게 구별한다.

일일 매복을 나가든 장거리 장기매복을 나가든, 병사들은 휴대 기준 이상으로 실탄과 수류탄, 크레모아를 휴대하고 나간다. 누가 시키지 않아도 자기가 살기 위해서 그렇게들 한다. 통상 수류탄은 개인당 두 발 이상, 크레모아는 개인당 한 발 이상씩 휴대하고 소총 실탄을 탄창에 넣어 실탄포에 담아서 몸에 주렁주렁 매달고 나간다.

대다수 병사들은 방탄조끼가 무겁고 입고 다니면 너무 덥기 때문에 착용을 싫어한다. 그 대신 탄창이 든 실탄포는 방탄효과도 있기 때문에 이것을 양쪽 어깨에 대각선으로 둘러서 앞가슴과 어깨, 그리고 등쪽이 보호되도록 잡아맨다. 매복진지에 도착하여 야간에 근무 서고 있을 때나 가면을 취할 때도 탄포를 방탄조끼 대신 몸에 두르고 지냈다.

다음으로 원활하게 다량의 사격을 하기 위해서 소총과 탄창을 말끔하게 손질해야 한다. 우선 총구 손질이 잘못되어 먼지나 오물이 끼어 있든지 기름이 과다하게 묻어 있으면 갈퀴가 탄피를 물지 못해 기능고장이 생기므로 실탄이 장전되는 부분은 항상 깨끗해야 한다. 연발사격을 하는 소총은 갈퀴 고장이 자주 발생한다. 따라서 이러한 것들을 수시로 확인하고 갈퀴의 날이 무뎌지기 전에 교환해주어야 한다.

다음, 탄창은 늘 실탄이 꽉 차 있기 때문에 자주 분해해서 깨끗이 해야 한다. 탄창에 물이 들어가 내부가 부식되거나 먼지가 끼면 용수철이 작동을 못해 사격 시 실탄을 제대로 밀어 올려주지 못한다. 실탄이 부식되었거나 지저분해도 안 된다. 더욱이 소총을 닦던 기름걸레로 실탄을 닦으면 약실에서 가스와 함께 범벅이 되어 탄피가 원활히 추출되지 않는다.

탄입대 속에 탄창을 꽉 끼게 넣으면 탄창 교환 시 잘 빠지지 않는다. 반드시 탄입대 밑에 끈을 넣어서 필요시 끈을 잡아당기면 탄창이 튀어나오도록 준비해야 한다.

: : 예행연습
예측능력이 뛰어나야 한다

철저한 준비와 교육 및 예행연습을 해야 한다. '소총과 탄약, 무전기, 기타 장비 등이 잘 정리되어 있겠지, 즉각조치 절차도 여러 번 교육시켰는데 다 알고 있겠지?' 하는 따위의 안일한 생각은 금물이다.

매번 작전준비를 철저히 해야 하며 새로운 마음가짐과 겸허한 자세로 확인하고, 교육하고, 예행연습도 해야 한다.

탄약은? 무전기는? 총기는? 환자는? 냄새는? 적과 조우 시는? 진입과 철수 시 역매복 예상지역과 조치는? 살상지대는? 화력지원 요청은? 타격은? 등등…….

예상되는 모든 사항을 마치 컴퓨터에 자료를 입력시키듯 잘 정리해서 머릿속에 넣어두었다가 필요시 풀어내서 반드시 써먹어야 한다. 사전에 대원들의 행동연습이 필요하면 반드시 예행연습을 시켜야 한다. 일이 닥쳐서 소리소리 지르고 이리 뛰고 저리 뛰고 하다가는 모두 죽는다.

매복대장이 할 일은 행동이 아니라 철저하게 지형과 당시 상황에 알맞은 전술적 예측이다. 상황전개 예측능력이 뛰어나야 한다.

: : 매복진지 점령
공제선 투시를 위해 밑에서 위를 쳐다보는 매복진지 점령은 신중하게 채택해야 한다

매복진지로 이동하는 도중 적과 조우할 때는 먼저 보고 먼저 쏴야 한다. 조우전에서 제일 중요한 요소로서 피아를 직감적으로 식별하여 적인 경우 신속한 다량사격이 이루어져야 한다. 먼저 쏘는 쪽이 대부분 기선을 제압하게 되고, 사격을 받은 쪽은 위축되기 마련이다.

따라서 매복 출발 전에 매복 진입로상의 우군활동을 확인해야 하며, 연합작전일 경우는 연합군 상황도 일일이 협조하고 점검한 뒤 출동해야 한다. 그렇지 않으면 적과 조우했을 때 우군인지 적인지 자세히 몰라 머뭇거리며 우물쭈물하는 일이 발생하고 즉각 사격을 할 수 없게 된다.

그리고 조우 시에는 주변의 유리한 지형을 신속히 점령하여 사격으로 적을 고착시키고, 즉시 박격포나 야포 등 곡사화기 사격을 유도하여 정확한 포사격을 실시토록 해야 한다.

신속한 육군 항공지원이 가능하면 더욱 효과적이다. 만약 지원사격을 할 수 없는 적진 깊숙한 후방지역에서 작전 시 대규모의 적과 조우하게 되면 신속히 그 위치를 이탈하는 것이 효과적이다.

매복지점 진입 시에는 가까울 때는 바로 매복지점으로 들어가지만, 거리가 멀어서 어두워지기 전에 기지를 떠나 매복 진입이 노출될 때는 가매복지점을 선정하여 숨어 있다가 어두워진 후 매복지점을 적이 관측할수 없을 때 점령해야 한다. 위험이 따르더라도 어두워졌을 때 즉 EENT(일몰)+30분 이후에 움직이는 것이 현명하다.

주간에 지역 일대에 대한 수색정찰을 마치고 철수 시 휴식하는 것처럼적을 속이면서 매복부대를 잔류시키는 방법도 많이 사용한다. 그러나 적이 눈치채지 않도록 조심해야 한다. 숲 속에 숨어 있다가 어두워진 후 매복 준비를 해야 한다.

매복 진입 병력이 진입 도중 적과 조우할 것을 고려하여 진입로상에 확인점을 부여하고 이를 참고로 하여 조명이나 곡사화기 사격을 유도하도록 사전에 준비해야 한다. 특히 매복 진입과 철수 시에는 적의 역매복에유의해야 한다. 이를 위해 의심나는 지역을 첨병으로 하여금 수색토록 하고 사전에 사격을 실시하여 확인하는 방법을 사용해야 한다.

매복지점에 도착하면 우선 적을 유인해서 타격할 살상지대를 선정해야한다. 매복 위치는 통상 도로나 소로 앞에 선정하여 병력을 배치하되 아군은 호를 파고 숨어서 사격하기 용이하고, 적은 도주하기 어려운 곳이어야한다.

살상지대로 선정한 주변에 푹 파인 골이 있다거나 가깝게 근접한 곳에급커브가 있어서 적이 사격을 피해 숨어버릴 수 있는 지역은 살상지대로부적절하다.

주변 지형을 잘 고려해서 매복진지를 선정해야 한다. 공제 선상에서 움직이는 적을 발견하기 위해 매복 위치를 선정하는, 소위 공제선 투시를 한다고 밑에서 위를 쳐다보고 매복 훈련을 하는 것을 교육훈련장에서 종종 본 일이 있다.

지형에 따라 나무나 풀이 없는 곳에서는 공제선 투시가 가능하지만 나무와 풀, 기타 잡목 등이 사람 키만 하면 공제선 투시는 절대 불가능하다. 따라서 공제선 투시를 이용한 매복작전은 능선상에 수목이 어느 정도인가를 주간에 사전 확인하고 난 후 채택해야 한다.

매복 시 사격은 위에서 아래로 하든지 최소한 평탄한 상태에서 사격을 해야 하고 사격을 차단하는 방해 요소가 없는 곳에 진지를 선정해야 한다.

매복 위치를 선정하면 반드시 호를 구축해야 한다. 호를 파지 않고 그대로 매복하는 것은 지극히 위험한 만용이다.

또한 호를 파더라도 호박 구덩이 파듯 하면 안 된다. 교범에 나와 있는 대로 호를 파야 한다. 그리고 호 앞에는 반드시 양 팔꿈치를 땅에 대고 거총할 수 있는 공간을 띄우고 30센티미터 정도 높이의 사대를 만들어야 한다. 적의 소총탄이나 수류탄 파편을 막기 위해서이다. 그러나 호 깊이는 반드시 깊게 팔 필요가 없다. 앉아서 밖을 내다 볼 수 있을 정도, 즉 목 부분까지 들어갈 정도면 충분하다.

호는 2, 3명의 1개조가 들어갈 수 있을 만큼 파고, 호와 호 사이의 거리는 호 안에서 던지는 수류탄 투척거리와 크레모아 도전선의 길이를 고려하여 통상 20미터 정도 이격시키는 것이 좋으나 상황과 지형에 따라 조정해야 한다.

너무 가까우면 약간의 공포심 극복에는 도움이 되나 살상지대가 좁아지고, 너무 멀리 떨어지면 적발견 신호줄 설치가 어려워지는 등의 장단점이 있다.

호를 파고 사대를 쌓았으면 반드시 지가를 설치해야 한다. 캄캄한 밤에 적이 도주한 방향으로 정확하게 사격하기 위함도 있지만, 흙 위에 소총을 놓고 사격할 때 흙이 튀어 소총 활동 부분으로 들어가 기능고장을 일으키는 것을 방지해주는 역할도 하기 때문이다.

매복 단위는 점매복일 경우 분대 규모, 넓은 지역을 차단할 때는 소대, 중대 또는 대대 규모까지 지역매복을 한다. 소대 단위일 경우, 통상 소대장조와 선임하사조로 나누어 매복조를 편성하고, 인원은 한 지점에 2개 분대 규모인 10명에서 20명 정도가 적절하다. 지역매복을 할 경우에는 분대 또는 반 개 소대 규모의 인원으로 지형에 알맞게 점매복을 연결시키면 된다.

통상 1개조는 한 호에 2, 3명이 근무하는 것이 좋다. 한 명은 근무를 서고 나머지 인원은 가면을 취한다. 적이 접근한다는 신호가 오면 동료 전우를 깨워, 한 사람은 크레모아를, 다른 인원은 수류탄과 소총을 크레모아가 터짐과 동시에 사격함이 효과적이다.

: : 매복전투

지근거리 유도
적의 첨병을 통과시켜라

적을 살상지대 내로 완전히 유도해서 단시간 내 다량의 사격을 가하여 적을 격멸하는 매복작전은 전투 중 가장 경제적이고 효과적이며 신명 나는 싸움이다.

성공을 위해서는 대담성과 자신감이 제일 중요하고 적을 코앞까지 유인하는 강심장과 인내력이 있어야 한다. 매복 대형은 주로 적의 접근로를 따라 배치하는 일선형 매복을 해야 한다. 왜냐하면 적은 야간에 통상 첨병을 앞세우고 길을 따라오기 때문이며 많은 적이 이동하더라도 일단 공격을 받게 되면 지금까지 오던 안전한 길로 돌아서서 도망가기 때문에 살상지대를 길게 선정해서 살상지대 안으로 깊숙이 적을 유인하는 것이 중요하다.

적도 이동할 때는 반드시 본대를 안내해주는 첨병을 운용한다. 첨병이 지나가면 본대가 온다. 본대는 전투대형을 유지하지 않은 채 방심한 상태에서 오물오물 몰려서 온다.

따라서 적의 첨병 한두 명이 오는 것은 그대로 호 앞을 통과시킬 수 있는 담력이 있어야 하고, 본대가 오면 살상지대 안으로 완전히 들어올 때까지 기다리는 인내력이 있어야 한다.

매복지점에서 호를 파고 크레모아를 설치하는 등 매복 준비를 하는 도중에 적이 접근하는 경우가 많이 발생한다. 통상 안내를 위한 첨병 한두 명이 먼저 오는데, 이는 경계병이 숨어 있다가 코앞까지 적을 유인해서 적이 아군의 매복 위치를 발견했다고 판단되면 심장이 있는 좌측 가슴을 조준해서 단 한 발에 쓰러뜨려야 한다.

한 발 정도의 총소리는 확인도 되지 않거니와 매복조가 있을 것으로도 생각하지 않으니 그대로 계속 매복해도 좋다. 여러 명의 적이 접근 시에 경계병은 즉시 본대로 합류하여 적의 접근을 경고해주고 전투 준비를 해야 한다.

호를 규정대로 잘 파고 들어앉아서 철모를 쓰고 눈만 내놓고 사격을 하면, 한 번 강타당한 적이 도망가면서 조준하지도 않고 아무렇게나 쏘는 적탄에는 절대 맞지 않는다.

자신은 호 안에서 완벽하게 보호받고 있으며 적은 완전히 노출되어 있다는 것을 잊지 말아야 한다.

조준도 하지 않고 제멋대로 도망가면서 대충 쏘는 적의 실탄이 자기 근처에 박히거나 머리 위로 '핑' 소리를 내고 날아간다고 절대로 겁먹거나 당황할 필요가 없다.

훈련 시 눈 부위만 한 크기의 불을 달아놓고 뛰어가면서 그것에 총을 쏴봐라. 백여 명이 뛰어가면서 쏜다 해도 맞지 않을 것이다.

호 안에 있는 자신은 절대 안전하므로 당황하거나 겁내지 말고 자신감을 갖고 정확하게 조준해서 사격해야 한다.

적을 능가하는 대담성과 인내력은 전투를 승리로 이끌 수 있는 가장 중요한 요소이다.

크레모아 확인

크레모아는 기지에서 군장검사를 할 때 반드시 점검기를 연결하여 점검기에 불이 들어와 작동이 되는지를 확인해야 한다. 도전선이 끊어져서 불이 들어오지 않는다든가 도전선의 표피가 벗겨진 것이 있으면 즉시 교환해야 한다. 이는 벼락 칠 때 자연폭발하는 것을 방지하기 위해서다.

또한 격발기도 철저히 점검해야 한다. 격발기의 고무 부분이 파손되어 격발기 용수철 부분에 물기나 오물이 들어가면 용수철이 제 기능을 발휘하지 못할 뿐 아니라 불의의 사고를 당하게 된다. 크레모아는 원래 격발기를 누르면 용수철이 눌리면서 내부의 격발장치가 뇌관을 점화시켜 크레모아가 터지도록 되어 있다. 정상적인 격발기의 경우 손잡이를 누르면 용수철이 내려갔다가 다시 올라오게 되어 있지만, 부식되었거나 오물이 끼어 있을 경우 그대로 눌려져 있을 수 있다.

그것을 모르고 크레모아를 연결해두면 미세한 충격에도 용수철이 튀면서 전기가 발생, 뇌관을 점화시켜 크레모아가 터져버린다. 각별히 조심하고 철저히 확인해야 한다.

사격통제
누르고 던지고 당기고(크레모아, 수류탄, 소총)의
사격순은 잘못이다

매복 간 모든 사격은 철저히 통제되어야 한다. 적을 살상지대 안으로 완전히 유인하고 나면 먼저 크레모아를 터뜨려야 한다. 매복전투는 크레모아 사격에 의해서 결판난다. 실제로 땅에 엎드려서 정확히 조준하여 살상지대를 제압하고, 실탄이 상호 교차되도록 매설해야 한다.

호 안에 여러 개의 격발기가 있더라도 각 격발기에 연결된 크레모아의 매설 위치와 방향 및 살상반경을 정확하게 숙지해야 한다. 이를 숙지하지 못하면 적은 좌측에서 접근하는데 우측 크레모아를 터뜨리는 과오를 범한다든가 적을 코앞까지 유도해놓고도 못 잡는 경우가 발생한다.

살상지대 내에 적이 많으면 격발기의 안전장치를 풀고서 한군데로 모아놓고는 오른 팔뚝으로 한꺼번에 눌러서 여러 발을 동시에 터뜨린다.

각 매복지점의 중앙에 소대장이나 선임하사가 위치해 있다가 크레모아 격발 시기를 판단해서 좌우 인접조에 신호를 보내고 동시에 터뜨려야 한다.

적이 한두 명일 경우이거나 소수 인원일 때 크레모아를 전부 터뜨리면 안 된다. 만약 뒤따라오는 적의 대병력이 있는 경우 크게 위험하므로 조심해야 한다. 반드시 정확하게 크레모아를 골라서 터뜨려야 한다.

크레모아의 폭발 시기에 단 1, 2초의 차이가 있어도 나중에 터지는 크레모아는 적을 살상하지 못한다. 적들이 엎드리거나 뛰어 달아나기 때문이다.

크레모아는 팔뚝으로 누르면 동시에 6발 정도는 터뜨릴 수 있다.

10여 명이 3 내지 4개조로 근무할 경우 한 번에 20발 정도가 동시에 터지게 된다. 대단한 화력이다. 사람이 공중으로 2미터 정도 붕 떴다가 떨어진다. 살상지대 안의 적은 아무리 많아도 다 쓰러진다. 크레모아를 터뜨려 적을 살상하게 되면 반드시 확인사살을 해야 한다. 그러지 않으면 생존한 적이 수류탄을 집어 던지는 경우가 있기 때문이다.

크레모아 폭발 시간을 일치시키는 요령은 간단하다. 소대장이나 선임하사의 호는 매복지점의 중앙에 위치하고, 호 내에서는 지휘자가 중앙에 위치하고 좌우에 무전병과 전령을 대동하여 함께 근무하면서 인접 근무자에게 크레모아를 터뜨리라는 신호를 보내도록 옆 사람의 옆구리를 쿡 치고 나서 격발기를 누르면 인접조의 폭발 순간과 시간이 거의 일치한다. 신호를 보내기 위한 신호줄은 통상 가는 나일론 끈을 사용하고 주로 발목에다 매면 적절하다. 좌우 인접조와 의사소통 신호는 세 가지만 하면 된다.

이상유무와 졸지 않고 근무 잘하라는 신호는 한 번을 당기고, 적이 접근한다는 신호는 짧게 두 번씩 세 번 정도 계속 당기고, 적을 살상지대 내로 유인한 다음 크레모아 사격명령을 내릴 때는 한 번만 짧게 '탁' 당겨주면 격발기를 누르도록 사전에 신호규정이 숙지되어야 한다.

적의 후속제대가 매복지점을 덮친다거나, 박격포 사격을 당하지 않기 위해서는 사전에 준비한 화집점을 참고로 하여 곡사화기 사격을 유도할 줄 알아야 한다.

크레모아가 터지면 적들은 전력을 다해 달아난다. 적이 달아난 후 수류
탄을 던져봤자 수류탄이 땅에 떨어져 바로 터지지 않는다. 수류탄을 집어
서 안전핀을 뽑고 던져서 터지는 시간까지는 아무리 빨라도 10초 내지 15
초는 걸린다.

이 시간에 육상선수 같으면 100미터는 뛰어간다. 크레모아 폭발 때 쓰
러지지 않은 적이 뛰기 시작하면 수류탄이 터질 때까지 수류탄 살상반경
을 완전히 벗어나게 된다.

매복전투 시 크레모아, 수류탄, M16 소총순으로 사격을 해야 한다는 교
범상의 교리는 잘못된 것이다.

이러한 것을 감안할 때 소총사격과 수류탄 투척을 반씩 나누어서 하는
것이 좋다. 수류탄 투척은 적이 사격으로 제압할 수 없는 푹 파인 골이나
절벽 밑으로 뛰어내렸을 때 사용하는 것이 좋다. 소총사격은 최초 다량 사
격이 효과적이다. 소총이 위로 튀어 상탄이 나는 것을 방지하기 위해서 총
덮개를 위에서 누르고 쏘는 것이 좋다. 그러나 완전히 거총을 하고 쏘면
총구 섬광으로 인해 순간적으로 앞이 전혀 보이지 않는다.

어깨홈에 개머리판을 고정시키고 조준구로 조준하지 말고 고개를 들고
야간지향사격 자세를 취해 사격해야 한다. 탄약은 최대한 아껴야 한다. 살
상지대 내의 적을 제압했다고 판단되면 즉시 사격을 중지시켜야 한다.

매복전투는 대부분 크레모아 사격으로 적을 제압하고 그것으로 작전은
판가름 난다. 죽을 녀석은 죽고 살 녀석은 산다.

소총사격이란 크레모아에도 맞지 않은 적이라든지 도망가는 적을 사살
하는 데에 그리고 매복전투를 마무리하는 단계에서 완전제압을 위한 사
격이다. 따라서 최초 제압사격은 다량의 연발사격을 하게 되는데 보통 한

탄창, 많아야 두 탄창 정도면 충분하다.

시간상으로 10초 내지 15초면 매복전투는 끝난다. 이후에는 확인사살을 제외하고는 총을 쏠 필요가 없다. 왜냐하면 15초 정도 지나면 총에 맞지 않은 적은 이미 매복지역을 이탈하기 때문에 사격할 필요가 전혀 없다.

적이 보이지 않는데 겁이 난다거나 의심스럽다 하여 소총을 마구 난사해서는 절대 안 된다.

전장조명
중복된 조명을 하지 마라
교전 중 조명이 끊어지면 혼란이 온다

크레모아 사격이 끝나면 소대장은 즉시 수타식조명탄을 띄우고 무전기를 개방하여 간단한 상황보고와 동시에 곡사화기 조명을 요청하여야 한다.

전장조명은 크레모아 사격과 동시에 수타식조명탄을 쏴 올리거나 조명지뢰를 호 안에 가지고 있다가 적이 출현한 지역으로 집어던져 터뜨려야 한다.

상황이 종료되기 전에 조명이 끊어지면 혼란이 온다. 수타식조명이나 곡사화기 조명이나 밝기는 마찬가지이며 한 발이 공중에 떠 있든 여러 발이 동시에 떠 있든 밝기는 똑같다. 따라서 수타식조명은 철저히 통제하고 조절해야 한다.

조명지뢰는 매복조가 선정한 살상지대 내 또는 살상지대의 적 접근로 상에 설치해서는 안 된다. 살상지대 밖이나 전혀 싸울 준비가 되어 있지 않은 측후방에서 접근하는 적을 조기에 경고하기 위해서만 조명지뢰를 설치해야 한다. 측후방에는 조명지뢰 폭발 시 사격할 수 있도록 소수의 크레모아도 병행해서 설치해야 한다.

그러나 상급부대의 일부로 큰 작전에 참가하여 적을 포위했을 경우, 포위부대는 적이 접근할 것으로 예상되는 접근로상에 크레모아의 살상반경을 고려하여 조명지뢰를 설치해야 한다.

조명지뢰와 크레모아의 매설 위치를 확실하게 기억한 다음 조명지뢰가 터지면 크레모아를 선별하여 사격함으로써 해당 지역의 적을 정확히 섬멸해야 한다.

조명은 많은 착각을 일으킬 수 있으므로 반드시 조심해야 할 사항이 있다. 계곡 또는 물이 흐르는 곳에 조명지뢰를 설치하였다가 밤에 폭풍우가 쏟아져 물이 불어나면 조명지뢰가 폭발하기도 한다.

조명지뢰를 부착한 지주가 물에 떠내려가면 여러 곳에 그림자가 생기면서 마치 사람이 움직이는 것같이 보이기 때문에 오인사격을 남발하는 경우가 발생한다.

특히 조명지뢰에서는 많은 연기가 발생하여 연기의 흐름이 조명에 비칠 때 사람이 움직이는 것처럼 보일 수 있다.

항공 조명이나 곡사화기 조명 역시 공중에 고정되어 있는 것이 아니라 바람 따라 흐르다 보니 나무나 바위의 그림자가 사람이 움직이는 것처럼 보인다. 공중에 여러 발의 조명탄이 떠 있을 때 더더욱 혼돈과 착각을 유발하기 쉽다.

화력지원

소대 규모 이상의 병력이 장거리 장기매복을 나갈 경우, 특히 포병화기 사거리 밖으로 매복작전을 나갈 때는 60밀리 박격포와 탄약을 휴대하고 나가야 한다.

박격포반의 위치는 매복지점을 감제관측할 수 있는 주변의 고지에 위치시켜 적의 접근을 조기에 경고할 수 있도록 하고 적과 접적 시는 위에서 내려다보고 직접 사격을 할 수 있도록 준비하는 것이 효과적이다.

야간사격을 위해 주간에 각종 제원을 산출해놓고 우군 지역에 사격이 되지 않도록 포상에 사격금지선을 알리는 나뭇가지 등을 박아 놓아야 한다.

지원화력 문제도 잘 판단해보아야 한다. 포병화력의 경우, 매복지점에서 500~600미터 이상 이격된 표적에 대해서는 사격이 용이하나 그 이내의 표적에 대해서는 아군포에 희생당할 우려가 있어 화력지원이 어렵다.

야간 매복의 경우, 완전한 개활지가 아닌 이상 500미터 정도 밖에서 움직이는 사항은 절대로 관측되지 않고 소리도 들리지 않는다.

또한 적들이 매복진지에 덤벼들 때는 이미 야음을 이용하여 최소한 50미터 내지 100미터 앞까지 접근한 후이며, 매복진지가 사격으로 노출된 것을 보고 일제히 달려들기 때문에 포병화력의 직접지원은 매우 어렵다. 다만 진내사격 개념으로 지원을 받을 때만 가능한데, 이때는 포탄의 신관을 공중폭발이 가능한 신관으로 선택하여 사격하는 것이 효과적이다.

미리 파놓은 호를 옆으로 파고 들어가 유개화될 수 있도록 신속히 조치하여 아군포에 의한 피해를 방지해야 한다.

따라서 매복조가 공격한 적의 이동제대 후미에 상당한 병력이 있다고 판단되면, 즉시 500~600미터 정도 이격된 접근로상이나 의심나는 곳에 포병화력을 유도해 미리 사격하는 것이 좋다.

반면에 보병부대가 보유하고 있는 81밀리나 60밀리 박격포는 위급 시 100미터 근처의 지근거리까지 포탄유도가 가능하다. 60밀리 박격포로 700미터 사거리 정도를 사격할 경우, 최초포탄이 포구를 나가 목적지에 떨어져 폭발할 때까지 20여 발의 포탄이 날아가면서 공중에 떠 있게 사격할 수 있다. 수십 명이 수류탄을 던진 것처럼 포탄이 계속 작렬한다. 적의 행동이 정확히 포착되기만 하면 소위 탄막사격으로 적을 격멸할 수 있다.

81밀리 박격포는 60밀리 박격포만큼 사격속도가 빠르지 못하지만 근접 전투 시 아주 효과적이다.

이와 같이 박격포 지원이 용이하고 충분히 숙달되어 있을 때는 적이 덤벼들더라도 충분히 격멸할 수 있으니 한번 싸워볼 만하다.

이런 식의 전투를 하기 위해서는 평소 사수요원들이 야간에 박격포의 수평(水平)과 고저(高低)를 유지하는 수포눈금 조작에 숙달되어 있어야 한다.

이때 유념해야 할 사항은 박격포로 단시간에 다량의 사격을 할 때, 포열이 과열되어 포탄에 달린 장약이 공이가 뇌관을 때리기 전에 불붙는 일이 없도록 확인하면서 사격해야 한다.

만약 적이 달려들면?
교전이냐? 이탈이냐? 재치 있게 신속히 판단하라

매복 시 적의 첨병을 통과시키고 나면 후속해서 오는 본대의 후속장경이 얼마나 되는지 알 수가 없다.

따라서 이동제대의 선두 무리를 타격하는 경우가 생기고 이런 경우 후속해 오던 적 이동병력의 본대가 매복병력을 유린하기 위하여 전투력을 집중해서 달려드는 경우도 발생한다. 선두가 강타당하면 대부분 우회하거나 도망을 가지 조직적으로 덤벼드는 경우는 드물다.

그러나 공격할 때는 제파식으로 병력을 투입시킨다. 예를 들면 제1제파에는 2, 3명으로 접근시켜 아군의 사격을 유도하여 위치확인을 하고 탄약을 소모시키고, 제2 또는 제3제파에는 본대가 전투력을 집중하여 달려드는 경우가 있다. 그 외에도 소수의 척후병이 수류탄 투척거리 밖에서 돌을 던지거나 이상한 소리를 내서 사격을 유도하는 경우도 있다.

겁을 낸다거나 보이지 않는 적을 함부로 사격해서는 안 된다. 적에게 말려들거나 위치를 노출시키고 탄약만 소모하게 된다. 선두가 강타당하면 후속제대는 즉시 달려들지 못하고 전열을 정비하고 다시 준비한 후 공격하게 되며, 앞에서 쓰러진 그들 전우의 시체를 유기한 채로 즉시 도주하지는 않는다.

따라서 선두제대 타격 후 후속제대의 낌새가 보이면 즉시 주변과 의심나는 곳에 포병 및 곡사화기를 유도하여 사격해야 하고 폭발한 크레모아 자리에는 예비 크레모아를 설치하여 차후 작전에 대비해야 한다.

멀리 설치할 수 있는 여건이 되지 못할 때는 호에서 몇 미터 앞에라도 설치해야 한다.

적과 싸울 것이냐? 이탈할 것이냐? 재치 있게 판단해야 한다. 보유하고 있는 탄약과 호 준비 및 지원화력의 유무에 따라 다르리라고 생각한다.

가까이서 지원해줄 박격포도 없는데, 증원될 병력은 멀리 위치해 있고, 포병의 지원이나 진내사격 준비도 되어 있지 않고, 실탄이 소모된 상태에 있다면 즉시 이탈하는 것이 좋다. 무모한 전투는 다음 작전을 위해 피해야 한다. 우물쭈물하다가는 다 죽는다. 영리하게 판단하여 대비하고 조치해야 한다.

적이 전열을 정비하여 매복지점으로 달려드는 경우, 크레모아와 수류탄 투척거리까지 적을 바짝 유인하여 단시간에 다량의 화력을 집중시켜야 한다.

적이 잠시 혼란한 틈을 이용하여 신속하게 그 지역을 이탈해야 한다. 이탈 시는 푹 파인 하천이나 골짜기 또는 작은 능선을 넘어버림으로써 적의 직사화기를 피할 수 있다. 이탈 후 접적을 단절하고 완전히 이탈하는 경우도 있겠지만, 우군 화력을 유도할 수 있을 때는 주변의 고지로 자리를 옮겨서 곡사화기 사격을 유도해야 한다. 탄약이 충분하고 지원화력의 능력이 있을 때는 이탈하지 말고 싸워야 한다.

포로 획득

매복 목적이 포로 획득인 경우에는 주변의 높은 지역에 관측소를 운용해야 한다. 주간에는 적의 접근을 조기 경고하면서 권총을 찬 사람을 식별하여 매복조에 통보해주어야 한다.

또한 매복조는 크레모아를 먼저 사용해서는 안 된다. 이런 경우에는 처음부터 크레모아를 설치하지 않는 것이 좋다. 적이 접근 시에는 소총으로 엉덩이 아래 부분을 쏘아서 쓰러뜨려야 한다. 반드시 권총을 찬 사람을 골라서 사격해야만 장교를 잡을 수 있다. 야간에는 소총에 야간조준경을 달고, 영점을 잡아서 저격이 가능토록 해야 한다.

매복 환상과 착각

: : 환상과 공포증
죽음과 부상에 대한 공포를 느끼지 않는 사람은 없다

다음은 한밤중에 발생하는 환상과 공포에 대한 처리 문제다. 고요하고 적막한 밤, 산새가 슬피 울어대고 음산한 바람이 나뭇가지 사이로 휘익 불어오면, 적진 깊숙이 들어와 있는 매복조 대원에게 예외 없이 찾아오는 것이 무서움과 공포다.

전쟁터에서 죽음과 부상에 대한 공포를 느끼지 않는 사람은 단 한 사람도 없다. 공격 때나 주간 행동 시는 잘 나타나지 않지만 방어 시 진지에서 적을 기다릴 때, 특히 적진 깊숙이 침투하여 매복작전 시 무서움은 누구나 느끼기 마련이다. 단지 공포와 무서움의 정도가 적어서 행동으로 나타나지 않을 뿐이다. 이러한 환상과 착각이 나타나는 원인은 죽음과 부상에 대한 불안과 두려움 때문이다.

전투에서 적을 많이 사살하고 나서 피비린내 나는 비참한 현장을 본 신병이 근무를 설 때 적의 주검이나 전우의 주검이 환상이 되어 나타난다.

드라큘라 같은 귀신이 피를 흘리며 너울너울 날아오고, 짝사랑하던 아가씨가 흰 치마를 입은 해골귀신이 되어 눈앞에 나타난다.

이때 옆에서 부스럭 소리가 난다거나 산짐승이 움직이는 발자국 소리가 난다거나, 음산하고 으스스한 바람이 '휘익, 휙' 하며 지나가면 근무를 서던 병사는 머리가 반쯤 돌아버린다. 그러한 상태가 지나치고 정도가 넘으면 소위 심리적 공황(恐惶) 단계까지 도달한다.

이때는 자기 머리를 흔들어도 보고, 때려도 보고, 얼굴과 허벅지를 꼬집어보아야 한다.

그래도 정신이 맑아지지 않을 때는 이미 전쟁공포증을 느끼는 상태로서 인접 전우의 가면한 모습이 죽은 시체로 보이고, 잘려나간 나뭇등걸이 총을 들고 걸어오는 적으로 보이며, 음산한 바람소리는 귀신이 부르는 소리로 들리고, 동물의 발자국 소리는 적이 접근하는 소리나 귀신이 다가오는 소리로 들린다. 마침내 정상적인 판단을 못하고 무서워서 부들부들 떨다가 환상과 착각에 빠지게 된다. 이것이 바로 전쟁공포증세이다.

어떤 병사는 갑자기 벌떡 일어나 총을 난사하거나 크레모아를 터뜨리며 수류탄을 던지기도 한다. 고함을 지르고 식은땀을 흘린다. 심지어 먹은 것을 토하고 헛소리를 지르며 안절부절못한다. 또한 어떤 병사는 총을 난사하면서 허깨비와 환상 속의 적과 귀신을 쏘려고 밖으로 뛰어나간다. 겁에 질리다 못해 자기 발등을 쏴버리는 자해행위를 하는 병사도 생긴다.

: : 예방과 조치
동일한 상황과 환경에서 연습시켜라
적응된 공포는 극복한다
증세가 나타나면 인정사정 봐주지 마라

이러한 증세는 개인에 따라 전혀 다르다. 완벽한 방지는 어렵다. 이를 예방하기 위해서는 매복 시 혼자 근무를 서는 경우 쉽게 나타날 수 있으므로 3명이 한 호에 들어가서 2명은 근무하고 1명은 가면을 취하게 하는 방법이 제일 좋다.

3명 1개조 편성이 곤란한 경우, 최소 2명이 한 호에 같이 들어가 근무하면서 서로 믿고 의지하도록 해야 한다.

피곤하거나 공복이 심할 때, 자기 지휘관이나 부대에 대한 신뢰감이 없고 패배의식이 팽배해 있다면 더욱 위험하다. 매복 출발 전 충분한 교육과 사전 예행연습으로 자신감을 불어넣어 주어야 한다.

반드시 인접 매복조와의 신호줄을 설치하여 그 줄을 발목에 묶고 수시로 이상유무를 확인해야 한다. 신호줄을 잡아당겨 줌으로써 믿음직한 전우가 바로 옆에 있다는 것을 서로에게 인식시켜야 한다.

매복을 인솔한 매복대장이나 장교 및 하사관들은 평소에 병사들이 믿고 신뢰할 수 있도록 위험과 고난을 함께해야 하며 의연하고 의젓한 언행과 태도로 멋있고 믿을 수 있는 모습을 보이는 것이 중요하다.

공포증 환자가 발생했을 때는 방법이 없다. 거칠게 다루고 무기로 위협하고, 그것도 안 되면 정신이 번쩍 들게 발밑에 총을 쏘는 수밖에 없다. 대부분 이 단계에서 제정신으로 돌아온다.

야간에 공포증이 심해지면 나뭇등걸이 마치 총을 든 적처럼 보인다.

　소대장, 중대장 시절 나의 부하 중에 이와 비슷한 공포증을 드러낸 일이
몇 번 있었고, 겁에 질려서 자기 발등을 쏘아버린 자해사건도 한 번 있었
다. 그 외에도 나뭇등걸을 보고, 총을 들고 자기 앞으로 걸어오는 적으로
착각하여 사격을 한다거나 들짐승 즉 들고양이, 족제비, 산돼지, 들쥐 등
야행성 동물이 주변에서 먹이를 찾아 부스럭거릴 때, 음산한 바람이 나뭇
잎을 흔들고 나뭇가지가 부딪치며 소리를 낼 때, 자연적으로 돌이 굴러 떨
어지거나 흙이 무너질 때, 개울가에서 매복 시 물 흐르는 소리가 나고 물
고기가 물 위로 뛸 때, 과일나무 밑으로 열매가 툭툭 떨어지며 부스럭 소
리를 낼 때 그리고 나무가 썩어 인을 발산하여 허연 것이 주변에 보일 때
착각과 환상을 일으키고는 한다.

　이처럼 경험이 없거나 전장감각이 체질화되지 못한 사람은 누구나 긴
장과 두려움으로 정상적인 판단을 못하고 허깨비를 보면서 헤매는 경우
가 왕왕 발생한다.

그러나 사격을 한 병사들도 긴장과 두려움으로 자기 자신이 환상과 착각을 일으켜 사격했다는 사실을 곧 알게 된다. 크게 걱정할 문제는 못되나 실제 매복을 나오기 전에 안전한 곳에서 야간에 실제 매복과 같은 상황을 조성하여 경험을 시키고, 매복지점에 사람을 통과시켜 적과 자연적 현상을 구분할 수 있도록 훈련시키면 곧 치료가 된다.

부러진
나의 소총

　　중대 전초진지인 166고지의 1969년 7월 9일 아침은 맑고 쾌청했다. 내가 중대장이 된 지 꼭 100일이 되는 날 아침이었다.

　어린아이가 이 세상에 태어나 석 달 열흘 죽거나 병들지 않고 건강하게 잘 보내면 부모들이 백일잔치를 베풀어주고 이를 축하해준다. 고지에서 병사들과 시레이션 깡통을 함께 뜯어 먹으면서 우리들끼리 백일을 손가락으로 세어보며 자축했다.

　오전 10시경으로 기억된다. 포대경으로 고지 밑 개활지를 관측하던 포병 관측병이 소스라치게 놀라 나를 불렀다.

　그가 초점을 맞추어놓은 곳을 들여다본 순간 나 역시 놀라지 않을 수 없었다. 완전군장을 한 월맹 정규군이 아군 정찰기에 발각되지 않도록 위장하기 위하여 야자수 나뭇가지들을 어깨에 둘러메고 북쪽의 '캇숀' 계곡에서 우리 중대의 전투 책임지역 내로 일렬로 이동하고 있었다.

우리는 "하나, 둘, 셋……" 세기 시작했다.

나는 적이 지나가는 것을 계속 세면서 대대상황실에 적의 이동상황을 자세히 중계했다. "100, 101, 박격포 짊어진 놈……, 300, 301, 기관총 짊어진 놈……, 400, 권총 찬 장교, 401……."

이후 적들은 관측된 위치에서 약 3킬로미터를 이동하고 나서, 대숲 속으로 숨어버렸는지 전혀 보이지 않았다.

도대체 내 중계를 믿지 않았다. 심지어 연대에서는 상황을 듣고 있다가, 내가 소대장과 교신하는 소대망 무전기로 나를 찾은 뒤 과장된 보고가 아니냐며 오히려 꾸짖기만 했다.

지금까지의 여러 가지 첩보를 종합해보아도 월맹 정규군 400여 명이 그곳에 나타날 리가 없다는 것이었다. 월맹 정규군 400여 명, 1개 대대 규모가 만약 이 지역에 나타나면 앞으로 전투 양상이 달라질 테니 놀랄 만한 일이었다. 정확한 확인을 위해 나를 다그치는 것도 이해할 만했다.

내가 중계했던 내용은 삽시간에 사단사령부까지 발칵 뒤집어놓았고 대대나 연대에서는 우리보다 더 분주했다. 특히 연대본부 옆에 있는 미군의 팬텀전투기 비행장은 더욱더 긴장했다.

그도 그럴 것이 지금까지 적의 상황은 많아야 수십 명 정도 움직이는 것이 고작이었고, 대대 규모의 적이 공용화기를 소지하고 나타난 일은 근래에 한 번도 없었기 때문이다.

똑같은 내용을 묻는 사람이 많아 여러 번 되풀이했다. 날더러 과장된 허위보고를 한다고 다그치니 이건 내 자존심과 명예에 관한 중대한 문제였다. 더구나 적은 우리 중대 책임구역으로 들어와 잠적해버렸기 때문에 다른 중대에 확인할 책임을 넘길 수도 없었다.

대대장님과 연대장님도 내게 직접 전화를 하시어 중계한 내용이 사실이냐고 되물으셨다. 일이 이쯤 되니 적을 잡아 오지 않을 수 없게끔 되었다.

"정 그렇게 못 믿으시면 제가 저놈들을 잡아오겠습니다"라고 말씀드렸다. 내 말을 누구도 믿지 않으니 그럴 수밖에…….

경계, 아무리 강조해도 지나치지 않다

그리하여 나는 중대장 취임 백 일째 되는 날 적을 잡으러 출동하게 되었다. 점심 전에 중대기지로 내려와 출동준비를 서두르고 적을 습격할 계획을 수립하여 대대장님께 보고드렸으나 승낙하지 않으셨다.

"적 1개 대대 500명 가까운 정규군을 1개 중대로 어떻게 습격하느냐?"는 것이었다.

계속 허락받지 못하다가 다섯 번째 건의를 드리고서야 겨우 승낙을 받았다. 불과 네다섯 시간 동안 다섯 번을 졸라댔다. 하도 졸라대니까 전차나 장갑차를 갖고 들어가면 허락하시겠다는 간곡한 말씀이 있었지만 나는 거절했다. 소음으로 기습을 달성할 수 없었기 때문이다.

적은 무거운 짐을 지고 월맹에서 출발하여 호찌민 루트를 따라 산악정글을 거쳐 수십 일을 걸어왔다. 미군의 융단 폭격과 말라리아 같은 풍토병에 시달리면서 그들은 지칠 대로 지쳐 있었다.

그들의 행군이 오늘 오전에 우리 중대 지역까지 오는 것으로 끝났다면 야간행군을 했음이 분명했고, 내일 아침 새벽이 가장 취약한 시간이라고 생각했다. 그러므로 나는 적이 은거해 있을 것으로 예상되는 지점에서 약 1킬로미터 정도 떨어진 곳까지 밤에 이동하여 숨었다가 새벽 4시에 포위권을 형성하면서 적을 습격하기로 결심했다.

습격계획을 보고 받으시던 대대장님께서 "그렇게 싸우고 싶으냐?"고 물으시며 습격작전이 성공하기를 빌어주셨다.

밤 9시에 관측장교를 포함하여 장교 여섯 명, 하사관 및 병 89명이 중대 기지를 나섰다.

다음 날 새벽 2시경, 임무지원 지점에 도착하여 땅이 푹 파인 곳에 숨은 뒤 마지막 점검을 하면서 4시가 되기를 기다렸다. 4시 반, 두 명의 병사를 선발하여 폐허가 된 논을 통과시켜 건너편 숲 속으로 보냈다.

약 30분 후에 개활지 건너에는 적이 없다는 연락이 왔다. 기다리던 시간이 왜 그리 초조하고 지루한지 안절부절못했다.

어디선가 자고 있을 적을 찾기 위해 중대는 횡으로 전개하여 앞으로 나아갔다. 야간이라 말을 함부로 할 수 없었기 때문에 무전기 키를 두 번씩 누르면 적이 있다는 신호로 서로 약속되어 있었다.

좌측에서 전진하던 3소대로부터 적 발견 신호가 왔다.

"칙칙, 칙칙, 칙칙……."

먼동이 트기 시작했다.

우리가 적과 접촉하기 바랐던 바로 그 시간이었다. 이제는 3소대장이 싸우는 것을 기다리는 수밖에 별다른 도리가 없었다. 한참 동안의 침묵이 흘러갔다.

대대장님이 출동하지 말라고 말리실 때 못이기는 척하고 그만둘 것이지 무슨 기발한 재주가 있다고 고집을 부려 여기까지 와서 이처럼 야단법석을 친단 말인가?

앞으로 전개될 전투에 대한 불안감이 엄습해왔고, 고국에 두고 온 아름다운 산하와 부모님 얼굴이 눈앞에 선했다.

"꽝, 꽝, 다르륵 드르륵……."

3소대 지역이었다.

소대가 전진하다가, 분대별로 통로개척을 하기 위해 앞서 가던 첨병이 대나무 숲 속으로 살금살금 기어 들어가 보니, 길게 뻗어 있는 대나무 숲을 이용하여 잠을 자려고 만든 대나무 터널식 숙영지가 나타났다.

대나무 숲을 따라 사람이 드러누울 수 있을 정도의 폭으로 대나무를 잘라내고, 대나무 위쪽의 양끝을 휘어서 가운데 부분을 끈으로 묶어놓으니 대나무 터널이 만들어진 것이다. 터널은 완전히 위장될 수 있었고 적들은 그 속에서 태연히 잠을 자고 있었다.

이 안에 적들이 죽 드러누워 잠을 자는데 워낙 길이가 길어서 3소대가 접적한 지역은 그 터널의 끝부분에 불과했다.

우리가 조금만 더 위쪽으로 전개했더라면 경계병도 제대로 세우지 않고 곯아떨어진 적들을 한 명도 남김없이 섬멸시킬 수 있었을 텐데…….

놀란 적들은 대부분 산 위쪽으로 도망갔고 좌측 3소대에게 일격을 당한 적은 십여 구의 시체를 남겨놓고, 혼비백산하여 도망간다는 것이 마침 중대가 형성해놓은 포위권으로 30여 명이 들어왔다.

우리가 전진하는 개활지 건너편에는 '루시엠(Lusiem)'이란 하천이 흘렀고, 하천을 따라 1소대가 개인거리 30미터 정도를 이격한 채 숨어서 적이 하천 속으로 들어오기를 기다리고 있었다. 1소대가 배치된 하천 쪽은 지대가 낮아서 수색부대가 아무리 소총사격을 해도 안전했기 때문에 포위권을 압축하면서 마음 놓고 사격할 수 있었다.

해는 이미 중천에 떠오르고 있었다. 포위권 내부의 적은 한두 길 정도의 낭떠러지가 있는 하천 쪽으로 사격을 피해 도망갔다.

낮은 위치에서 기다리고 있던 1소대 병력은 하천 속으로 기어 내려오는 적을 정조준하여 내려오는 대로 사살했다.

두 번째 기습사격을 받은 적들은 상당한 사상자를 버려둔 채 숲과 논둑을 따라 도망하다가 1소대 선임하사조가 대기하고 있는 살상지대로 들어가 기습사격을 받았다. 이리 뛰고 저리 뛰고 방향도 못 잡고 지휘자도 없이 개 뛰듯이 뛰어다녔다.

나는 1소대장의 요청에 따라 적이 뛰어 내려오는 소로를 막기 위해 중대의 포병 관측병과 내 전령을 시켜 논둑을 따라 개활지를 건너 소로에서 기다리고 있다가 적이 오면 기습사격을 가하도록 명령했다.

포위권 내의 적은 세 번씩이나 두들겨 맞아 대부분 죽거나 부상당하였고, 덤벼들 생각은 아예 하지도 못한 채 이리저리 뛰어다닐 뿐이었다.

두 명의 부하가 개활지를 건너가서 소로에 도착했거니 하고 있는데, 별안간 "손들어, 손들어, 적이다!" 하고 고함치는 소리가 났다.

얼마 후 총소리가 "따다당……" 하고 나는데 무질서하게 마구 갈겨대는 총소리였다.

아니나 다를까, 두 명의 병사는 소로에 도착하자마자 위에서 내려오는 적과 정면으로 부딪쳤다. 그들은 적과 마주치자 방아쇠를 당겼다. 그러나 실탄이 나가지 않았다. 당황한 나머지 "손들어!" 하고 소리만 버럭 질렀던 것이다.

'손들어' 소리를 월맹군이 알아들을 리도 없었지만, 총을 들이대고 고함을 버럭 지르는 관측병의 위세에 놀라서 들고 있던 총을 한 발도 쏘지 못하고 뒤돌아 달아났다. 중대 관측병은 그때야 정신을 차리고는 자물쇠를 풀고 마구 갈겨댔다.

전장의 행동은 반사적으로 즉각 행동화되도록 숙달되어야지 그렇지 못하면 아무 소용이 없다.

그 병사들은 훈장은 물론 잘하면 전공에 의한 본국 휴가도 갈 수 있었을 텐데 그놈의 자물쇠를 풀지 않고 방아쇠를 당기는 바람에 모든 것을 놓치고 말았다.

나는 밭의 둑 밑에 엎드려 있었다. 별안간 우측의 대나무숲 속에서 관측병에게 놀란 적 십여 명이 뛰어나와 40~50미터 전방의 논둑 뒤를 따라 상체를 구부리고 뛰면서 개활지를 건너가고 있었다.

나와 무전병, 관측장교가 사격을 퍼부었지만 논둑에 가려서 잘 맞지 않았다. 사격지시를 하기 위해 예광탄을 갖고 다녔기 때문에 실탄 날아가는 것이 보이는데도 '땅' 하면 논둑을 넘어가서 박히고, 다시 조준해서 '땅' 하면 논둑에 '꽉' 박히고, 들락날락거리며 뛰는 적의 등을 도무지 맞출 수 없었다.

중대본부와 화기소대 병력 십여 명이 쏴댔는데도 두 녀석만 쓰러졌고 나머지 십 수 명은 논을 건너 대나무숲 속으로 들어가 사라져버렸다.

적이 숨어 들어간 뒤쪽에 있는 소대에서 적을 발견하지 못한 것을 보면 대나무숲에 적이 숨어 있었을 것이므로, 적이 숨은 것을 확실하게 본 화기소대에 수색을 지시했다.

선임하사가 병력을 인솔하여 대나무숲 속을 뒤지기 시작했다. 두 명이 한 조가 되어 3개조가 숲 속으로 들어갔고, 마지막 조로서 선임하사가 들어가려는 순간, 바로 그 숲에 숨어 있던 열두 명의 적으로부터 집중사격을 받아 선임하사는 여덟 발의 적탄을 가슴에 안고 그 자리에서 전사했다.

선임하사가 적탄에 쓰러졌다는 고함을 듣고 대숲에 들어가 있던 병사들과 화기소대의 잔여병력이 뛰어나온 적을 향해 총을 쏘며 달려들었다.

"땅땅 따다당……."

그러고는 적과 아군이 뒤엉켜버렸다.

나와의 거리는 20~30미터 정도, 중대본부 병력과 나도 뛰어가서 달라붙었다.

치고 받고 차고 찌르고, 선임하사를 잃은 화기소대원과 중대본부 인원이 적과 뒤엉켜서 정신없이 광란의 난장판을 벌이고 있었다. 소설책이나 영화에서 보던 백병전이 내 눈앞에서 전개되었던 것이다. 나는 자기 동료들이 두들겨 맞는 것을 멀거니 구경만 하면서 겁에 질려 손들고 서 있는 놈들을 조준사격했다.

"땅, 땅땅땅."

방아쇠를 당기는 대로 그 자리에 푹푹 쓰러졌다.

손들고 투항하는 척하다가 방심하는 눈치가 보이면 쏘고 달아나는 경우를 많이 보았다.

신속하게 무장을 해제시키고 묶어두던가 쏴버려야 한다.

참으로 이상한 일이었다. 적도 무기를 갖고 있었고 착검까지 했는데도 워낙 우리 병사들이 거세고 무섭게 달려드니까 반항 한 번 하지 못하고 총을 든 손으로 얼굴과 머리를 막으면서 일방적으로 두들겨 맞고만 있었다.

총을 들고 벌벌 떨고 있던 녀석들도 동료가 픽픽 쓰러지는데도 총을 쏠 생각은 아예 하지도 못한 채 그냥 몸이 굳어 있었다. 기선을 제압당하고 겁에 질리면 저런 꼴이 되고 마는 모양이었다. 적은 열두 명, 우리 병사도 십여 명 정도뿐이었다.

그러는 사이에 두 녀석이 내 옆으로 뛰어 달아났다. 선임하사를 잃은 화기소대 대원들이 너무 두들겨 패니 매에 못 이겨 비록 독 안에 든 쥐 꼴이

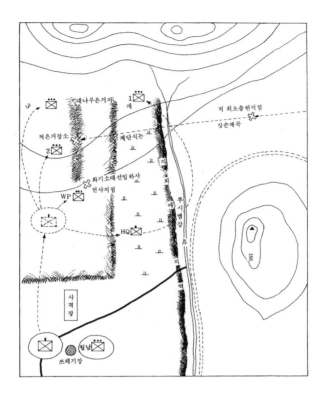

되었지만 맞아 죽을 바에야 기를 쓰고 뛰어 달아난 것이었다.

대충 어깨에 거총을 하고 방아쇠를 당겼으나 '찰칵' 소리만 나고 실탄이
나가지 않았다. 소총에 끼워진 탄창은 이미 실탄이 없는 빈 탄창이었다.

부러진 개머리판

나는 도망가는 두 명의 적을 쫓아갔다. 앞서 뛰는 녀석은 무전병이 쏴서
쓰러뜨렸다. 내가 두 발짝 차이로 적을 쫓아갔으므로 뒤에 오던 무전병이

적을 쏘려니까 내 등이 조준구로 왔다 갔다 하니 방아쇠를 당길 수가 없어 그냥 총을 든 채 내 뒤를 따라 뛰어왔다.

내가 소총에 착검을 했더라면 창을 던지듯이 도망가는 적의 등에다 내리찍으면 끝나는데 안타깝게도 착검이 되어 있지 않았다. 적과 마주치면 착검부터 해야 하는데 이미 늦었다. 탄창을 갈아 끼우려고 뛰어가면서 탄입대 뚜껑을 열어 탄창 한 개를 꺼내려 했으나 잘 빠지지 않았다.

뛰어가는 논바닥에는 물이 조금 고여 있었고, 산 밑의 논이라 계단식으로 되어 있어 아래 논과 위 논의 차이는 1미터 정도 높낮이가 있었다.

20여 미터의 논을 따라 도망가는 적을 뒤쫓으니 적은 아래 논으로 뛰어내렸다. 순간적으로 뛰어내리는 머리통 우측을 겨냥하여 소총을 거꾸로 잡고 개머리판으로 내리쳤다. '야구방망이로 작은 공도 쳤는데 저 큰 머리통을 못 맞추겠나?'

'탁' 하면서 내 M16 소총의 개머리판이 부러져 멜빵 끝에 달랑 매달린 채로 튕겨 나갔다.

맞는 순간 적의 팔다리에 힘이 쭉 빠지고 의식을 잃어 몸의 중심이 흐트러지는 것을 의식할 수 있었다. 적은 뒤통수 우측을 정통으로 맞아 머리에 피를 흘리면서 물이 흥건히 고인 논바닥에 철퍼덕 나가자빠져 버렸다. 대검을 뽑아 벌렁 자빠진 적을 올라타고 좌측 이마와 목 그리고 명치를 있는 힘을 다해 찔렀다. 고통스런 표정으로 칼을 뽑으려고 부르르 몸을 떨며 나를 노려보던 모습을 잊을 수가 없다.

나는 평소 야구를 아주 좋아했다. 방망이를 휘둘러 단단한 공을 맞혀 멀리 날려 보낼 때 느끼는 상쾌한 기분은 언제나 매혹적이었다. 그러다 보니 틈나는 대로 야구를 즐겼고, 지금도 공 맞추는 솜씨는 보통 수준이 넘는다.

뒤따라오던 무전병은 중대장과 적이 함께 논둑 밑으로 뛰어내린 것을

적의 머리를 후려칠 때 부러진 M16 소총을 살펴보시는 대대장님.

보고 혹시 중대장이 잘못되지나 않았나 걱정하면서 곧바로 뛰어와 논바닥에서 벌어진 광경을 보게 되었다. 순간적으로 너무 흥분해서 머리가 돌아버렸는지 이리 뛰고 저리 뛰면서 "우리 중대장님이 이겼다!"라고 소리소리 질렀고 무전기를 들고 마구 울면서 대대에 상황보고를 했다.

"우리 중대장님이 이겼습니다. 우리 중대장님이 이겼습니다⋯⋯."

나는 적의 AK 소총을 들고 계속 싸웠다. 내게 머리를 맞아 죽은 적의 소총에는 착검도 되어 있었고 약실에 실탄이 장전된 채 방아쇠 안전장치도 풀려 있었다. 쫓기다가 돌아서서 방아쇠만 당겼으면 나는 그때 죽었다.

내 생애 최고의 영어, 군사영어 평소에 준비하자

　3소대는 더욱 복잡한 상황에 놓여 있었다. 산으로 도망간 대부분의 적이 전열을 정비해서 3소대에 달려들기 시작했던 것이다.

　적은 산 위쪽에서 집중사격을 하면서 3소대가 배치되어 있는 지역으로 압박해 들어왔다. 안에는 뛰어다니는 적이, 밖에는 산에서 내리쏘면서 압축해오는 적이 있어 그 가운데서 어찌할 바를 모르고 있던 실정이었다. 다행히 근처에 푹 파인 도랑이 있어 그 속에 엎드려 응사하고 있었지만 고개만 들면 적의 사격이 집중되었기 때문에 나오지도 들어가지도 못하고 있었다.

　소대장과 교신해보니 적도 대부분 노출되어 있어서 아군 포사격을 가까이 끌어들인 뒤 적이 혼란한 틈을 이용하여 병력을 위험지역에서 빼내는 방법밖에 없다고 보고해왔다.

　관측장교의 요청으로 최초탄이 날아왔으나 포탄이 너무 이격되어 떨어지므로 아무 소용이 없었다. 아군으로부터 600미터 이내에는 절대 사격을 못한다는 것이었다.

　소대장도 적탄에 맞아 죽으나, 아군 포탄에 맞아 죽으나 죽기는 마찬가지이니 제발 소대가 배치되어 있는 쪽으로 포탄을 끌어들여 달라고 요청해왔다.

　나는 관측장교에게 현재 포탄이 떨어지는 곳에서 소대 쪽으로 500미터 근접시키도록 지시했다. 탄착지점을 500미터 옮기면 현 소대배치선 바로 곁에 포탄이 떨어지는 셈이었다. 그는 책임질 수 없다며 완강히 거절했다.

　나는 그의 무전기를 빼앗아 포병에게 3소대를 그대로 놔두면 적탄에 다죽으니 제발 아군 쪽으로 500미터 당겨서 빨리 쏴달라고 애원했다. 적탄에 맞아 죽는 것보다는 차라리 우군 포탄에 맞아 죽더라도 모험을 할 수밖에 없었다.

제1탄, 백린연막탄이 떨어졌다.

155밀리 포대는 우리와 한 울타리 안에서 늘 함께 생활하였으므로, 그들이 쏴주는 포탄은 중대원의 행동과 사기에 결정적인 영향을 미쳤다. 우리는 그들의 솜씨를 믿었다.

포대에서는 안전을 고려하여 200미터를 수정하여 제2탄을 쏘았고, 제3탄을 다시 수정하여 300미터 근접시켜 쐈다. 거의 병력배치선에서 150~200미터 이격되어 포대효력사로 병력배치선을 따라가면서 포사격을 계속했다.

100~200미터 옆에 포대효력사가 터지니 천지가 찢어져 터져나갈 정도였다. 적도 아직까지 이런 포탄세례를 받아본 경험이 없는 것 같았다.

산 위의 나무 뒤에 숨어서 우리에게 접근하려던 적은 정확하게 보면서 유도하는 아군 포탄 때문에 완전히 노출된 상태였는지라 많은 사상자를 내고 혼비백산하여 산속으로 도주해버렸다.

쌍안경으로 포탄이 터지는 것을 지켜보던 나는 대대에 공격을 건의했으나 일언지하에 거절당했다.

포탄이 작렬하자 나무 뒤에 숨어 있던 적이 뛰어 달아나다 계속 떨어지는 포탄에 쓰러지는 것을 똑똑히 보았기 때문에 곧바로 공격을 개시하면 적의 사상자를 확인할 수 있었는데 현장을 모르는 대대에서는 적의 역습이나 역매복에 걸려들까 걱정되어 절대 못하게 했다.

나더러 욕심 부리면 너도 죽고 부하도 죽게 되므로 그만하면 목적은 충분히 달성했으니 전장정리를 하고 빨리 빠져나오라는 명령이었다. 그도 그럴 것이 월맹군이라는 사실만 확인하면 출동 목적은 충분히 달성한 것이었기 때문이다.

산으로 조금만 올라가면 사상자를 주워 올 수 있었지만 그만두고 마지막 전장정리를 하기로 했다.

좁은 도랑에 푹 박혀 있던 병력들은 아군 포탄이 가까이 쏟아지자 폭음과 함께 튀어 날아오는 파편 때문에 아군 포에 다 죽는 줄 알고 자기 소대장에게 포격을 중지시켜달라고 아우성이었지만, 침착하게 부하를 지휘하여 한 사람의 사상자도 발생하지 않았다.

나중에 안 일이지만 어떤 병사는 포탄이 20~30미터 옆에 떨어져 터진 일도 있었으며 방탄조끼와 철모 전투복 등에 파편을 맞았고, 어떤 병사는 가벼운 찰과상을 입기도 했다. 참으로 다행스러운 일이었다.

155밀리곡사포는 우리가 유도하는 대로 몇 십 미터의 편차도 없이 정확하게 사격해주었다. 그 고마운 지원이 없었으면 아마 수많은 내 부하들이 희생되었을 것이다.

포사격도 끝내고 적에게 몰려 있던 3소대도 빠져나왔다. 병사들은 시체와 전리품을 중대장이 있는 곳에다 모으기 시작했고, 나는 여자 한 명이 포함된 포로 네 명에 대해 간단한 현장 심문을 하고 있었다.

도망간 것으로 판단했던 적이 다시 사격해왔다. 처음보다는 훨씬 조직적인 것 같았다. 높은 지역으로 올라갔다가 중대 전 지역을 관측했는지 중대본부 지역과 다른 소대에도 적탄이 정확하게 날아왔다. 포로가 되거나 포사격에 쓰러진 동료들을 구출하기 위해 우리 병력이 빠져나오자마자 전열을 정비하여 다시 덤벼드는 것이 틀림없었다.

다시 포병을 불러서 총소리 나는 지역에 포사격을 실시했다. 대대상황실에서는 미군의 무장헬기가 곧 도착할 것이니 유도해서 운용하라는 연락이 왔다.

당시 헬기는 대부분 미군 측에서 지원해주었기 때문에 미군 승무원과 한국군 사이에 언어의 장벽으로 인해 임무수행 중 마찰도 생겼고 웃지 못할 일들이 많이 일어났다. 특히 부상자가 발생했을 때 보급용 헬기의 조종사를 총으로 위협해서 사용하는 경우와 작전 시 적의 지상화기가 공격해오면 아무 곳에나 병력을 내려놓고 가려고 해서 마찰이 많이 생기곤 했다.

무장헬기 두 대가 공중에 나타났다. 대대에서 우리 중대 호출부호와 주파수를 알려주면서 중대장이 미군과 의사소통을 할 수 있으니 직접 날아가서 지원하라고 요청해서 왔던 것이다.

지난 번 미군전차가 지원되어 함께 작전을 한 적이 있었는데, 이때 주섬주섬 전차소대장과 몇 마디 주고받은 것을 보고 의사소통이 가능한 것으로 판단한 모양이다. 아는 체도 함부로 하면 이렇게 난처하게 되는가 보다.

사실 무장헬기가 지원 온다는 연락을 받고 무척이나 고민했다. 우리 작전에 지원받는 것은 고사하고, 잘못하면 오폭을 받을 수도 있었고, 무장헬기를 사용하지 못하고 돌려보내면, 중대장이 말 한 마디 못해서 지원차 나온 헬기가 빙빙 돌다가 그대로 돌아갔다고 알려질 것이고 상급부대와 중대원에게 고개를 들지 못하는 창피와 망신을 당할 것이라 더 두려웠다.

나는 중대원이 배치된 선을 따라서 여러 개의 좌표를 따놓고 그 점을 따라 원을 그렸다. 그리고 원을 따라서 중대가 갖고 있는 녹색연막을 분대별로 한 발씩 터뜨렸다.

나를 찾는 조종사에게 내 말을 알아듣거나 말거나 세 번 반복했다.

"You see green smoke, smoke inside my soldier, you no fire. Smoke outside enemy, you fire. Mountain enemy, you fire……."

조종사가 알았다고 주위를 빙빙 돌더니 우리가 포를 쏘던 쪽으로 로켓

발사와 기총소사를 해주었다. 몇 바퀴 돌면서 지원 사격을 하고는 날아가 버렸다.

지금 생각하면 너무 엉터리 같은 영어 솜씨라 부끄럽지만 의사소통은 그런대로 된 것 같아 정말 다행이었다. 공지작전이나 항공기 운용 및 군사 영어 교육은 전혀 받은 일이 없기 때문에 얼마나 당황하고 쩔쩔맸는지 모른다. 당해본 사람이 아니면 그 고충을 이해하지 못한다.

전쟁터에서는 훈장에 대한 욕심을 버려라

포로가 된 적들은 우리 중대원들과 치고 찌르고 하며 싸우다가 잡힐 때 매를 많이 맞았고, 복부를 칼에 찔리는 등 중상을 입기도 했다.

지금 생각해도 기적 같아 불가사의했던 일은 그 혼돈과 혼란의 와중에서도 내 부하들은 한 사람도 다치지 않았다는 사실이다. 적들은 싸울 의지를 완전히 상실한 채 포위망을 뚫고 도주할 생각만 하다 보니 덤벼들지 못하고, 일방적으로 얻어맞기만 했다.

다리에 총상을 입고 드러누워 있는 포로가 나를 찾는다기에 왜 나를 보자는지 호기심이 생겨 포로에게 갔다.

나에게 지휘관이냐고 물으면서, 고개를 끄덕이는 나를 보고는 유창한 영어로 "제네바 협정을 아느냐?"고 물었다. 그의 유창한 영어 실력에 놀라 대답도 제대로 못하고 고개만 끄덕이자, 자기는 장교인데 제네바 협정을 지키도록 중대원에게 명령하라고 요구했다. 그러나 판초우의에 둘둘 말려 있는 선임하사의 시신을 보니 왈칵 참을 수 없는 분노가 치밀었다.

열두 명의 적이 한곳에 몰려 숨어 있다가 선임하사 가슴에 집중사격을 한 것은 바로 저 녀석이 사격명령을 내려 일제사격을 했기 때문이라는 생각이 들자 다 죽여버리고 싶은 충동마저 생겼다.

적들을 죽인다고 죽은 부하가 살아날 리 없었지만, 바로 코앞에서 장렬히 쓰러진 선임하사를 생각할 때 앞에 있는 적들을 그의 영전에 제물로 바치고도 싶었다.

이런 심정을 눈치 챈 상급부대에서는 포로가 꼭 필요하니 반드시 후송하라는 엄명을 내렸다. 앞으로 상급부대작전을 위해 적정을 확인해야 했으므로 가능하면 첩보를 많이 알고 있는 장교가 필요했다.

나는 주절거리는 적의 입에다 정글화 뒤꿈치를 쑤셔 넣고는 몇 바퀴 비틀어버렸다.

산 쪽의 적은 어디로 달아났는지 더 이상 저항은 없었다. 총만 쏘면 머리 위에 포탄이 정확하게 쏟아지고 무장헬기까지 찾아와 쏴대니 이제는 포기한 듯했다. 그러나 직접적인 공격은 받지 않은 데다 포와 항공기에 의해서만 사상자가 발생했으므로 그들을 그대로 놔두고 도망갈 리는 없었다.

분명히 어디엔가 숨어서 우리의 행동을 보고 있음이 틀림없었다. 일단 적과의 접촉이 단절된 이상 신속히 이 지역을 이탈하든지, 아니면 적과 재접촉을 시도하든지 둘 중 하나를 선택하여 행동해야지 여기서 우물우물하다가는 적에게 역습 기회를 제공하기 쉬웠다. 신속히 전장정리를 해야만 했다.

주변 일대에 빈틈없이 경계병을 배치하고 산속의 적으로부터 기습적인 역습을 당하는 것을 방지하기 위하여 의심나는 곳에는 계속 산발적인 포사격을 하면서 적의 시체와 장비를 한곳에 모았다.

포로 4명, 사살 38명 외에 소총과 장비, 문서 등 상당량의 전리품을 노획했다. 그 가운데는 군용 더플백에 월남돈과 달러가 가득 들어 있는 돈 자루도 있었다. 우리에게 얻어맞은 적들이 먹고살 군자금이었다. 현지에서 지역주민을 이용하여 물자를 조달해 먹이고 입혀야 할 적에게는 이 돈 보따리보다 더 소중한 것은 없었다.

이토록 많은 돈을 노획하기란 평생 한두 번 있을까 말까 할 정도로 희귀한 일이었지만, 간수하기도 어렵고 사용 또한 더더욱 어려운 일이었다.

군 규정에는 전부 반납하도록 되어 있었으나 반납하지 않았다. 전부 현장에서 공을 세운 대원들에게 나누어 주었다. 이번에는 너무 많아서 노획하여 온 분대원에게 큰 주먹으로 두 주먹씩 나누어 주었고, 나머지는 중대로 가져와 돈 사용 위원회를 편성하여 그들의 결정에 따라 사용했으나 대부분 부대원의 사기를 고양시키기 위해 사용했다. 어찌나 많았는지 1개 분대 인원에게 두 주먹씩 나누어 주고도 자루를 흔들어 놓으니 역시 한 자루가 그대로 있었다.

전쟁터에서 금기로 되어 있는 것이 여러 가지 있지만, 그중 하나는 상훈과 훈장에 욕심을 부리고 돈을 챙기는 사람은 잘 죽는다는 사실이다.

선임하사! 안녕히……

전사한 선임하사를 후송하기 위한 헬기가 도착했다. 그는 박봉을 저축하면서 욕심 없이 살았으며, 소박하고 평범한 사람이었다. 소대장 공석으로 대신 나왔다가 변을 당했던 것이다.

그의 소대원들은 몇 시간 전까지만 해도 펄펄 뛰던 그를 판초우의에 싸서 헬기에 옮겨 싣게 되자 자기들 대신 죽었다고 울부짖었다. 우리 곁을 떠나는 그에게 거수경례를 하면서 멀리 헬기가 가물가물하게 보일 때까지 보고 있었다.

바로 이때 등 뒤에서 어수선하게 떠드는 소리가 들리기에 돌아보았다. 방금 전까지 선임하사의 마지막 모습을 보면서 울먹이던 병사들이 포로들을 가만 두지 않았다. 누가 말릴 겨를도 없이 순식간에 벌어진 일이었다.

포로가 생기면 반드시 책임자를 임명하여 감시를 철저히 해야 한다. 도주의 우려보다 오히려 무자비한 보복을 예방하기 위해서다.

제네바 협약에 의하면 포로는 누구나 인도적인 대우를 받을 권리가 있으며, 전투지대 내에서는 최소한으로 지체한 후 곧 후방으로 신속히 후송시켜 상급부대 수용소에서 포로생활을 하게끔 하도록 명시되어 있다.

포로, 싸우다가 손을 들거나 숨어 있다가 붙들린 사람들. 아군의 피해가 전혀 없이 잡힌 포로들은 사기가 충천한 대원들에 의해서 대우도 잘 받고 보호받지만, 아군의 피해가 있거나 특히 직속상관의 사망 후 그의 부하에게 붙들린 포로들은 성난 병사들에게 학대받는 경우가 많았다. 더구나 피로 얼룩진 전투에서 응어리 맺힌 부하들의 분노, 선임하사의 죽음에 대한 죄의식과 애절함……

아무리 교육을 시키고, 스스로 지키려고 애를 써도 인간의 감정이 걷잡을 수 없이 격해지면 이성을 상실하여 난폭해지는 전장의 속성을 뛰어넘기 힘들었다. 전장정리를 끝내고 중대원과 철수를 시작했다.

시각은 1969년 7월 10일 12시 30분, 적과 싸우기 시작한 지 7시간 반이 지났다. 수통의 물을 마시니 몇 모금에 다 들어갔고 구역질이 어찌나 나는지 몽땅 토해버렸다.

다음 날 중대기지에는 부사단장님이 직접 오셨으며, 내 목에는 충무무

부러진 나의 소총 211

당시 신문에 실린 기사들(좌는 〈전우신문〉 1969년 7월. 우는 〈한국일보〉 1969년 7월 14일자).

공훈장이 걸렸고, 지난번 수색작전의 전공으로 이미 상신된 화랑무공훈장이 가결되어 가슴에는 화랑무공훈장을 다는 영광을 갖게 되었다. 또한 우리 중대는 소대장, 관측장교 등을 포함하여 많은 부하들이 훈·표창을 받았다.

아무리 훈·표창을 받아도 부하를 잃고 돌아온 지휘관은 비록 전쟁터라 하더라도 그리 떳떳하거나 자랑스럽지 못함은 물론 군대생활 기간은 말할 것도 없고 평생 가슴에 죄책감을 갖고 살 수밖에 없다.

이번 우리 중대의 습격작전은 중대가 단독으로 출동하여 실시한 중대단위 독립작전으로는 처음 있었던 일이며 최초의 야간전투를 했다는 의미 있는 전례를 남겨놓았다. 또한 나는 포로학대죄로 그 책임을 지고 사단 군법회의에 회부되었으며, 최초에는 을지무공훈장과 미국 은성무공훈장, 월남최고훈장이 동시에 상신되었으나 미국 은성훈장과 월남훈장은 취소되었고, 을지무공훈장도 충무무공훈장으로 격하되어버렸다. 대신 군법회의 법정에 서서 재판을 받는 불운만은 면했다.

세월이 지나면서 우리 중대는 새로운 고민거리가 생기기 시작했다. 전투에서 다소 거칠기는 했지만 순박하고 착하기만 했던 내 부하들이 타 부대 사람들에게 함부로 대들어 싸움박질을 하는 등 망나니짓을 많이 했다.

이 모두가 몸서리치는 전투에서 얻은 충격과 고뇌를 잘 소화하지 못한 인간적 갈등이라고 생각되어 안타까웠다. 잔인하고 고약한 중대로 소문이 나서 때때로 득도 있었지만 손해도 많이 보았다.

나는 수기를 한 번도 쓰지 않았다. 수기를 자주 쓰면 죽는다는 미신이 있기 때문에 여러 번 권유를 받았어도 쓰지는 않았다. 이번 작전도 수기를 써주지 않았는데 상급부대 정훈부서에서 수기처럼 만들어 국내 일간지와 잡지에 기사를 작성하여 실리게 하였고, 이 때문에 고향에 계신 부모님이 그 내용을 보시고 밤잠을 못 주무시는 엉뚱한 결과를 가져오게 하기도 했다.

미혼이라는 내용이 기재되어 미혼 여성들의 격려 및 위문편지가 하루에 한 자루씩 쏟아져 들어오는 즐거움도 있었지만…….

며칠 후 주월한국군 사령관님의 부름을 받고 신나게 비행기를 타고 사이공으로 날아갔다. 백병전에서 적의 머리통을 후려쳐 개머리판이 부서져버린 내 M16 소총이 사령부 내에 있는 기념관에 진열된 것을 보기 위해서였다.

태극 및 을지무공훈장을 받은 사람들의 명단과 사진이 걸려 있는 유리 진열장 바닥에 하얀 조약돌이 깔려 있었고, 그 조약돌 위에 내 소총이 깨끗하게 진열되어 나를 기다리고 있다가 반겨주었다. 총 앞에는 우리 중대가 싸운 내용이 요약되어 있었고 "서경석 대위가 적과 싸우다가 백병전에서 부서진 총"이라는 간단한 설명이 깨끗하게 기록되어 있었다.

내가 소총중대장에 부임한 지 꼭 백 일과 백하루째 되는 날 일어난 싸움이었다.

적 게릴라본부
일망타진

당시 적들은 그들의 게릴라 전략대로 약한 곳을 선별해 가면서 공격대상으로 삼았다. 특히 경계가 허술한 지방관청이나 교량, 마을 외곽을 경계하는 월남 지방군이나 민병대, 또는 이동 중인 차량 등이 자주 공격목표가 되었다. 또한 적들은 보급품 조달을 위해서 물품을 수송하는 차량이라면 군용차량이건 민간인 차량이건 가릴 것 없이 무차별한 공격을 자행해왔다.

월남에 진출해 있는 한진자동차가 보급품을 싣고 1번 도로를 따라 이동하던 중 적으로부터 기습을 받아 자동차 여섯 대가 불타고 우리 운전사 및 차량호송 민간인이 적에게 사살당하는 불행한 일이 발생하였다.

이 보고를 받은 사단에서는 이런 불행한 일이 다시는 발생하지 않도록 강력히 응징할 것을 결정하고 적의 근거지를 소탕하기로 결정했다.

우리 연대 2대대가 출동하게 되었지만, 수색지역이 넓은 관계로 연대 내에서 1개 중대를 더 배속받아 작전을 나가도록 지시받았는데, 2대대장님은 우리 중대를 지명하여 배속시켜줄 것을 요청하였다.

우리 대대장님과 2대대장님 두 분이 직접 중대를 방문하시어 우리 중대를 선택한 이유를 설명하시고 선전해줄 것을 굳게 당부하셨다. 우리 중대가 그동안 싸운 전공을 인정하시고 칭찬해주신 두 분께 감사하면서 나와 중대원들은 신바람이 났고, 자랑스럽게 생각했다.

꼭 싸워 이겨서 불행히 전쟁터에서 유명을 달리한 동포들의 한을 풀어주고 성공적인 작전으로 중대의 명예를 빛내며, 다시는 적이 겁이 나서라도 그런 못된 짓을 감히 하지 못하도록 그 지역의 적을 모조리 섬멸해버릴 각오로 작전에 임했다.

중대가 맡은 책임지역은 '퀴논' 반도의 우측으로, 예로부터 이 지역은 염전이 발달되어 있었고 농토가 비옥하여 부농들이 살았던 지역이었다. 집들도 좋았고, 마당도 넓었으며 바다와 접해 있어 경치도 아주 아름다운 곳이었다.

우리는 차에서 내려 지도에 표기된 대로 수색대형으로 전개했다. 그 지역은 적의 출몰이 많아 주민들은 다른 지역으로 이미 소개(疏開)되어 있었고, 지역 일대가 무제한사격구역(Free Fire Zone)으로 지정되어 있었다. 무제한사격구역이란 문자 그대로 살아 움직이는 것은 선별 없이 마음대로 사격할 수 있도록 허락되어 있는 지역이었다.

그런데 묘했던 것은 무제한사격구역은 적이 많아서 위험했음에도 불구하고, 중대장인 나나 병사들은 이런 지역에서의 작전을 더 원하고 있었다는 점이다.

무제한사격구역이 아닌 곳은 민간인과 적이 섞여 있어서 자칫하면 죄 없는 무고한 민간인을 다치거나 죽게 했고, 가축에 피해를 입히기 쉬웠다.

출동 전 계획 보고 장면.

민간인 속에서 적을 선별사격한다는 것은 마을주민도 아닌 우리와 같은
이방인으로서는 참으로 어려운 일이 아닐 수 없었다.

중대가 수색해 들어갈 곳에는 군데군데 독립가옥이 있으면서 야자수가
울창했고 집 주위에는 온통 대나무가 우거져 있었다. 집은 보통 농가였지
만 여기저기 2층집이 산재해 있었으며, 마을 주위에는 염전이 바둑판처럼
보기 좋게 잘 정리되어 있었는데 주민의 모습이라고는 찾아볼 수 없었다.
바다에서부터 물골이 발달된 곳에는 둑이 잘 정리되어 있었고, 부호들
이 살던 곳이라 집집마다 아름다운 월남 도자기들이 무질서하게 널려 있
었다. 유리창은 대부분 깨졌고 집 안에 가재도구도 거의 없이 텅 비어 있
는 폐허의 현장이었으나 주위의 경관만은 보기 드물게 아름다웠다.
나는 염전 옆 2층집에 중대본부를 정해놓고 그 집 지붕 위로 올라가 바
다 쪽 전방을 관측하면서 소대장을 무전기로 불러 작전을 지휘하기도 했
다. 지붕 위에 관측병을 배치해놓은 후, 나는 그 집 마당에 있는 시멘트블

록 더미 위에 걸터앉아서 점심으로 시레이션을 먹고 휴식을 취했다. 주인이 집을 고치기 위해서 쌓아두었으리라고만 생각했지 추호의 의심도 하지 않았다.

수색을 전개한 지 2시간 정도 지나자 이제 마을을 완전히 벗어나게 되었고, 바닷물이 더 들어오지 못하도록 넓적하게 쌓아놓은 제방에 도착했다. 제방 앞쪽은 바다 물골이 여기저기로 이어지고 관목이 우리 키 정도 높이로 자라 있었으며 푹푹 빠지는 갯벌이 드러나 있었다.

이제부터 병사들이 빠지는 한이 있더라도 저 나무 밑의 갯벌 속을 수색해야겠다고 생각하고, 둑 옆에 위치한 2층집 지붕 위에 소대장들을 소집시킨 후 수렁 지역에 대한 수색을 논의했다. 그리고 대대장님께 중간 상황 보고를 드린 후 새로운 작전지시를 하달받았다.

"적이 분명히 중대 지역에 은거해 있다는 정확한 첩보를 갖고 출동했으니, 적이 도주하더라도 그 갯벌 지대에 숨어 있을 것이므로 바닷가까지 계속 정밀수색을 하라."

또한 대대장님은 바닷가에는 사단 수색중대가 미해군 고속정에 탑승하여 차단하고 있으니 해안으로 접근 시 고속정으로부터 오인사격을 받지 않도록 사전에 고속정과 무전기로 잘 협조하라는 당부도 잊지 않으셨다.

소대장들이 해안까지 약 2킬로미터를 수색하는 동안 나는 계속 2층집 지붕 위에서 전방을 관측하며 중대를 지휘하기로 결심하고, 그곳에 마대로 진지를 만들어 관측장교와 함께 자리를 잡았다.

소대장들이 갯벌 속으로 들어가 수색을 시작한 지 얼마 후, 한 놈이 우측 염전 지역에 돌출된 곳으로 뛰어나와서 우리 쪽으로 오고 있었다. 처음엔 무심코 우리 병사가 나오는 것으로 알았으나 총소리도 나지 않고 아무 연락도 없었으므로, 적이 수색병력을 피해 달아나는 것으로 알고 쌍안경으로 관측하였다. 머리가 길고 군화도 신지 않았으며 엑스밴드도 철모도 착용하지 않았고 몸집은 매우 호리호리했다.

얼굴은 확인할 수 없었으나 적이 분명했다. 지붕 위에 엎드린 중대원들이 서로 쏘려고 하는 것을 혹시나 중대원이면 어쩌나 해서 조금 기다렸더니 이놈이 둑 위에 있는 화기소대 병력을 보고는 오던 방향을 바꿔 달아났다.

다른 병사들이 쏘지 못하게 하고 측방에서 뛰는 놈의 허리 앞 한 뼘쯤에다 조준, 허리를 겨냥해서 방아쇠를 당겼다. 그는 염전 둑 밑으로 나가자 빠졌는데 맞아서 쓰러졌는지, 총소리에 놀라서 몸을 숨기고 둑 밑으로 엎드려서 도망갔는지 도무지 알 수가 없었다.

화기소대 병력으로 하여금 그곳에 가서 확인해보라고 지시했다. 얼마 후 확인 나갔던 병력들은 그 자리에 쓰러져 있는 적을 부비트랩 제거기끈으로 질질 끌고 왔다. 내가 쏜 총알이 뛰는 놈 겨드랑이에 명중, 가슴 밑으로 관통되어 즉사하였다.

저명한 지형지물은 피하라

바닷가까지 수색하는 도중 아무 접촉도 없이 싱겁게 주간수색이 끝났고 중대본부가 있는 지역의 둑에 길게 전개하여 야간매복에 들어갔다.

그날 밤 인접 퀴논 지역의 불빛도 있고, 해상에서 서치라이트로 계속 비춰주었기 때문에 야간조준경을 통해 관목지대를 관측하기가 칠흑 같은 어두운 밤보다는 훨씬 용이했다. 이럴 때는 반드시 공제선을 피하고 둑 앞쪽으로 경계병을 배치하고 호를 파야 한다.

밤 12시 전후로 기억한다.

주간에 적 한 명이 빠져나오다 사살당한 염전 둑 후방에서 섬광이 번쩍하면서 "꽝" 하는 소리와 함께 머리 위로 "쉬익, 쌩" 하고 무엇이 날아가는 소리가 나더니 우리 뒤쪽 갯벌에서 "픽" 소리가 났고, 두 번째로 "꽝" 하더니 내가 있는 2층집 우측 아래 갯벌에서 무엇이 철썩하면서 '콱' 박히는 소리가 났다. 그 순간 나는 적이 주간에 노출된 지붕 위에서의 우리 행동을 보고 나를 향해 B-40 척탄통을 쏘고 있구나 하고 판단, 즉시 뛰어내려 둑에 배치된 화기소대 호 안으로 뛰어 들어갔다.

뛰어내릴 때 충격으로 한참이 지나도록 엉덩이의 뻐근한 통증이 가시질 않았다.

둑의 병사들은 즉시 반대편으로 이동하여 엎드린 자세에서 M79 유탄발사기로 적의 척탄통이 발사된 지역으로 집중사격을 가했다. 무질서한 M16 소총사격은 야간에 정확한 위치를 노출시켜 적으로 하여금 직사화기 조준사격을 허용하게 하므로 소총사격은 일절 못하게 했다.

약 300미터 정도 거리에서 분명히 공제선상에 노출된 지붕을 보고 조준사격을 했을 텐데, 한 발은 지붕 위로 지나가 내 뒤에 있는 갯벌에 떨어지고, 또 한 발은 재조준해서 쏘면서 너무 사거리를 줄여서인지 집 앞 갯벌에 떨어졌다. 만약 제3탄이 발사되었다면 집에 명중되어 안에 있던 나와 부하들은 전부 폭사했을지 모른다. 다행히 신속한 M79 유탄발사기 사격으로 적은 제3탄의 사격 시기를 상실한 채 도망가 버렸다.

그 이후 아무리 관측이 중요하다 해도 공제선상에 선명히 투시되는 지역에 다시는 기어 올라가지 않았고, 중대원들에게도 단단히 교육을 시켰다. 혹시 그런 곳에 올라가거나 지나갈 때는 철저히 자기를 은폐하라고 강

조했다.

한편으로 또 아무리 야간이긴 했지만 공제선상에 분명히 노출된 2층집을 불과 몇 백 미터 거리에서도 명중시키지 못한 적들의 사격 실력이 별것 아니라는 생각과 B-40 척탄통은 단단한 곳에 맞아야 폭발하지 갯벌에 떨어지면 터지지 않는다는 사실도 알게 되었다.

낮에 분명히 전방의 갯벌을 수색했음에도 불구하고 적으로부터 사격을 받았다. 적들은 깊고 흐린 물속에 숨어 우리 병력이 지나갈 때까지 대나무 빨대를 이용하여 물속에서 숨을 쉬면서 나무뿌리 밑에 숨어 있었던 모양이다.

내일 재수색 시는 깊은 곳은 전부 수류탄을 던져보고, 부비트랩 제거기를 이용해서 물속을 세밀하게 다시 수색해야겠다고 생각했다.

다음 날 먼동이 트면서 어젯밤 적이 B-40 척탄통을 발사했던 지점을 수색해보니 2, 3명의 적이 사격한 흔적과 M79 유탄 발사기 파편에 맞아 피를 흘린 흔적이 있었다.

어제의 적들이 죽지는 않았으나 틀림없이 부상자가 발생한 것으로 판단하고 주간수색에 큰 기대를 걸었다.

포로의 말만 듣고 섣불리 수색에 나서지 말라
오히려 당하는 수가 있다

날이 훤히 밝고 주간수색을 준비하는 도중, 좌측에 위치한 8중대장으로부터 무전연락이 왔다. 8중대 정면에는 물이 깊어 배를 이용해야 도하할 수 있을 정도로 폭이 100미터가량 되는 물골이 있었는데, 적 한 명이 물골 건너편에 손을 들고 서 있으나 8중대가 강을 건널 수단이 없었으므로 육지로 연결된 지역에 있는 나더러 가서 잡으라는 것이었다.

지금 생각해보면, 전과를 올리거나 적의 포로를 획득하면 제2, 제3의 또 다른 전과를 얻을 수 있고 명예가 걸린 문제이기 때문에, 자기가 올릴 수 있는 전과나 잡을 수 있는 포로를 다른 중대에 양보한다는 것은 극히 보기 드문 일이었다. 지금도 8중대장의 대범함과 군인다운 조치를 높이 평가하고 있다.

8중대장이 가리켜준 곳을 찾아가 보니 과연 아래위로 청색 홑껍데기만 걸쳤으나 허우대는 멀쩡하게 잘생긴 놈이 손을 들고 사시나무처럼 와들와들 떨면서 살려달라는 시늉을 하고 있었다. 겁에도 질렸겠지만, 밤새 저 찬 바닷물 속에서 동료를 잃고 혼자 외톨이가 된 채 공포와 배고픔에 시달리다가 아침에 스스로 모든 것을 포기하고 포로가 되었으니……

포로를 앞세우고 그가 안내하는 대로 총을 찾으러 갔다. 총을 숨겨둔 곳

우리에게 적 게릴라 본부를 안내해준 퀴논 사범학교 영어 선생 최초 심문.

은 어젯밤 포로가 숨어 있던 곳이었다. 사람 키보다 큰 관목이 무성하게 자라 있었고, 일대 전체가 푹푹 빠지는 수렁 비슷한 갯벌인 데다가 나무뿌리가 뒤엉켜 거칠게 물 위로 노출되어 있었다.

전방 관측이 20~30미터로 제한되어 도망가는 적이 은신하기에는 아주 적절한 곳이었다. 만약 이런 곳에 적이 숨어서 집중사격을 하면 꼼짝없이 당할 수밖에 없는 그런 지역이었다.

나는 포로의 눈과 말하는 태도에서 속임수가 있는가 읽어보려고 세심히 관찰했다. 다른 적이 만일 총을 쏘고 덤비면 네놈부터 쏴 죽여버린다는 위협도 주고, 그런 시늉도 하면서 늪 속을 수색해나갔다.

드디어 그가 안내한 지점에서 M16 소총 한 정과 그의 개인 소지품이 든 비닐 보따리를 발견할 수 있었다. 보따리 속에는 영어성경이 들어 있었다. 돌아오는 길에 8중대장에게 고맙다는 무전을 보냈다.

서투른 월남어 통역병이 떠듬거리며 주섬주섬 포로에게 "적이 어디 있느냐? 우리 한진 차량을 기습했느냐? 몇 명이 더 있느냐? 소속부대는 어다냐?"는 등 기본적인 질문을 했으나 별로 신통한 답변이 없었다.

오히려 그는 퀴논 사범학교 영어 선생으로 며칠 전 이곳에 붙들려 왔기 때문에 잘 모른다고 엄살을 떨면서 나더러 유창한 영어로 "Company commander, Captain?(중대장, 대위?)"이냐고 물으면서 제네바 협정을 지켜달라고 애걸하고 있었다.

여하튼 한진자동차를 습격한 일당이 이 지역에 잠적해 있다는 첩보가 사실이라면 이 친구한테서 아주 귀중한 자료를 입수할 수 있을 것으로 판단하고, 즉시 헬기로 날아온 군사 정보부대 요원에게 신병을 인계했다.

얼마 후 아침에 왔던 정보부대원이 그 포로를 헬기로 다시 데리고 와서 "자백에 의하면 이 지역에 적 게릴라 조직의 지하본부가 있으며, 그 적이 바로 우리 한진 차량을 습격했으며 이 포로가 적의 사령부로 안내하기로 했으니 함께 수색하라"는 것이었다.

포로를 소대장 시절부터 여러 번 잡아보았으나 우리는 전문적인 심문 요령도 잘 모르기는 하지만, 전문요원이 심문해서 데리고 오거나 심문한 결과를 토대로 찾아가 보면 헛수고일 경우가 너무나 많았다. 심지어 재수가 없으면 찾아간 곳에 숨어 있던 적에게 오히려 기습을 당하는 위험한 경우도 많이 겪었다. 그것은 대부분의 포로가 우선 살고 보자는 생에 대한 애착심과 공포에 질려 묻는 말에 적당히 대답하기 때문에 빚어진 결과로서 그것을 확인하려는 수색부대만 골탕을 많이 먹었다.

멋진 복수

반신반의하면서 1개 소대병력과 중대본부 그리고 화기소대 일부 병력을 대동한 채 포로를 앞세우고 수색을 시작했다. 처음 안내한 곳은 다 허물어진 1층 독립가옥인데, 어제 주간에 수색한 곳으로서 그 집 마루 밑에 은거지가 파져 있었고 그곳이 그들의 아지트라는 것이었다.

처음에는 직감으로 '또 속았구나' 싶었지만 사주경계를 하며 마루를 뜯어내고 보니 뜻밖에도 그 밑에는 나무판대기를 깔고 그 위에 흙을 뿌려놓아 마치 마루 밑바닥의 먼지 섞인 흙처럼 완벽하게 위장한 아주 널찍하고 안전한 은거지를 발견했다. 분명히 최근까지 사람이 있었던 흔적과 담배를 피운 꽁초가 아주 신선하고 생생하게 남아 있었다. '이놈 말이 사실이구나. 적이 이 일대에 은거해 있는가 보다'라는 심증이 굳어지면서 차츰 긴장감이 엄습해오기 시작했다.

두 번째 지점으로 옮겨갔다.

나는 그 포로를 따라가면서 새삼 놀라지 않을 수 없었다. 어제 중대본부가 수색해 들어간 곳으로 가지 않는가! 더욱 놀란 것은 도착하여 가리키는 곳이 바로 어제 우리가 도착한 후 중대의 일부가 수색하면서 지나간 곳이며 우리가 잠시 정지하여 전방을 확인하던 그 2층집이었다.

바로 그 마당에 1.5m×3m 정도의 시멘트블록 더미가 우리 허리 높이로 네 무더기 쌓여 있었다. 그 블록 더미 속이 바로 적 게릴라본부의 은거지라는 것이었다.

직감으로 폐허가 된 집마당에 아주 양질의, 그것도 최근에 만든 블록 더미가 있다는 것은 의심의 여지가 없었고 이상하다는 육감이 들면서 아찔하지 않을 수 없었다. 왜냐하면 어제 나는 저 블록 더미 위에 걸터앉아 시레이션을 까먹었기 때문이다.

'그럼 내가 어제 저놈들 머리 위에 걸터앉아 아무것도 모르고 한참을 보냈구나'라고 생각하니 등골이 오싹하는 전율을 느꼈다.

요소요소에 경계병력을 배치하고 허물어진 담벼락에 기대앉아 분대장과 부분대장을 불러 블록 더미를 위부터 한 장 한 장 조심해서 벗겨나가도록 지시했다. 네 무더기를 동시에 수색하다가 적이 혹시 그 안에 있다면 지휘혼란을 초래해, 자칫하면 아군끼리의 교차사격이 발생하여 피해를 입을 가능성이 있었으므로 한 무더기씩 걷어보도록 지시했다.

　분대별로 경계할 블록 더미와 사격구역 및 경계병 위치를 지정해주었고 사격 시 아군의 위치를 잘 확인하여 아군끼리의 교전이 생기지 않도록 각별히 주의할 것을 당부했다.

　염전으로 통하는 문 입구에 있는 블록 더미부터 걷기로 했다. 그들은 한 장 한 장 걷으면서 긴장했고, 나 자신도 M16 소총의 자물쇠를 연발 위치로 돌려놓고 옆 창문 밑의 시멘트 바닥에 다리를 쭉 펴고 주저앉았다.

　블록 한 겹을 걷어내고 두 겹째 걷어내던 분대장이 갑자기 소리쳤다.

　"중대장님, 여기 국산 호랑이표 시멘트 포장지로 윗부분이 전부 덮여 있는데요!"

　내가 고개를 들어 바라보니 과연 시멘트 포장지가 보였다. 순간 비가 오면 물이 스미는 것을 방지하기 위해 저것을 깔았구나 싶었고, 금방 그 속에서 적이 튀어나올 것만 같았다.

　나는 소리쳤다.

　"그 안에 적이 틀림없이 들어 있다. 빨리 수류탄을 까서 넣어라!"

　바로 그 순간, 깔려 있는 포장지가 푹 찢어지면서 포장지 위로 시커먼 손이 불쑥 튀어나왔다. 이를 본 나는 무의식중에 소리쳤다.

　"잡아라!"

　내지르는 소리와 거의 동시에 그 자리에 있던 분대장이 수류탄을 잡은 적의 손을 꽉 움켜잡았다. 일순간 두 손이 실랑이를 벌였다. 분대장의 손은 어떻게든지 수류탄을 뺏거나 다시 블록 더미 속으로 밀어 넣으려고 안간힘을 썼고, 불쑥 튀어 올라온 적의 손은 잡혀 있는 수류탄을 밖으로 던지려고 기를 쓰고……. 세상에 이럴 수가!

순간, 나는 벌떡 일어나 어이없어 멍하니 쳐다볼 뿐 달리 어떻게 할 도리가 없었다. 적의 손을 잡은 분대장은 일그러진 얼굴로 옆에 서 있는 부분대장에게 소리쳤다.

"야, 이 자식아! 어떻게 좀 해봐라!"

그 순간 부분대장은 자신의 대검을 뽑아 수류탄을 쥔 적의 손목 안쪽을 향해 대검을 내리꽂았다. 칼에 찔린 적의 손목 근육이 끊어지면서 피 묻은 손목과 함께 수류탄이 블록 더미 속으로 떨어져 들어갔다.

나와 분대장은 "엎드려!"라고 소리쳤고, 분대장은 부분대장과 함께 탱자나무 울타리 너머를 향해 쑤셔 박히듯이 뛰어넘었고, 경계를 하고 있던 병사들도 번개같이 대나무 울타리 둔덕 뒤로 몸을 숨긴 후 각자 블록 더미의 책임지역으로 총구를 지향했다.

눈은 광채가 빛났고, 동작은 민첩했으며, 아차 하는 순간이면 벌집이 될 판이었다. 굴러 들어갔던 수류탄이 빨리 터져야 하는데 그 짧은 몇 초의 시간이 그렇게 지루할 수가 없었다.

나는 피할 수 있는 장소도 없었고 시간적 여유도 없었다. 블록 더미 속에서 벌떡 튀어나와 총으로 갈기면 5미터도 안 되는 거리였기 때문이다.

순간 나도 모르게 내 우측 뒤쪽에 있는 아래층 창문으로 머리부터 쑤셔 박고 박치기를 하면서 몸을 내던졌다. 철모가 덜그럭 소리를 내면서 바닥에 떨어져 옆으로 데구루루 굴렀다.

총을 쥔 채로 바닥을 짚어 우측 손가락이 몹시 아프고 저렸다. 철모가 벗겨져 이마부터 바닥에 그대로 처박혔는데 아프지도 않았다.

땅바닥에 나가떨어지자마자 굴러 떨어진 철모를 다시 뒤집어쓰고 창문 밖으로 총구를 들이대는 순간이었다. 수류탄이 굴러 들어간 블록 담이 와르르 무너지면서 그 속에서 AK 소총을 난사하며 네 놈이 튀어나오는 것이 아닌가!

"쏴라!"

나도 모르게 고함을 버럭 질렀다.

말이 떨어지기도 전에 탱자나무 울타리 뒤에 엎드려 있던 분대장, 부분 대장, 울타리 대숲에 엎드려 있던 병사들로부터 집중사격이 날아갔다.

"땅땅땅! 드드득!"

한 녀석이 블록 담 바로 옆에 벌집이 되어 쓰러졌고, 실탄이 신체에 맞을 때마다 "픽! 픽! 픽!" 살 터지는 소리가 났다.

또 한 녀석은 집 앞 문 쪽 입구에 쓰러졌고, 그 총알 세례의 와중에서도 정통으로 맞지 않고 염전 속으로 뛰어든 두 녀석은 물이 무릎까지 올라오고 염전 바닥이 푹푹 빠져 몇 발짝 뛰어보지도 못하고 등에 실탄을 맞고 물에 떠버렸다.

이런 일련의 일들이 눈 깜짝할 몇 초 사이에 일어났지만 말로, 글로 표현하려니까 너무나 길다.

그 사이에 굴러 떨어진 수류탄이 터졌다.

"꽝."

흙이 튀어나왔다. 시멘트 포장지도 수류탄 터지는 폭풍에 의해 갈기갈기 찢겨나갔고, 블록 더미는 박살이 난 채 흙가루가 우수수 소리를 내면서 쏟아졌다. 다행히 수류탄 파편은 블록이 막아주었다.

그것만으로 끝난 것이 아니었다. 남아 있던 블록 더미가 한꺼번에 와르르 무너지더니 그 속에서 무어라고 소리를 꽥꽥 지르면서 AK 소총을 든 적이 튀어나오지 않는가! 블록 더미 속에서 수류탄 터지는 소리를 듣고 튀어나온 적들이었다. 내 눈을 의심했고, 처음에는 총도 못 쐈다.

자그마치 그 집 작은 마당의 한 블록 더미에 세 명 내지 네 명, 총 십여 명이 튀어나와 개 뛰듯이 뛰면서 아무 데나 대고 총을 쏘아댔다. 나도 신속하게 집 안으로 들어와 내 곁에 있는 무전병과 함께 정신없이 쐈다. 도저히 조준할 수가 없었다. 그냥 연발로 적을 향해 갈겨댈 수밖에……

적이 쏜 총알이 유리창을 통과하여 창문 반대편의 내 등 뒤 벽에 "픽픽" 박혀버렸다. 여기저기서 적들이 쓰러졌다. 우리 병사는 제 숨을 자리를 찾아 은폐, 엄폐를 했다. 동작이 어찌나 빠른지 마치 비호같았다.

이런 상황에서는 인간의 능력을 초월하는 것이 예사인가보다. 어디 숨었는지 보이지도 않았다.

다급한 적들은 동료가 쓰러져 있는 염전 물 쪽으로 뛰어갔다. 10여 명이 뛰는 것을 보고 삼면에서 갈겨댔는데도 네 놈만 마당 가운데 쓰러지고, 여섯 놈은 염전으로, 소로로, 집 뒤쪽으로 달아나버렸다.

나는 무전병에게 뒤쪽 창문으로 가서 쏘라고 소리를 질렀다.

무전병이 정신없이 쐈다.

"탕! 탕! 따다다다!"

작은 방 안에는 사격으로 인하여 먼지가 자욱하게 일어났고, 실내사격이라 소리가 너무 커서인지 정신이 없었다. 그저 멍하기만 했다. 무전병이 소리쳤다.

"중대장님! 두 놈 다 쓰러뜨렸습니다."

나는 마당에 쓰러진 네 명의 적 머리를 정확히 조준하여 방아쇠를 당겼다. 확인사살을 위해서였다.

"꽝-퍽, 꽝-퍽, 꽝! 꽝! 퍽! 퍽!"

머리 터지는 소리가 나는데도 아무런 움직임이 없었다.

그저 총을 맞을 때 머리만 덜그럭 덜그럭 튀면서 움직였다. 한편 문 쪽으로 뛰어 달아난 적들은 평상시 낮이나 밤에 잘 돌아다니던 길 쪽으로 뛰어 달아났다.

사람이란 참으로 이상하다. 죽는 줄 알면서도 평상시는 말할 것도 없고 위급한 상황에서도 평소 눈에 익고 잘 다니던 길로만 도망가기 때문이다. 마치 야산의 토끼가 제 다니던 길로만 다니다가 덫에 걸리는 것과 마찬가지 이치였다.

염전 쪽만 개방시켜놓고 소로 같은 길에는 은폐, 엄폐된 각 요소마다 저격병과 경계병을 배치해놓았었다.

달아나던 적은 야자수 뒤에 숨거나 집 모퉁이 등에 숨어 있던 우리 소대원들에게 집중사격을 받아 사살당했고, 그중 세 명이 진로와 퇴로가 차단되자 염전 물속으로 들어가 첨벙대며 뛰어갔다.

그래도 우측 손엔 총을 들고 양팔을 허우적허우적 휘저으면서 뛰어갔으나 모두 사살당했다.

내가 있던 방문 옆 계단 밑에 AK 소총을 쥔 적이 언제 총에 맞았는지 꼬꾸라져 있었다. 그놈도 어지간히 급했던지 내가 있던 방 쪽으로 뛰어오다가 소대장 총에 쓰러졌던 것이다. 이제 죽을 사람은 죽었고 살 사람은 살아 있었다. 전장정리를 해야 할 시간이었다.

시체를 한군데 모아놓고 주변수색조를 임명하여 주위의 대나무 숲과 나무뿌리 밑에도 정밀수색을 하는 한편, 호주머니도 전부 뒤지고, 적이 은거해 있던 블록 더미도 전부 파헤쳐 가며 샅샅이 살펴보았다.

그 속에서 나온 달러와 월남돈이 작은 잡낭으로 한 자루는 되었다. 그런데 우리를 이리로 데려온 포로와 안내원이 어디 갔는지 보이지 않았다. 병사를 시켜 큰 소리로 부르며 찾아보니 집 뒤에서 어슬렁어슬렁 나왔다. 아수라장 속에서 죽는가 싶어 숨어 있다가 기어 나오는 모양이 얄밉기도 했지만 죽지 않고 다시 나타난 것이 고맙고 다행스러웠다.

포로에게 시체를 전부 확인시키면서 신원을 물어보았더니, 이들이 전부 쿼논 지역 게릴라본부 요원으로서 우리 한진 자동차를 기습한 장본인임은 물론 지역사령관, 부사령관, 인민위원회 위원장 및 인사, 정보, 작전, 군수 등 주요 참모들이었다. 출동한 지 이틀 만에 우리 중대가 단독으로 적지역 게릴라본부 전체를 소탕하는 큰 전과를 올렸다.

적을 마당 가운데 두고 얼마 안 되는 집 입구 쪽과 대숲만 제외하고는 거의 사면에서 쏴댔는데도 우리 병사들은 한 명도 다치지 않았다.

나와 무전병은 집 창문을 이용해서 사격했기 때문에 벽이 우리 몸을 보호해주었고, 내가 있던 창에서 맞은편과 우측은 대나무 숲인 울타리인데 그곳은 지형이 조금 높아서 실탄이 둔덕에 박혔기 때문에 안전했던 것 같다.

탱자나무 뒤로 뛰어간 분대장과 부분대장은 최초 전투가 시작될 때는 블록 더미 밑부분이 보호해주었으며, 또한 모든 병사들도 적이 튀어나오기 전에 동료들이 자리 잡은 것을 정확히 보고 그 와중에서도 당황하지 않고 총을 쏘았기 때문에 아무도 다치지 않았다. 특히 탱자나무 울타리 뒤의 분대장과 부분대장의 경우, 첫 블록 더미가 무너질 때는 그곳에서 싸우다가 동작 빠르게 소로 건너편 염전 쪽으로 기어가면서 소대장에게 자기가 그리로 간다고 크게 외쳤으므로 소대장은 물론 다른 중대원들도 그쪽으로 총을 쏘지 않아서 무사했다.

만일 먼저 있던 자리에서 신속히 피하지 않았거나, 이동하면서 소대장을 부르지 않았다면 대나무 숲에 있던 동료들로부터 적으로 오인되어 하마터면 총을 맞을 뻔했는데 정말 잘 판단해서 스스로 조치했기 때문에 화를 면했다.

그 후 대숲 속에 있던 병사에게 물었더니 분대장 목소리도 들었지만, 적은 평상시 철모를 착용하지 않았으므로 철모가 움직이는 것을 보고 아군인 줄 알고 피해서 사격했다는 것이었다. 참으로 영리하고 훌륭한 부하들이었다.

준비된 호 안의 나는 완전히 보호받고 있다
겁내지 마라

내가 처음 뛰어들어 정신없이 총을 쏘아댔던 방 안의 벽을 보니 아찔하게도 적의 AK 실탄이 납작하게 우그러져서 내가 앉아 있던 바로 그 자리의 벽과 창문틀 주위에 박혀 있었다.

병력을 배치하고 이것저것 지시하는 내 목소리를 들은 적이 블록 더미 안에서 튀어나오면서 나를 표적으로 삼아 집중사격을 퍼부었고, 창문을 의지해서 사격할 때도 나와 무전병을 향해 적들은 AK 소총을 갈겨댔다.

창문에서 눈만 내놓고 쏘니까 머리 부분은 철모가 보호하고, 눈, 코 아랫부분은 두꺼운 벽면에 보호받았으므로, 당황해서 도망가기에 급급한 적들이 적당히 지향해서 쏴대는 총으로 내 눈 부위를 맞춘다는 것은 참으로 어려웠을 것이다.

호를 파고 싸울 때에도 마찬가지였다.

호 앞에서는 반드시 거총한 양팔과 어깨 부위를 보호받을 수 있도록 30센티미터 정도 두께의 두꺼운 사대를 준비해야 한다. 소총 직격탄과 근거리에서 폭발하는 수류탄 파편을 막기 위해서이다.

수류탄 처치구도 마찬가지이다.

야간 근접전투 시 수류탄이 언제 호 안으로 날아와 떨어질지 모른다. 그래서 수류탄 처치구는 교범에 명시된 요령을 개선해서 호 안에 자루가 긴 방망이 수류탄이 떨어지든, 작든 크든 어떤 종류의 수류탄이 떨어지든 발로 옆으로 툭 차기만 하면 굴러들어갈 수 있도록 호 밑바닥을 돌아가면서 넓적하고 깊게 파주어야 한다. 이렇게 정성들여 준비한 호에서 거총을 하면 나의 신체 중 피탄 면적은 눈 주위뿐, 몸은 완벽하게 보호받는다.

이처럼 아무리 완벽하게 준비해도 막상 적이 자신을 향해 총을 쏘면 실탄이 주변에 박히거나, '피융' 소리를 내면서 머리 위로 지나가기 때문에 저것 맞으면 죽는다는 생각에 누구나 당황하고 떨게 된다.

완전히 노출된 적이 앞에 나타나도 정확한 조준사격을 못하게 되는 경우가 허다하므로, 평시 훈련 때 호를 잘 파고, 떨지 말고 침착하게 급작사격을 하지 않도록 사격 요령과 대담성을 키워나가야 한다.

살아남은 자의 배신

포로를 시켜서 죽은 자들의 신원확인을 끝내고 야자수 아래 쭈그리고 앉아 있는 포로에게로 갔다. 그놈 얼굴을 바라보았다.

나도 그놈 곁에 털썩 주저앉아 그의 어깨를 툭툭 쳤다. 나를 쳐다보고 절을 했다. 얼굴은 일그러져서 겁을 잔뜩 먹었고, 어제까지의 동료들이 다 죽어버린 것을 보고 괴로워하면서도 안도의 한숨을 쉬는 것 같기도 했다.

내게는 아주 귀중한 손님이었지만, 이놈의 배신으로 자기의 동료 전우들이 전부 죽어버렸으니 천하에 이렇게 의리 없는 놈이 있나 하는 생각도 들어 구역질이 나고 그대로 쏴서 같이 죽여버릴까 하는 충동도 생겼다.

함께 작전하다가 적탄인지 아군의 오인인지 모르지만 죽어버렸다고 하면 이 판에 나를 어찌하겠나! 이렇게까지 생각이 미치기도 했으나 참았다.

전투가 벌어지기도 전에 자기 스스로 겁에 질려 손들고 나온 놈, 얼마든지 도망갈 수도 있었고 더 버틸 수도 있었고 악착같이 싸울 수도 있었는데, 미리 전부 포기했구나 생각하니 비록 적이지만 인간적으로 아주 강한 배신감을 느꼈다. 그래서 그 포로에게 영어 반, 월남어 반으로 "다시 이런 일이 있을 때는 손들고 나오는 짓하지 말고 목숨 걸고 동료와의 의리를 지켜라"고 준엄하게 꾸짖었다. 알아들었는지 고개를 끄덕끄덕했다.

그는 안내해왔던 장교와 함께 돌아갔다. 아마 포로수용소로 갔을 것이고, 지금쯤은 다시 사범학교에 가서 유공자 대접을 받으면서 선생 노릇을 하고 있을지도 모른다.

그때의 배신을 증명해줄 사람들은 모두 다 죽어버렸으니까…….

나는 많은 포로를 잡아보았다. 여자가 연약하지만 공통적으로 입이 무겁고 정신력과 참을성이 남자보다 월등히 강했다.

모성애가 동료들에게도 적용되나 보다. 대부분의 남자들은 여자의 독함을 따르지 못했다.

지식 수준이 높고 외형적으로 비교적 잘생긴 사람일수록 의지력이 약했다. 대체로 그런 녀석들은 몇 대 얻어맞거나 총을 쏘면서 위협하면 죽을 걱정을 해서인지 묻지 않는 내용까지 줄줄 불어댔다.

전리품을 탐내지 말고 부하에게 나누어 주어라

전장정리를 끝내고 상황을 종합해서 대대장님께 무선보고를 했다.

처음 출동할 때 중대원과 약속한 것들이 모두 성취된 것이다. 대대장님과의 약속사항도 이행했고, 순직했던 한진자동차의 우리 동포들 원한도 통쾌하게 갚아주었다.

포로를 내게 인계해준 8중대장에게도 멋진 보답을 했다. 우리 중대는 사기가 더욱 새롭게 치솟았고 중대 명예도 널리널리 퍼져나갔다.

중대전투 지역에 찾아오신 분들이 전부 떠나신 후, 배낭 속에 넣어두었던 돈 보따리를 꺼내놓았다.

중대원들에게 "여러분 스스로 양심에 따라 전공 순서대로 정렬하라"고 지시했다. 어안이 벙벙해진 병사들이 수군수군하더니 줄을 서기 시작했다. 맨 앞에 수류탄을 쥔 적의 손목을 대검으로 찌른 부분대장, 그다음이 시멘트 포장지 위로 푹 튀어나온 적의 손을 꽉 움켜잡은 분대장, 다음으로 중대장 곁을 떠나지 않고 잽싸게 방 안으로 찾아 들어와 죽음을 무릅쓰고 내 곁에서 나를 지켜준 무전병, 대숲에서, 길모퉁이에서 사격한 병사들도 줄을 섰다.

돈 자루를 꺼내 손을 넣어 휘휘 저어 달러와 월남지폐, 고액권과 저액권을 섞어서 분대장과 부분대장, 무전병, 이 세 사람에게는 세지 않고 두 주먹씩, 그리고 기타 병사에게는 한 주먹씩 전부 나누어 주었다. 돈을 세서 주면 뒷말이 생기기 때문에 그다음에도 돈을 노획하면 꼭 이런 식으로 현장에서 나누어 주었다.

바로 그날, 우리 대대장님 이취임식이 10시인가 11시에 있었고, 그 시간에 나는 적들과 사투를 하고 있었다. 가시는 분, 오시는 분에게 오래도록 인상에 남을 선물을 드린 셈이었다.

마이 여인

　　나는 1965년에 육군 소위로 임관하여 지금까지 25년 넘게 군생활을 하면서 여러 가지 형태의 임무를 수행해보았지만 그중에서도 가장 어렵고 힘들었다고 기억되는 임무는 눈 뜨고 멀쩡하게 살아 있는 적을 생포해 오는 일이었다.

　　1969년 10월경이다.

　　내가 소속되어 있던 맹호사단에서는 월남군 작전지역과 접해 있는 북쪽 산악지대에 많은 적이 활동하고 있어서, 연대 또는 사단 규모의 작전을 실시하기 위해서는 첩보의 신빙성부터 확인해야 했다.

　　작전에 투입될 부대 규모를 결정하고, 작전지역을 선정하기 위해서는 그 지역에 대한 적정과 지형을 판단할 수 있는 신빙성 있는 첩보수집이 요구되었다. 이를 위해서는 특히 계급이 높은 포로가 필요했다. 바로 이 첩보수집과 포로획득 임무가 우리 중대에 하달되었다.

원래 우리 중대가 위치한 지역은 주월 한국군 중에서도 가장 북쪽이었으며, 루시엠 강을 전투지경선으로 하여 월남 정규군과 인접해 있었다.

원래 부대와 부대 간 전투지경선 근처는 상급부대 지휘관의 입장에서 보면 거리가 멀뿐더러 관심도 적게 가기 때문에 대부분 많은 취약점을 갖고 있다. 이 지역도 예외는 아니어서 적의 움직임이 많았다.

우리 한국군보다 기동력이 열세한 월남군은 전투지경선 지역에 대한 수색활동이 적극적이지 못하여, 우리나라의 폭이 큰 하천 정도에 불과한 루시엠 강 건너편에는 활동 중인 적이 많았다. 그래서 우리는 그 지역을 황금밭이라고 불렀다.

우선 어디로 가야 적을 잡을 수 있을까?

적도 같은 군인인 데다, 두 눈 뜨고 총을 가지고 있는데 생포하기란 쉬운 일이 아니었다. 소대장들과 머리를 맞대고 궁리해본 결과 호랑이를 잡으려면 먼저 호랑이 굴로 들어가야 한다는 결론이었다.

강 건너 월남군 담당 지역은 산세도 험했지만 산거머리가 많았다. 소름이 끼칠 정도로 징그러웠으나 이놈이 있으므로 매복요원이 잠에 빠져들지 않았고, 근무자는 거머리 공포 때문에 기어 들어오는 거머리를 적보다 더 지겨워했다. 중대장인 내 입장에서 보면 잠을 쫓아주는 감시병 같아 오히려 유리한 조건으로 판단하였다.

천혜의 정글지역에는 나무숲이 울창하여 해만 지면 바로 밤이 되었고 행동과 주야 관측이 제한되었다. 특히 밤에는 별빛조차 차단되어 우리가 갖고 있던 야시장비인 야간투시경으로도 잘 보이지 않았으며, 사격 시에 움직이는 적이 가까이 있어도 나무에 가려 명중시키기가 여간 어렵지 않았다. 그러므로 계곡의 개활지 지역을 포로 포획 지점으로 선정하였다.

개활지 역시 산속과 같이 제한사항이 없는 것은 아니다. 우리나라의 갈대와 비슷한 풀들이 무성하여 주야로 관측에 제한을 받았으며, 호를 파고 들어가면 주간에도 10미터 정도의 거리조차 제대로 볼 수 없었다.

개활지는 비교적 산속보다 관측과 사격이 용이했고, 유사시 최저표척사가 가능하며 살상지대의 폭넓은 구성과 상호지원 및 지원부대의 접근이 수월한 점 등 많은 장점이 있었다.

그러나 우리가 들어가려고 하는 캇숀 계곡은 폭이 약 1~1.5킬로미터에 길이가 약 10킬로미터로서 양쪽 계곡의 산세가 험하고 높아 개활지가 완전히 관측되었다. 따라서 매복지점이 적에게 발각되는 날이면 적의 박격포 및 직사화기 세례를 받게 되고, 적이 독한 마음만 먹으면 우리를 섬멸시킬 수도 있는 위험이 도사리고 있었다.

어디로 어떻게 침투할 것인가?

침투로 선정을 위해서는 두 가지 요소를 반드시 극복해야만 했다.

첫째는 침투 도중에 적과 조우해서는 절대 안 되었다. 적을 사살하든가 우리 측에 사상자가 발생하면 기지로 다시 돌아와야 하는 문제가 발생하며, 더욱 곤란한 것은 총성으로 인해 우리의 활동이 노출되기 때문에 적이 활동을 제한한다거나 경계를 철저히 하면, 출동 목적인 포로획득이 불가능하기 때문이었다.

그러므로 목적지에 도달할 때까지 적이 전혀 사용하지 않는 침투로를 선정해야만 했고, 적이 우리가 침투하리라고 전혀 예측할 수 없는 곳으로 침투해야만 했다.

두 번째로 극복해야 할 문제는 우리 자체의 문제로서, 이동 간에 발생하는 행군 소음을 어떻게 없애느냐 하는 것이었다. 중대기지에서 매복지점까지는 약 13킬로미터로서 주간에 정상적인 행군을 하더라도 약 3시간은 족히 걸렸는데, 야간에 이동하면 날이 밝아야 매복지점에 도착하게 된다.

그렇게 되면 매복준비 시간이 없게 되고, 자칫하면 적에게 발각되기 때문에 매복준비 시간을 최소한도로 잡더라도 먼동이 트기 한 시간 전에는 반드시 매복지점에 도착해야 했다. 빠르게 이동하자니 소음이 생기고, 완전한 은밀침투를 하자니 시간이 부족해 매복준비 시간에 제한을 받았다.

총 멜빵에서 발생하는 덜그럭 소리, 수통에 매달은 정수제가 달그락대는 소리, 조심성 없이 내딛는 군화 소리 등 적막하고 고요한 들판에서 아무리 조심을 시켜도 발생하는 이런 종류의 소음은 극복하기가 매우 힘들었다. 어쨌든 포로를 잡기 위해서는 도중에 적에게 발각되지 않고 매복지점까지 도착해야 했다. 소음을 극복하고 적과의 조우를 피하는 한편, 매복준비 시간을 충분히 보장받기 위해 어느 정도의 모험은 감수하기로 했다.

중대에서 좀 떨어진 곳에 흐르는 작은 강은 산속으로 올라가다가 우리가 침투하려는 매복지점까지 연결되어 있었다. 강을 따라 침투하기로 했다.

강을 따라 조심해서 걸으면 졸졸 흐르는 강물 소리가 우리의 이동 소음을 은폐해주기도 하고 조우도 피할 수 있었다.

출발시각은 매복준비 완료시간을 고려해 선정해야 했다. 최소한 새벽 5시까지는 매복준비가 완료되어야 적에게 관측당하지 않을 수 있기 때문에 그 시간에 맞추어 기지 출발시각을 결정했다.

이동 시간, 전투준비 시간, 그 외의 지체 시간 등 여러 가지 요소를 감안하여 석식 후 밤 8시부터 이동하기로 하고 출동준비를 했다.

정확한 매복지점은 어떤 곳에 선정하나?

매복지점 선정 시 가장 중요한 점은 기습을 달성할 수 있는 지점이어야 한다는 것이고, 적이 반드시 통과할 수밖에 없는 절대적인 목을 선정하되 살상지대 구성이 용이하며, 아군의 개인 및 공용화기의 화력집중이 가능하고 퇴로 차단이 용이해야 한다.

강가에는 우선 대나무와 잡목이 무성하여 은신이 용이했고, 주야를 불문하고 흐르는 물소리가 우리의 행동에서 발생하는 소리를 은폐해주었으며, 특히 적과 접촉 시 우발적으로 긴급히 철수, 중대로 복귀 시, 침투해 들어온 강을 이용하면 주간에도 적에게 관측당하지 않고 신속히 움직일 수 있었다.

적진 속 계곡에 들어와 있을 때는 산 위의 적에게 관측되어 박격포 세례를 받는 것이 제일 큰 위협요소였고, 이를 피하기 위해서는 언제든지 몸을 숨길 수 있는 강가가 제일 적소였다.

통상 매복을 나갈 때는 즉각조명을 위해 수타식조명탄만 휴대하고 나가는데, 이번에는 자체 생존을 위해 60밀리 박격포를 휴대하기로 했다.

포탄은 고폭탄과 조명탄을 포함하여 각 개인이 배낭 속에 한발씩 휴대했다. 개인당 크레모아 한 발, 수류탄 두 발, 식량은 배낭 무게 때문에 2박

3일 분을 휴대하기로 했고, 필요시 매복이 연장될지도 모르기 때문에 과자류는 전부 빼고 주식인 육류 중심으로 휴대하여 4박 5일 이상 버틸 수 있도록 준비시켰다.

중대장의 군장검사가 끝나고 잠시 휴식하는 사이에 분대별 또는 개인별로 전투 시 필요한 물품을 더 휴대하고 출동했다. 예를 들면 수류탄, 크레모아, M16 실탄 등을 규정보다 더 많이 휴대하고 출동했다. 적과 교전후 탄약이 소모되어도 즉각 재보급이 되지 않기 때문이었다. 특히 야간의 경우 고립무원의 상태에서 밤을 버티게 되면 오로지 믿을 수 있는 것은 인접 전우와 자신이 휴대하고 있는 총과 실탄뿐이다. 군장검사 시 휴대하고 나왔던 장비나 탄약류를 휴식시간을 이용하여 남모르게 덜어놓고 나가는 행동은 단 한 번도 보지 못했다.

요즈음 부대에서 실시하는 천리행군이나 동계 행군훈련 시, 배낭 속 내용물을 가볍게 해서 행군 시 짐이 무거워 고생하는 것을 피하려는 모습이 가끔 발견된다. 그것은 적과 교전이 없기 때문이다.

적 생포를 위한 매복 자리를 정한 후, 중대기지에서 군장검사를 마치고 중대의 작은 연병장에서 매복지역과 유사하게 지형을 그려놓고 실제 매복하듯이 병력과 화기를 배치해보았다.

이때 현지 지형을 가상하고, 지역에 예상되는 적정과 적의 접근로, 우리가 정한 예상 살상지역과 예측되는 각종 상황전개 등을 잘 설명해주어야 한다. 이런 과정을 통해서 첫째는 현지에 가서 생기는 어둠 속 혼란을 예방하고, 둘째는 시간 절약은 물론 여러 가지 사항을 사전에 예측해봄으로써 마음의 준비와 상황에 알맞게 대처할 수 있는 준비를 할 수 있다.

적이 접근하는 방향에 따라 어떻게 조치할 것인가?

적에게 위치가 노출되었을 때 어떻게 할 것인가?

분대, 소대의 대략적 위치는 어디로 정할 것인가?

살상지대는 어디에 설정할 것인가? 각 화기의 위치는?

적에게 박격포 사격을 받을 때는 어떻게 할 것인가? 등,

모든 예측되는 사항을 전부 들추어내서 출동하는 대원들과 워게임을 해보아야 한다.

작전 활동 시의 과오는 실패를 의미하며 작은 과오가 작전 자체의 실패를 초래함은 물론, 사망이나 부상을 의미하기 때문에 과오를 범하지 않도록 최선의 대책을 강구해야 한다. 우선 기지에서 강까지의 개활지만 무사히 통과하여 강 속으로 들어가면 적에게 발견되지 않고 목적지까지 무사히 도착할 것으로 믿고 야간이동에 촉각을 곤두세웠다.

출동 인원은 2, 3소대장이 각 2개 분대씩, 60밀리 박격포 1개반, 중대본부 등 합쳐서 50여 명이었고, 중대기지는 화기소대장이 맡아 지휘하기로 했으며, 인접해 있는 155밀리 포대에 연락하여 기지방어 및 화력지원에 대한 세부적인 협조를 모두 마쳤다.

중대기지 근처에 위치한 마을사람들에게 발각되지 않도록 조심하면서 나무 없는 개활지는 피하고, 나무숲과 풀숲을 따라 강 쪽으로 이동해갔다.

떠나기 전에 그토록 단단히 주의를 주었는데도 불구하고 배낭 속의 깡통 삐걱거리는 소리, 총 부딪치는 소리, 군화 소리 등 온갖 소음이 신경을 곤두세우게 했다. 소리를 지를 수도 없고, 집합시켜서 또다시 교육을 시킬 수도 없고…….

이제부터는 강을 따라 접근해야 했다. 강가 대숲에서 잠시 쉬면서 본대의 엄호조 3명을 먼저 강 건너로 보냈다. 소형 무전기를 휴대하고 물속을 기어가듯 건너가더니 이상 없다는 신호를 보내왔다.

중대는 강을 따라 전진을 시작했다.

강 양편으로 3명 1개조로 된 엄호조가 본대보다 약 20~30미터 정도 전방에서 물속의 본대를 보호 및 유도해주었고, 강을 따라 전진하는 본대도 강 양쪽으로 전개하여 서로 상대편 전진부대의 머리 위쪽을 경계해주면서 전진하였다.

중대장인 나도 강을 따라 본대와 행동해보았더니 처음 생각했던 대로 침투의 성공률은 높을지 몰라도 일단 상황이 발생하면 지휘통제가 힘들 것으로 판단되었다.

예상대로 전진속도는 느렸으며, 시간당 2킬로미터 이상 전진해야 하는데 깊은 소(沼)가 있는 지역이나 바위 지역에 봉착하면 잠시 정지하여 한 사람씩 장애물을 극복하자니 시간이 엄청나게 소요되었다. 더구나 중대장을 초조하게 만든 것은 장애물이 나타날 때마다 앞뒤 병력들이 한곳에 오물오물 모이는 것이었다. 그때마다 손짓으로 정리를 했다. 본대의 전진속도는 느려지는데 엄호조는 정지하지 않고 계속 앞으로 나아가니 이에 대한 통제도 쉽지 않았다.

전진속도가 늦다고 해서 이제는 뭍으로 올라갈 수도 없었다. 엄호조 전진이 어떻게 진행되는지 알 수 없는 상태에서 무턱대고 개활지로 올라가면 엄호조에 의해 사격당할 위험마저 있었다. 아군끼리 교전이 발생하면 모든 것이 수포로 돌아감은 물론, 중대원들과 주위 사람들로부터 믿을 수 없는 존재로 낙인찍혀 부대지휘도 못할 정도로 크게 창피를 당하게 될 판이었다. 그러나 다행히도 걱정하던 적과의 조우도, 엄호조와의 오인도 일절 발생하지 않았고 계획한 대로 새벽 4시경 매복지점에 무사히 도착했다.

적을 생포하라

도착해보니 예상했던 대로 풀이 너무 무성하여 매복지점 선정이 용이하지 않았다. 강폭도 좁아져서 폭이 5~7미터 정도밖에 되지 않았고 수량도 적었으며 계곡이라 물 흐름도 완만했다.

주변을 수색해보았더니 강 양쪽은 많은 사람의 왕래로 길이 반들반들하게 나 있었으며 강가에는 대나무 및 잡목이 우거져서 은신 매복하기에는 좋은 장소였다. 소로의 흔적과 상태로 보아서 먼동이 트면 곧 적의 왕래가 있을 것으로 예측되었다.

밤을 이용하여 마을에 다녀오는 적이 있다면 먼동이 트기 전에 반드시 통과할 것이므로 양쪽 소로에 고참병을 중심으로 경계병을 배치하는 등 부지런히 매복준비를 시작했다.

이번에도, 통상 적의 첨병은 말단 병사나 안내원이기 때문에 우리에게 필요한 첩보를 갖고 있지 않을 것으로 판단하여 첨병은 그대로 통과시키고 본대를 습격하기로 했다.

적이 죽으면 안 되기 때문에 살상지대에 적의 중심제대가 들어오면 엉덩이 아랫부분을 쏴서 쓰러뜨리고, 반항하지 않는 이상 확인사살이나 제2탄, 제3탄의 사격을 못하도록 철저하게 사전교육을 했다.

또한 통로별로 살상지역의 최초사격자를 분대장급에서 임명하고, 소대장은 전체 지휘를 위해 최초사격을 못하도록 했다.

휴대하고 간 박격포는 지형 여건상 관측소와 사격진지를 따로 운영하지 않고 우리가 위치한 좌측의 산 능선 돌출부에 위치시켰다.

적의 접근을 조기에 발견하기 위해 박격포 반원에게는 관측 요령에 대한 많은 준비를 시켰다.

통상 우리가 배운 관측 요령은 '가까운 곳에서 먼 곳으로, 좌에서 우로, 의심나는 곳은 중첩해서' 등으로 이런 원칙적인 점도 중요하지만 이번 경우는 좀 달랐다. 소로가 계곡을 따라 종으로 나 있고 계곡을 가로지르는 횡적 소로망도 거의 없을뿐더러, 지역 전부가 원시림이요 잡초가 무성하여 소로가 아닌 곳은 사람이 다닐 수 없었다. 설령 적이 접근하고 있다 해도 자세히 관측하지 않으면 아무리 산 위에서 내려다보더라도 큰 나무와 키를 넘는 숲을 통해 적을 발견하기란 쉬운 일이 아니었다.

적을 발견하고 보고 후 준비시간까지 포함하더라도 10분 정도면 충분하다고 판단하여 중대의 매복지역에서 500미터 정도 떨어진 곳의 소로 지역을 선정, 쌍안경 두 개를 이용해서 두 명의 병사가 고정 감시토록 했다.

나무와 풀이 키를 넘는 이런 숲 속에서는 움직이는 적을 발견하기가 어렵기 때문에 매복지점에서 가까운 소로상에 쌍안경의 초점을 고정시키고 감시하는 것이 효과적이다.

매복작전 시 장애물 구축에 관해 몇 가지 생각해볼 문제가 있다. 통상 주야를 막론하고 장애물을 설치하는 경우가 많은데 유의해야 할 사항은, 장애물 설치로 인해 매복 위치가 노출당하는 경우가 발생하지 않도록 해야 한다. 주로 조명지뢰를 설치하는데 야간에 설치하였다가 주간으로 전환되기 직전에 제거하고 밤이 되면 다시 설치하는 것이 현명하다. 가끔 야간에서 주간매복으로 또는 주간에서 야간으로 전환 시 부주의로 터뜨리는 경우가 있기 때문이다.

이번 작전의 경우 조명지뢰는 일절 사용하지 못하게 했다. 적이 밟아 터뜨리든, 우리의 실수로 터뜨리든 적의 안방에 들어와 앉아 있는 우리로서는 위치 노출로 인한 포탄 세례를 걱정하지 않을 수 없기 때문이다.

간혹 경험 없는 초급지휘자들은 적의 접근을 조기에 경보한다는 생각에서 적 예상 접근로나 계획한 살상지대 중앙에 조명지뢰를 설치하는 우를 범하는 경우가 있다.

통상 소부대 전술에서 진지를 구축하고 나면 거의 습관적으로 사계청소를 실시한다.

이는 정규전에서 방어 시 적포병의 공격 준비사격, 항공기 공격, 박격포사격 등으로 방어진지가 혼란하고 어수선한 상황이라든가 이미 진지가 적에게 노출되어 돌격부대가 진지에 돌입하는 그러한 상황에서는 과감하게 사계청소를 해야 하지만, 이번과 같이 정밀매복을 실시하는 경우, 과도한 사계청소는 야간에는 문제가 없지만 주간매복으로 전환 시 주위 환경과 조화가 되지 않으므로 적 첨병에 의해서 발각되는 경우가 발생한다. 시들어버린 나뭇가지나 풀도 정리되지 않으면 적 첨병에게 곧 발각되므로 사소한 것이지만 반드시 유의해야 한다.

마이 여인의 출현

매복 준비는 거의 먼동이 트고 난 새벽 5시 반 정도에 마무리되었다. 한시간 남짓할 동안 위치 선정부터 호파기까지 얼마나 조마조마하게 마음을 졸였는지 모른다.

전혀 전투준비가 되어 있지 않은 가장 취약한 시간이라 준비 중에 제발 조우가 없기를 간절히 바라고 또 바랐다. 경계병을 철수시키고 나니 어느 정도 안심이 되면서 어떤 적이든 올 테면 와보라 하는 자신감이 새로워졌다.

각 호별로 근무하면서 아침식사를 마치고 일부는 가면을 취하면서 주간 매복근무에 들어갔다. 포로를 잡기 위한 준비를 내 나름대로는 다 했다고 생각했다.

과감하게 조명지뢰는 한 발도 설치하지 않았으며 기타 측면 방호나 경계를 위한 장애물도 일절 설치하지 않았다. 크레모아 또한 살상지대(포로 획득 지역)에는 한 발도 설치하지 않았으며 살상지대 전후로 적의 접근 방향에 따라 바깥쪽으로만 설치했다. 어찌 보면 지극히 무모한 행동이었을 수도 있다.

적의 첨병을 쏘는 병사는 가장 비겁한 행동을 한 것이라고 교육도 철저히 시켰다. 피아 공히 첨병은 어렵고 위험한 임무를 수행하는 사람이므로 비록 적이라 하더라도 그의 용감성과 희생정신을 존경해야 하며 절대 쏴서는 안 된다고 단단히 교육시켰다.

장교나 지휘관을 포로로 획득하기 위해서 짐을 짊어지거나 AK 소총 또는 공용화기를 소지한 자는 쏘지 말고, 권총을 휴대했거나 전투복을 입었으되 군복이 깨끗한 사람을 골라서 쏘도록 했다.

대대와 협조한 후 155밀리 포대를 포함하여 사거리가 미치는 포병으로 하여금 각종 상황에 맞는 화력지원 계획을 수립하였고, 유사시 탈출을 위해서 우리가 침투할 때 이용한 강을 따라 탈출로와 재집결지도 선정한 뒤 미리 교육시켰다.

아침 햇살이 몹시도 따가웠다. 정글화를 벗어서 햇볕에 말리고 통통 부은 발가락도 말렸다. 호 안에서 다리를 쭉 펴고 드러누웠다.

옆 능선의 뾰족한 돌출부에 올라가 있던 화기소대 60밀리 박격포 포반장으로부터 다급한 목소리로 무전이 왔다. 약 2킬로미터 전방에서 강 옆 소로를 따라 수 명의 적이 우리 쪽으로 이동해오고 있다는 것이었다. 쌍안경으로 500미터 지점을 고정 감시하면서 강을 따라 전방을 관측한 결과, 풀이 이상하게 흔들리기에 자세히 따라가면서 살펴보니 사람이 움직였다는 것이다.

이미 기지에서 출발하기 전, 월남군 부대와 협조했기 때문에 우군일 리는 없으니 적이 분명했다. 약 20여 명으로 맨 앞의 첨병과 본대와의 거리는 약 10~20미터 정도이고 개인 간격도 전술적으로 유지하지 않은 채 마음 놓고 접근한다는 것이었다.

산 위에서 운동장의 축구 중계방송하듯 보고해왔다. 본대는 짐을 진 사람이 많고 일부는 짐을 지지 않았으며, 정규군 복장에 AK 소총을 휴대하고 권총을 찬 사람도 있다고 했다.

권총을 찬 녀석은 접근하는 쪽의 분대장이 사격하도록 하고 만일 실패 시 다음 매복조에 선임하사가 위치하고 있으므로 그에게 쏘도록 지시했다.

산 위에서는 다시 "400미터 전방, 300미터 전방, 200미터 전방, 100미터 전방" 하면서 중계를 계속했고, 100미터 전방에 왔다는 보고와 함께 사격 준비를 위해 무선중계를 끝냈다.

이제 수 분 내에 상황이 전개되고 '탕탕탕' 총소리가 나면 불과 몇 초 사이에 전투가 전부 끝난다. 죽을 녀석은 죽고 살 녀석은 살아서 도망가게 된다.

긴장된 순간이 흐르면서, 소총을 잡은 손은 떨렸지만 소로를 향한 M16 소총의 조준구가 매섭게 표적이 나타나기만을 기다리고 있었다.

수 분이 흘러갔다.

소로를 응시하면서 한순간 한순간 지나갈 때마다 앞으로 전개될 상황에 대한 기대와 사람을 죽인다는 두려움마저 엄습해왔다.

기다려도 기다려도 100미터 전방까지 왔다는 적이 나타나질 않는다. 적이 오다가 별안간 방향을 바꾸었나? 우리의 매복진지가 노출되어 도망가고 있는가? 아니면 전방에서 이상한 점을 발견하여 확인하고 있는가?

별의별 생각이 다 나면서도 도대체 상황을 예측할 수가 없었다. 코앞에 적이 있으니 무전기로 '소대장, 분대장'을 부를 수도 없었고, 큰 소리로 적이 어디 갔느냐고 물을 수도 없었다. 중대장인 나로서도 뾰족한 대책이 만무했다.

'수색을 해야 하나? 사격을 해야 하나? 예상되는 적의 위치에 박격포 사격을 할까?'

온갖 생각이 다 떠올랐다. 그러나 적이 우리를 발견하지 못하고 접근하고 있는 이상 끈기와 인내를 가지고 기다리는 방법 외에 달리 방도가 없었다.

기다리기로 했다.

나도 소대장도 박격포 반장도, 옆에 긴장하고 엎드려 있는 전령도, 무전병도, 숨죽이며 기다리는 수밖에 도리가 없었다. 모두 중대장의 명령이나 지시만을 기다리고 있었다.

우리는 적이 준동하는 지역에 왔다 뿐이지 적보다 훨씬 유리한 상황에 있고 더구나 우리는 호를 파고 그 속에서 기다리고 있으며, 적은 완전히 노출되어 있지 않은가!

사실 우리 처지는 불리하지도 겁을 먹을 상황도 아니었다. 오히려 이런 것 자체를 즐겨야 할 판이었다. 계속 기다리고 있었다. 긴장과 공포 그리고 무엇이 잘못되지나 않는지, 두려움 속에서 시간이 흘러갔다.

적이 와 있으리라 판단되는 지점에서 별안간 "땅" 하면서 총소리가 났다. 그것도 단 한 발의 총소리였다. 그러고는 또 조용했다.

전방의 소대장에게서 무전이 왔다.

무전으로 두서없이 "중대장님 조용히 기다리십시오" 하더니 또 감감무소식이다.

전방이 안 보였으니 소대장이 하라는 대로 조용히 기다리는 수밖에 달리 방도가 없었다. 한동안 적막이 흐르면서 숨소리조차 크게 쉬는 사람이 없었다.

얼마를 더 기다렸더니 소대장으로부터 전갈이 왔다. 전방을 확인하기 위해서 수색한다는 것이었다. 그러고는 총에 맞아 쓰러진 여자를 들쳐 업고 왔다.

얼굴은 통통하게 살이 쪄 있었고 키는 월남 여자 중키에 유난히 눈이 새까맣고 컸으며 검은색 아오자이를 아래위로 입고 대나무로 만든 모자를 쓴 채 머리는 기다랗게 늘어져 있었다. 전형적인 월남 여자 모습이었으며, 나이는 23세. 두 아이의 엄마이며 이름은 '마이(MAI)'였다.

병사가 쏜 실탄이 엉덩이 바로 윗부분을 맞추고 음부 바로 위를 관통했다. 총을 맞고는 무의식적으로 몇 미터 뛰어 달아났으나 엉덩이뼈가 부서졌는지 이내 쓰러지고 말았다.

피비린내가 진동했고, 소화장기가 함께 터졌는지 냄새도 고약했다. 얼굴이 하얗게 되어 무서움에 질겁한 채 와들와들 떨면서 "따이한", "따이한" 하면서 연신 무어라고 중얼거렸다. 살려달라는 모양이었다. 차라리 죽은 적을 보는 게 낫지 여자라서 낭패가 아닐 수 없었다. 난감하기까지 했다.

여자를 끌고 중대장호가 있는 곳으로 돌아왔다. 내 호 뒤쪽에 여자가 들어갈 수 있도록 널따랗게 호를 파 눕히고, 하의 바지와 피가 흥건히 고인 속옷도 벗겼다. 여자의 본능인지 몰라도 옷을 벗기지 못하게 하려고 몸부림쳤다.

그래도 벗겼다. 여자의 앞부분은 엉덩이를 관통해 앞으로 튀어 나온 실탄에 의해 마치 어린애가 가지고 노는 종이 팔랑개비처럼 회전하는 방향으로 갈기갈기 찢어져 있었다. 이미 핏덩이가 굳어 엉긴 상처 주변을 위생병이 소독약으로 깨끗이 씻고 압박붕대로 상처 부위를 묶어주고 바지만 다시 입혔다.

전장군기는 생명이다. 작은 냄새도 금물이다

사격한 병사는 당시 상황에 대해서 자세히 설명했다.

호에 엎드려 첨병을 기다리고 있는데 생각지도 않았던 여자가 불쑥 나타났다. 접근하는 것을 보고 있는데 첫 번째 호 앞을 지나서 두 번째 분대장 호 앞을 지나갈 무렵(이 분대장은 권총을 찬 후미의 장교를 사격토록 임명되었었다), 이 여자가 별안간 걸음을 멈추고 무엇이라고 중얼거리더니 뒤로 돌아섰다. 그때는 적 본대의 선두조차 첫 번째 호 앞에 다다르지 않았을 때였다.

뒤따라오는 본대를 정지시키고 AK 소총을 든 녀석과 함께 앞으로 와서는, AK 소총을 든 적이 우리 배치선 반대 방향으로 갔고 여자는 풀 속을 뒤지며 호 쪽으로 접근했다.

계속 호 쪽으로 접근하는데 쏠 수도 없고 안 쏠 수도 없는 판에 가슴을 쏘자니 포로가 죽어버리면 안 되겠고, 살려 잡기 위해 다리를 쏘자니 움직여서 조준이 흔들리고, 여자의 음부 부분을 정면으로 쏴야 하는데 차마 방아쇠를 당길 수가 없어 돌아서면 쏘려고 기다리고 있었다.

계속 앞으로 더듬더듬 뒤지면서 오더니 풀밭에서 측방으로 깔아놓은 크레모아 선을 잡더니 "꽥" 소리를 지르며 자기 쪽을 보는 순간, 눈이 마주

쳤다. 그 순간 돌아서서 달아나려고 하는 여자의 엉덩이를 조준해서 쏴버렸노라고 덤덤하게 얘기했다.

소대장에게 적이 접근한 소로를 따라 포복으로 접근, 전방 400~500미터 정도를 수색해보라고 지시하고 총을 쏜 병사가 있던 호 쪽으로 포반장과 함께 가보았다. 아무리 서서 보고, 걸어오면서 봐도 매복지점은 발견될 수가 없었다.

여자에게로 다시 돌아왔다. 월남어 통역병을 통해 최초심문을 해보니 두 아이의 엄마요, 마을에서 장사를 하며 시부모와 함께 살고 있다고 했다. 남편이 베트콩인데 밤에 찾아와서 군인들을 안내해달라고 해서 따라나섰으며 남편도 같이 왔다가 달아났다고 했다.

같이 숲을 뒤지던 녀석이 남편이었다. 그의 직책도 안내원이었다. 정확히 20명이 왔는데 인솔자는 보급을 담당하는 월맹 정규군 장교였다.

어떻게 알고 숲을 뒤지게 되었느냐고 물었다. 코를 가리키면서 "냄새"라고 답변했다. 빌어먹을 것, 모두 전장정리를 잘했는데 그놈의 냄새에 대한 정리를 잘못한 것이었다.

기가 막혔다. 떡을 입 안에 넣고도 삼키지 못한 꼴이 되고 만 것이다. 나머지 19명의 적은 모두 도망갔고, 그 적이 우리의 위치를 알고 갔다. 한심하기 짝이 없는 개망신이 아닐 수 없었다. 냄새 정리를 잘못한 대원에 대한 배신감과 내 자신에 대한 자책감이 막심했다.

냄새, 숲과 나무가 울창한 정글에서는 냄새가 한군데 모여서 오래 머문다는 사실을 깊이 명심해야 한다. 건조한 곳에서는 곧 냄새가 상승하고 마는데 우리가 매복하고 있던 지역은 강 좌우이기 때문에 습기가 많아 공기가 무거워 순환이 안 되고 냄새가 고이는 곳이었다.

더구나 아침에는 공기가 더워지기 전이라 정글 속 공기는 움직이지 않는다. 거기다가 병사들은 밤새도록 걸어왔으니 얼마나 땀을 많이 흘렸겠는가? 우선 옷에 찌든 썩은 내 나는 땀 냄새, 이 냄새가 지독했다. 밤새 걸으면서 흘린 땀에다 진지구축 시 수통의 물을 먹고 또 땀을 흘렸으니. 게다가 아침에 싸놓은 소변, 쉬지도 못하고 호를 파고는 주변에다 전부 실례를 했을 테니 그놈의 지린내가 얼마나 진동했겠는가?

대변에서 퍼지는 구린내 역시 문제였다. 잡초가 많은 지대라 대충 풀과 흙으로 덮었을 것이다.

그다음엔 담배였다. 군장검사 시 전부 조사해서 한 개비도 없던 것이 헤쳤다가 다시 모이면 전투화와 철모, 소총 손잡이와 빈 깡통, 심지어는 사타구니 속에도 감추어서 갖고 온다. 행군 시 한 대도 못 피웠으므로 M16 소총 손잡이 속에 감추어 가져온 담배를 호 구축할 때 피워댔을 것이 분명했다. 이놈의 담배연기 냄새!

이런 냄새를 정글지역에서는 '인내'라고 하는데 한국군이 월남 사람이 다니는 지역에 가면 이 냄새를 금방 알 수 있듯이 이들 역시 우리 냄새를 잘 맡을 수밖에 없지 않은가!

이 월남 여인은 흘러 퍼진 냄새구역을 통과하다가 우리의 냄새를 맡았던 것이다.

냄새를 추적해서 적의 위치를 발견하기 위해, 담배도 안 피우고 술도 안 마셔서 비교적 남자보다 감각이 예민한 여자를 첨병으로 세웠던 것이다. 적이지만 참으로 영리했다. 거의 십수 킬로미터를 걸어오면서 인적이 없는 야생지역에서 숲냄새, 흙냄새, 물냄새 등을 맡으면서 새벽길을 걸어온 이 여자에게 발견된 것은 어쩌면 당연했는지도 모른다.

상황을 요약해서 대대에 보고했다.

부상으로 생포한 여자 포로는 첩보 가치가 없다는 내용과 이왕 들어왔으니 오늘 밤을 넘겨보고 철수 여부는 내일 아침에 재판단해서 건의드리기로 했다.

매복위치가 노출되어 매복장소를 옮기지 않을 수 없었다. 적이 접근하던 쪽으로 추진하는 경우와 측방이동 또는 우리가 침투한 쪽으로 옮기는 경우를 놓고 숙고해본 결과 적이 달아난 쪽으로 더 깊숙이 들어가기로 했다.

우리 병사가 단 한 발만 사격했기 때문에 총성으로 인해 위치가 노출되지는 않았을 것으로 생각했다. 밤에 계곡 속에서 난 단 한 발의 총성은 산울림 현상으로 어디서 난 소리인지 분간하기가 어렵기 때문이다.

적은 통신수단이 지극히 원시적이고 부족했기 때문에 상황전파가 신속하게 이루어지지 않았다. 도망간 적들이 산속으로 들어가 보고하려면 시간이 많이 흐른 후에나 가능하다고 판단하여 빠른 시간 내에 자리를 옮기기로 결심했다.

대대에서는 중대장의 복안대로 움직이라는 지시와 포로는 가치가 없으니 따로 복잡하게 후송하지 말고 현지에서 응급처치와 최초치료를 잘해서 내일 아침 상황에 따라 조치하는 것이 좋겠다고 했다.

마이 아줌마는 적정에 대해서는 아무것도 모르며 단지 남편을 따라 나왔다가 따이한 총에 맞았다며, 남편도 남편이지만 어린 두 자식을 생각해서 제발 살려달라고 애걸했다.

위생병의 판단에 의하면 상처 부위의 출혈은 처음보다 좀 적은 것 같았으나, 내일 아침까지 도저히 여자의 생명이 지탱하지 못할 것 같았다.

저격을 피하기 위해 계급장과 명찰이 없는 정글복을 입었는데도 이 여자는 내가 중대장인 것을 눈치채고는 "따이한 따위, 따이한 따위(한국군 대위)"하면서 자기 좀 살려달라고 했다.

지금은 나도 결혼해서 가정이 있고 처자식이 있어 옛날과는 생각이 다르지만, 그 당시는 총각인 데다가 소대장 시절을 정글에서 보내다 보니 성격도 꽤나 거칠어져 있었고, 살생을 해봐서인지 애걸하는 모습에도 그냥 덤덤하기만 했다.

새로운 매복지점을 찾기 위해 약 600미터 전진했을 때, 박격포를 올려놓기에 적합한 봉우리가 있는 지역을 발견했다. 그곳으로 자리를 정하고 빠른 동작으로 매복준비를 했다. 60밀리 박격포반도 최초 위치했던 곳과 비슷한 봉우리에 자리를 잡았다. 적을 못 잡은 분대장과 대원이 이번에는 꼭 잡을 테니 최초 위치에서 다시 근무토록 기회를 달라고 하여 배치는 처음과 똑같이 했다.

낮에는 아무런 징후나 상황도 발생하지 않았으며 푸캇 비행장에서 이륙한 팬텀 전투기만 몇 번 상공을 지나갔다. 우리를 계속 찾아대던 대대망 무전기도 가끔 이상유무만 묻고는 조용했다. 각 조에서 한 명씩만 근무를 하고 나머지 대원은 잠을 잤다.

포로인 마이 여인의 처리가 보통 골치 아픈 것이 아니었다. 위생병이 새로운 매복지역으로 여인을 옮겼다. 중대장 뒤쪽의 위생병 호 옆에 별도로 깊고 넓은 호를 파고, 위장도 해놓았다. 얼굴은 점점 창백해졌고 지혈은 되지 않았다. 옮기면서 다리가 움직이게 되니 출혈이 다시 심해졌다. 차라리 죽었으면 묻어버리면 그만인데 아직 살아 있는 목숨을 그대로 묻어버릴 수도 없었고, 살려달라고 애걸하는 모습이 너무 애처로웠다.

위생병에게 여자가 소리를 지르지 못하게 항시 감독하고, 소리를 지르면 입을 압박붕대로 묶어버리라고 지시했다. 아무리 해도 안 되는 경우에는 총소리를 내지 말고 그대로 묻어버리라고도 했다. 지금 생각하면 좀 지나치다고 여겨지나 그 당시의 상황에서는 달리 방법이 없었다.

월남어 통역병이 위생병과 함께 공모하여 마이 여인에게 소화제를 지혈제라고 속여 먹이면서 용기를 주려고 무척 애썼다. 소리를 지르면 제일 먼저 당신부터 죽이지 않을 수 없으니 제발 조용히 참아달라며 오히려 통사정을 하였고, 내일 아침이면 우리가 철수할 때 헬리콥터로 한국군 병원으로 후송 보내주겠다며 안심시키고 있었다.

날이 어두워져갔다. 밤을 위해서 특별히 몇 가지 준비를 해야 했다. 우선 포로를 잡기 위해서 야간조준경을 장착한 소총으로 접근로를 조준한 채 감시토록 해야 했다. 낮에는 포로획득이 용이했지만 밤이면 야간조준경을 장착한 소총이 아니면 적을 생포할 수 없었다. 출발하기 전에 영점사격을 실시하여 예행연습까지 시켜 큰 문제는 없었지만 전 대원이 야간조준경을 갖고 있는 것이 아니었으므로 조준경이 없는 대원에게는 소로를 지향해서 야간사격 구역을 명시해주어야 했다.

살상지역을 제외한 측방지역에는 사격 후 달아나는 적을 살상하기 위해 크레모아를 추가로 설치했으며 야간조명 시 병사들의 노출을 방지하기 위해서 흙으로 얼굴을 위장했다.

마이 여인은 먹을 것을 주어도 먹지 않고, 계속 헛소리만 중얼거리다가 혼수상태에 빠졌다는 위생병의 보고를 들은 후, 잠시 졸고 일어나니 숨을 거두었다고 했다. 마음속으로 명복을 빌었다.

소리를 지르는 것이 걱정되어 달래려고 지어준 소화제와 말라리아 예방약을 지혈제로 알고 먹은 가련한 여자, 소리를 지르면 너 먼저 죽일 수밖에 없으니 조용히 버티다가 내일 아침에 우리와 함께 헬기로 철수해서 한국군 병원으로 후송 보내준다는 말을 그대로 믿고, 아프다는 호소 한 번

없이 고통을 꾹 참아준 마이 아줌마는 죽었다.

거머리를 막으려고 몸을 둘둘 말았던 판초우의와 함께 마이 여인을 땅에 묻었다. 23세를 한 생애로 가족도 남편도 시부모도 아이들도 없는 전쟁터에서 적군인 우리 옆에 누워 짧은 한 생애를 마쳤다.

이 여자가 과연 공산주의와 자유민주주의가 무엇인지 알고 이 싸움에 뛰어들었을까…….

그 후 나는 마이 여인의 죽음으로 많은 심적 고통을 받았다. 거리를 지나다가 마이 여인과 비슷하게 생긴 여자만 보면 당시 그 여인의 애처로운 죽음이 더욱 생생하게 기억되고는 했다. 전방에서 대대장으로 있던 시절, GOP에서 밤새 순찰을 돌고 지친 몸으로 새벽에 돌아와 침대에 누워 잠을 자면 몇 번씩 꿈에 나타나 살려달라고 애걸하다가 별안간 드라큘라 같은 귀신으로 변해 달려드는 바람에, 식은땀을 흘리고 헛소리를 지르다가 침대에서 방바닥으로 떨어진 일까지 있었다. 소위 가위에 눌리는 일이 많았다.

그 당시 대대장 주변의 근무병들은 그런 나를 잘 이해해주었다. 꿈을 꿀 때는 아예 소주를 좀 마시고 잠을 자곤 했다. 20여 년이 지난 지금도 기억은 생생하나 그 고약한 꿈은 더 이상 꾸지 않는다.

포위 속의 공포

마이 여인이 숨을 거두자, 시작부터 좋지 않다는 생각이 들었고 앞일이 걱정되면서 불길한 예감에 사로잡혔다.

그러면서 좀 졸았을까. 이상한 소리에 정신이 바짝 들고 긴장되기 시작했다. 느닷없이 60밀리 박격포반이 위치한 봉우리 뒤쪽에서 꽹과리 소리가 나지 않는가? 등골이 싸늘하고 머리털이 솟으면서 온몸에 소름이 끼쳤다. 맞은편 산과 계곡에서도 꽹과리와 피리소리가 들렸다. 고요한 침묵만이 흐르던 계곡이 요란스런 소리 때문에 산울림과 뒤섞여서 온천지가 진동했다.

문득 전사 시간에 중공군이 함화공작(喊話工作, 중공군이 6·25전쟁 때 북과 피리 등을 사용하여 아군의 사기를 저하시키려 했던 심리전술)의 한 방법으로 피리와 꽹과리를 이용한다는 기억이 났다. 이것은 필시 우리를 공격하기 위한 전위행동이거나 다른 어떤 행동을 하기 위한 기만술책이라고 판단했다.

매복위치는 정말 잘 옮겼다.

대대장님께 상황보고를 한 후 중대 잔류 인원에게는 필요시 중대기지의 물차를 타고 와서 강에서부터 우리의 철수를 엄호하도록 준비명령을 하달했다.

포병에게는 적의 꽹과리 소리가 나는 지역의 좌표를 불러주었고, 요청시 포대별로 분산사격을 실시해 동시에 제압시킬 수 있도록 조치했다.

꽹과리 소리가 뜸해지더니 이번에는 고함을 지르고 야단들이었다. "따이한, 따이한!" 하면서 포위되어 오도가도 할 수 없으니 전부 손들고 나오라는 소리였다. 날더러 항복해서 투항해 오라는 소리였다. 한편으론 겁도 났지만 오기도 생겼다. 상황이 이쯤 되고 보니 여기 와 있는 나보다 대대에서 더 야단들이었다.

한국군 중대장이 적에게 포로로 잡히는 날이면 이건 보통 문제가 아니기 때문이었다. 무전병 녀석이 철없이 "우리는 지금 적에게 완전히 포위되었습니다"라고 보고를 해버려 연대까지 보고가 되었고 연대장님이 상황실로 나오시고 한바탕 소란이 벌어졌다.

연대와는 거리가 멀어서 무전교신이 되지 않았으나, 대대를 통해서 연대장님 지시라고 포로를 안 잡아도 좋으니 필요하면 한시라도 빨리 빠져나오라는 연락을 받았다. 또한 이 밤중에 APC(병력수송용 장갑차)와 기타 병력을 투입해서라도 중대장을 구출해야 한다고 지시하신 모양이었다.

대대 작전과장이 "어찌하면 좋겠냐?"고 오히려 내게 물었다. 고맙기가 한이 없었지만 그럴 수가 없었다. 한밤중에 움직이다가 적의 역매복에 걸리는 날이면 우리 중대를 구출하기 위해 오는 병력마저 큰 희생을 치러야 하기 때문이었다.

적이 노리는 바가 바로 그것 아니겠는가. 나는 그대로 밤을 버티기로 결심했다. 두세 번 계속 물어왔으나 야간철수와 구출작전 모두를 거부했다. 단지 출동을 위한 준비만 부탁했다. 적과 싸움이 시작되면 포사격으로 충분하다고 생각했다.

이런 상황에서 제일 무서운 것은 공포와 공황에 대한 통제였다.

매복 도중에 종종 있는 일로서 공포와 무서움에 시달리던 병사가 공황의 단계를 넘어서면 자제력을 잃고 벌떡 일어나 소리 지르며 호에서 뛰쳐나가 신음하면서 와들와들 떨거나 총을 마구 난사하는 현상이 발생한다. 이렇게 되면 정말 큰일이다. 박격포 반장에게 병사를 달래고 자신감을 심어주라고 지시한 후, 중대원이 배치된 호를 전부 기어 다니면서 엄지손가락을 펴서 네가 최고라고 표시해주고는 어깨를 어루만져주면서 적이 오면 실탄을 아끼라고 귀에다 대고 이야기했다. 어깨도 토닥거려주었다.

그러는 사이에 온몸이 땀으로 범벅되었고, 무전병은 중대장이 믿음직스러웠는지 바싹 뒤에 붙어서 신 나게 따라다녔다. 내 호로 돌아왔을 때까지도 그놈의 꽹과리와 고함은 계속되었다.

우리가 적에게 밀려서 전장을 이탈해야 하는 경우가 발생하면 먼저 부상자를 빼내고 배낭과 식량은 버린 후 크레모아는 전부 터뜨리며 실탄과 수류탄은 적에게 한 발도 넘겨주어선 안 된다고 지시하였다. 60밀리 포탄도 다 쏘아버리고 포신은 수류탄을 넣어 파괴해버린 뒤 이탈하도록 지시했다.

밤 10시경으로 기억된다. 전방에 적이 출현했다.

낮은 목소리로 "마이, 마이" 하면서 우리에게 포로가 되어 죽은 마이 여인을 계속 불렀다. 처음에는 귀를 의심했다. '도깨비에 홀린 것이 아닌가? 죽은 마이 여인의 한이 꽹과리와 함성으로 변해서 이 골짜기를 시끄럽게 하고, 이제는 산 귀신이 되어 나타났나' 하는 불안한 생각에 빠져들었다. 중대원들 역시 같은 생각을 했을 것이다.

입이 바싹바싹 말랐고, 호 앞에 작은 돌이 굴러 떨어지는 것이 마치 바위가 구르는 소리 같았다. 이때 나의 귀는 천리 밖의 소리를, 내 눈은 천리 밖의 적을 보고, 내 코는 천리 밖의 냄새를 맡을 수 있을 만큼 아주 예민해졌다.

계속 부르는 소리가 가까워졌다. 죽은 여자의 남편이 틀림없어 보였다. 혼자 올 리는 절대 없었고, 저놈 뒤에는 분명히 우리를 공격하기 위한 많은 병력이 뒤따라오고 있을지도 몰랐고, 우리의 사격을 유도해서 위치를 노출시킨 다음 곡사화기 세례를 퍼부을지도 모르는 일이었다.

일이 이쯤 되고 보니 제일 중요한 것이 사격에 대한 통제였다. 적이 코앞에 올 때까지 일절 사격을 금지시켰다. 우리가 매복지점을 거의 600미터 정도 옮겼는데 잘 들릴 정도로 부르는 것으로 보아, 우리가 여기 있는 것을 모르는 것으로 판단했다.

얼마간의 시간이 흘렀다.

무서움에 떨어서 자제력을 잃고 소리를 지르거나 총을 난사하는 병사가 나올까 봐 걱정이 되었고, 속이 바싹바싹 타고 피가 말라 들어가는 것 같았다.

별안간 전방에 섬광이 번쩍하면서 "꽝" 하고 폭음이 터졌다. 크레모아 아니면 수류탄이 틀림없었다. 그런데 더 이상의 총소리는 나지 않았으며 "마이, 마이" 하며 부르던 소리도 멈추었다. 이루 말할 수 없는 초조와 불안 속에서 침묵의 몇 분이 흐른 뒤 소대장에게서 "마이, 마이" 하고 부르면서 접근하던 적을 사살했다는 무전이 날아왔다.

지금부터 내가 어떻게 해야 하나 생각했다. 누구에게 물어볼 수도 없었다. 적은 분명히 세 가지 방법 중 하나를 택할 것이었다.

첫째는 우리를 유린하기 위하여 총공격을 할 것이다.

이 경우 적이 우리의 위치를 정확히 모르고 그런 무모한 짓을 할 리가 없다. 그러므로 적이 공격해오면 크레모아와 수류탄을 동시에 사용하고 일제히 기습사격을 가한 후, 짐을 버리고 엑스밴드와 소총만 휴대한 채 철수로인 강 속으로 뛰어들어 신속히 이탈해야 한다. 적이 아무리 소총사격을 가한다 하더라도 강 속이 지면보다 훨씬 낮기 때문에 총을 맞을 염려 없이 안전하게 이탈할 수 있다.

설령 초기에 적과 접촉하더라도 적은 노출된 상태이고, 우리는 호 안에 있기 때문에 적보다 훨씬 유리하고 안전하다. 또한 교전 시는 크레모아와 수류탄으로 집중공격하고, 소총 기습사격을 가하면 최초제파의 격퇴가 가능하며, 적이 재편성하여 다시 공격하더라도 시간이 소요되기 때문에 그 틈을 이용해 우리는 신속히 강 속으로 뛰어들어 이탈하는 복안을 수립했다.

두 번째는 곡사화기 사격을 가할 것이다.

섬광이 번쩍하면서 상황이 종료되었고, 주간에도 사격은 한 발만 했기 때문에 우리가 어디에 있는지조차 정확히 모를 것이다. 탄약보급에 엄청 난 어려움이 있는 적이 정확한 위치도 모르면서 무턱대고 곡사화기 사격 을 할 리는 만무했다. 그러나 만일 적들이 사격하면 호 안에 엎드리고, 내 가 직접 우리 포병사격을 유도하기로 했다.

세 번째로 우리에게 접근한 적이 우리의 위치를 정확히 알기 위해서 버 티고 있다면 나도 소리 내지 말고 그대로 앉아서 버티는 수밖에 없다.

그러나 그날 밤 중에는 아무런 일도 일어나지 않았다.

마이 여인 남편의 죽음

자정이 넘어서면서 적의 꽹과리와 피리, 고함 소리도 조용해졌다.

첫 번째 근무자가 있던 호로 살금살금 기어가서 병사가 주는 야간조준 경을 들고 가리키는 방향을 뚫어지게 보았다. 불과 15미터 정도 떨어진 거 리에 허리 아래가 동강난 시체 하나가 비스듬히 나뒹굴고 있었고, 양 다리 가 어디에 갔는지 보이지 않았다.

병사의 말에 의하면 전방에서 "마이, 마이" 하면서 사람 부르는 소리가 나기에 야간조준경으로 전방을 계속 주시했는데, 대나무 바구니와 소총을 든 적이 소로의 좌우측을 확인하면서 접근하더라는 것이다. 그러다가 병 사가 매설해놓은 크레모아를 잡기에 순간적으로 그 병사는 크레모아 격 발기를 눌렀고 그와 동시에 마이 여인의 남편은 허리 부분이 두 동강 나고 말았던 것이다.

그는 분명히 우리가 자리를 옮긴 것을 모르고 다시 아내를 찾으러 왔던 것이다. 마이 여인이 총에 맞아 부상당해 도주하다가 쓰러졌던 지점을 이 근처로 알고 다시 찾아왔던 것이 분명했다.

그는 마이 여인과 같이 월맹 정규군을 이 산속으로 안내하다가 아침에 우리 병사가 쏜 총에 아내를 잃고 그대로 도주하여 산속 어디엔가 있는 그들의 소굴로 들어갔을 것이다. 그 속에서 아내를 구출하고 복수하겠다는 적개심에 치를 떨었을 것이다.

밤이 어두워지자 대나무 광주리에 방망이 수류탄 몇 발을 얻어 담고는 소총을 들고 찾아 나섰던 것이다.

엄청난 증오심, 아내를 찾겠다는 열망이 죽음을 초월해 나서게 했을 것이다. 비록 적이고 우리를 쏘기 위해서 이곳에 왔지만, 그의 죽음 앞에 경건히 조의를 표하고 저승에서나마 사랑하는 내외가 다시 만나 깊은 부부애로 행복하게 살기를 빌었다.

땅거미가 걷히기 시작했다.

더 이상 이곳에서 버틸 수 없었다. 새벽에 전장정리를 하고 철수하기로 결정했다. 시체 주변을 수색하고 전방을 확인했다. 약 40여 명의 적이 접근했다가 철수한 흔적이 있었고, 나무 뒤쪽과 흙더미 뒤쪽 굴곡이 있는 지표면에는 적이 엎드려 있던 흔적이 있었다.

밤새도록 서로의 정확한 위치를 확인하기 위해 신경전을 벌이다가 적은 덤벼들 호기를 포착하지 못해 그냥 돌아가 버린 것이 분명했다. 다행인지 불행인지 모르겠다.

출동한 군인이 코앞에 적을 두고도 싸우지 않았으니까……

마이 여인 남편의 호주머니를 뒤졌다. 지갑 속에 비상금 얼마와 가족사진이 있었다. 그 사진은 환하게 웃는 마이 여인의 모습과 함께 어린 아들과 딸의 모습, 넥타이를 맨 죽은 남자의 모습이 아니던가! 두 아이는 고아가 되었다. 지금 그 애들 나이는 24, 25세 정도 되었을 것이다.

광주리에는 방망이 수류탄과 미제 세열수류탄이 10발 정도 있었으나 한 발도 던져보지 못했으며, 그가 갖고 있던 AK 소총은 착검된 상태로 실탄이 장전되어 있었다.

시체를 끌어다가 마이 여인을 묻었던 자리를 파고 합장해주었다. 나무로 십자가를 만들어 머리 쪽에 박아놓았다. 시체를 찾아다가 장사를 잘 지내주라는 표시였다.

우리는 침투한 강을 따라 철수하기 시작했다. 철수 시 적과의 조우나 역매복에 대비하기 위하여 새벽에 중대기지에서 약 20여 명의 중대원이 개활지를 통과하여 강 하류 쪽에서 중대 철수를 엄호토록 했다.

약 2시간 가까이 개울을 따라 철수했을 때 우리가 매복했던 지점에서 폭음이 발생한 것을 청취했다. 시체를 뒤지다가 시체 밑에 매설한 수류탄 부비트랩이 터진 모양이었다.

중대 엄호조도 중간에서 연결되어 중대기지에 무사히 도착했다. 포로를 잡으러 출동했다가 포로는 잡지 못하고 적 사살 2명, AK 소총 1정, 구멍 뚫린 수류탄 몇 발을 노획하여 돌아왔다. 비록 얻은 것도 눈에 보이는 것도 얼마 없었지만 많은 전장교훈을 얻었다.

중대 식당에서 분대장급 이상이 모여서 이번 작전에 대한 자체 분석과 토의를 실시했다. 전장이나 전투에서 승리하기 위해 전술토의는 반드시 필요한 과정이며 이를 통해서 싸우는 기술을 발전시켜나가야 한다.

전장에서의 상황전개는 적의 행동에 따라 변하기 때문에 불확실한 안갯속에 있다. 따라서 적진 깊숙이 들어가서 활동하는 경우, 앞으로 전개될 상황을 끊임없이 예측해야 한다. 이 예측은 적 전술에 기초를 두고 판단해야 하며 아주 치밀하고 건전하고 상식적이어야 한다. 지휘관에게 정확한 예측 능력이나 상황을 타개할 수 있는 전술적 지식이나 시간과 공간의 통제 능력이 결여되어 있는 경우, 실패를 초래한다.

정보나 예측이 오리무중일 때 결정을 내리지 못하고 우물쭈물거나 당황하지 말고 과감하게 행동하는 것이 적에 대한 기습 효과를 달성할 수 있고 또한 성공 확률도 훨씬 높기 마련이다.

여기서 명심해야 할 것은 아무리 과감하게 상황에 대해 조치하더라도 적에 대한 지식과 전장의 전투기술에 기초를 두어야 하며 그렇지 못하면 만용이 되고 만다.

다음으로 적의 심리적 함화공작을 슬기롭게 극복해야 한다. 이는 아군의 공포심을 최대로 조장하고 판단을 흐리게 하여 실제보다 병력이 많은 것처럼 보이게 하는 일종의 기만작전이다.

이러한 심리전은 각급 제대에서 모두 사용하며, 2, 3명의 인원으로 구성된 기만조가 측후방에서 징, 꽹과리, 북, 나팔, 피리, 함성, 횃불 등을 이용, 주력 부대의 행동인 것처럼 기만하여 정상적이고 건전한 판단을 못하도록 만든다.

이에 대한 최상의 대책 역시 적 전술에 대한 충분한 교육과 예행연습을 통해 감각을 숙달시키는 것이다. 병사들이 이런 문제에 대해 무감각할 수 있다면 가장 바람직하지만, 그 정도까지 되려면 많은 경험이 축적되어야 한다.

이번 작전에서도 심야에 적들이 꽹과리, 피리, 징, 함성 등으로 우리를 기만하고 유인하려고 많은 노력을 했지만 중대원이 동요하지 않고 중대장 명령대로 차질 없이 움직일 수 있었던 것은 출동 전, 유사 상황하에서 예행연습을 하면서 전개될 상황을 미리 예측했고 공포와 불안이 엄습해

오는 심야에 직접 각 병사의 호를 기어 다니면서 격려한 것이 제일 중요하지 않았나 하고 생각되었다.

마지막으로 사격에 대한 통제이다.

주야매복에서 성공의 열쇠는 적의 첨병을 통과시키고 본대를 살상지대까지 유인하여 대량으로 기습사격을 함에 있다. 불필요한 사격을 하거나 첨병을 보고 놀라서 사격하는 경우에는 본대를 놓치게 되고 실탄을 쓸데없이 낭비하게 된다.

포로획득 작전은 실패로 끝났지만 이 실패를 통하여 차기 작전 시에는 성공을 보장받을 수 있는 값진 경험을 했다. 단지 좀 마음에 걸리는 것은 아무것도 모르고 남편을 따라나섰다가 전장에서 희생된 마이 여인과 아내를 구하려다 쓸쓸한 초원에서 비참하게 생을 마친 그의 남편에 대한 인간적인 죄책감이었다.

희생된 부부의 저승에서의 해로와 명복을 간절히 빌면서 마이 여인 두 자녀의 훌륭한 성장을 바란다. 당시 전투를 수행하는 중대장직에 있었던 나로서는 그럴 수밖에 없었다고 자위하면서.

영악한
적의 전술

　　최근 들어 우리 중대가 틀어막고 있는 캇슌 계곡 지역
에 적 활동이 활발하고 적정이 심상치 않았으므로 계곡 북쪽의 산악지역
에 대한 사단작전이 시작되었다.

　'월계작전'으로 불렸던 이 작전이 사단 단위의 대규모 작전으로 전개된
이유는 그동안 지역 내의 적정과 월남군 및 민간인으로부터 얻은 첩보들
의 영향도 컸지만, 우리 중대가 주야간 매복에서 얻은 전과와 관측보고 사
항이 작전을 결정하는 데 결정적 원인이 되었다고 본다.

　당시 내 목에는 월남돈 60만 피아스터의 현상금이 걸려 있었다. 노획된
문서나 포로 및 지방인 첩자로부터 획득한 첩보에 의하면 적들은 목의 가
시처럼 여겨진 우리 중대기지를 습격해서 싹 쓸어버리려고 벼르던 모양
이었다.

　과히 기분 좋은 소문은 아니었다. 겉으로는 중대원들 앞에서 올 테면 와

라, 한바탕 붙어보자고 큰소리치면서 지냈지만 사실은 은근히 걱정도 되었다. 밤이면 적에게 중대가 습격받는 꿈도 꾸었다. 상급부대에서는 중대기지가 적에게 유린당하는 것을 방지하기 위해 여러 가지 조치를 해주었다.

탄약이 추가 지급되고 불도저를 지원받아 외곽 방호벽을 견고히 구축한 뒤 그 위에 호를 준비하고 철조망 보강작업까지 마쳤다. 마치 옛 성처럼 외곽이 튼튼해졌고, 내부는 관측이나 직사화기로부터 보호받게 되었다.

각종 예상되는 상황과 시간대에 따라 우리가 어떻게 싸울 것인가를 예측하면서 부단한 훈련을 하였고, 포병 이용과 항공기 운용에 대해서도 연습을 게을리하지 않았다.

적이 중대기지를 습격할 것이라는 소문을 퍼뜨린 것은 우리의 수색정찰이나 매복활동을 위축시키고, 기지방어 때문에 병력이 기지 내에 묶여 있도록 하려는 심리전일 수도 있었다. 상급부대에서도 당분간은 기지방어 위주로 활동하면서 지나친 야외활동은 삼가할 것을 요구해왔으나 나는 오히려 주간수색과 야간매복을 더욱 강화했다.

중대기지를 습격할 것이라는 소문과 지대 내의 많은 적정들로 인하여 중대원들은 나를 중심으로 저절로 똘똘 뭉치게 되었다.

'철저하게 훈련하고 대비해야 우리가 산다'는 동기가 저절로 형성되어 중대원들은 밤낮으로 계속되는 반복훈련을 잘 견디어주었다.

위기일발의 순간

우리 중대는 하루 전날 밤에 도보로 침투했다. 중요한 고지 몇 군데를 야간에 장악하고 난 뒤, 다음 날 주간에 헬기로 각 고지에 착륙하는 본대를 안전하게 유도하기 위해서였다. 아무리 야간침투라도 정확히 목적지를 찾아가는 것은 별문제가 아니었으나 도중에 있을 적과의 조우가 큰 문제였다.

적들은 통상 우리가 깊은 밤에는 한곳에 머물며 매복할 뿐 움직이지 않는다는 것을 너무나 잘 알고 있었다. 그래서 적이 먼저 우리를 보더라도 확인하기 전에는 발포하지 않을 것이므로 과감하게 행동하든가 생포하도록 만반의 준비를 하고 예행연습까지 시켰다.

당시 연대나 사단급 제대의 작전은 헬기로 산의 고지에 착륙하여 능선을 따라 횡으로 전개하면서, 인접지역에 착륙한 다른 대원들과 손을 잡아 연결함으로써 일단 포위권을 형성하는 방식이었다. 그다음에 조직적으로 한 발 한 발 포위권을 좁혀가면서 정밀 수색하는 방법을 취했다.

따라서 고지에 착륙하는 시기가 가장 취약했으며 일단 착륙하여 병력을 전개하기 시작하면 오히려 안심이 되었다. 그리 흔한 일은 아니었지만 병력을 가득 태운 헬기가 착륙 직전에 적 지상화기에 맞아 적 지역에 불시착하거나 추락하는 경우가 발생하기도 했다.

헬기 안에 타고 있는 우리 같은 보병들은 미군 조종사와 언어소통도 제대로 되지 않는 상태라서 그 불안함이란 이루 형언할 수가 없다. 착륙할 때가 되면 발바닥이 간질간질하고 항문 근처가 쭈뼛쭈뼛했다. 적 지상화기가 날아올지 모른다는 불안감 때문에 생기는 신체의 이상반응이었다.

밤새 부지런히 걸었다. 적의 소굴 지역에서 1개 중대 병력을 이끌고 조심조심 가다 보니 예상보다 늦었다. 내가 대대 전술지휘소 예정 지역에 도착한 때는 해가 떠오른 이후였다.

대대장님과 전방지휘소 요원이 탑승한 헬기가 이륙했다는 연락이 왔다.

아직도 우리는 대대 지휘소가 위치할 산 능선의 작은 풀밭을 확인하고 있는 중이었다. 한국군이나 미군이 근래에 이곳에 와서 작전한 일이 전혀 없었는데도 풀 위에 시레이션 박스가 놓여 있었다.

순간적으로 폭약이 담긴 부비트랩이 틀림없다고 판단한 뒤 살금살금 기어가 미리 준비한 철사 고리를 걸고 잡아당기니 아니나 다를까 엄청난 화염과 함께 폭음을 일으키며 폭발했다.

이때 병사 두 명이 엉덩이와 허리에 엄지손가락만 한 돌멩이가 박혀 뽑아냈으나 다행히 큰 부상은 아니었다.

적들이 언젠가 이런 평지에 헬기가 착륙할 것이라 판단하고 착륙하는 헬기를 화염으로 폭파시키려고 시도한 것이었다. 그런데 조금 떨어진 곳에 또 하나가 있었다. 이번에는 우리가 진지나 호를 구축할 때 사용하는 마대에 무엇이 가득 든 것처럼 보였다.

'틀림없이 저것도 가루 TNT 자루다'라고 생각하고 제거하려는데 공중에서 난데없이 대대장님을 태운 헬기가 착륙을 시도하고 있었다.

나는 무전기에다 대고 소리소리 질렀다.

"밑에는 부비트랩 밭이니 착륙하지 말라. 화염에 싸여 헬기가 터진다. 착륙하면 다 죽으니 내리지 말라."

헬기는 공중을 한 바퀴 돌더니 내가 서 있는 것을 확인하고 서서히 내려오기 시작했다. 밑의 상황을 전혀 모른 채 오히려 나를 보고 반갑다고 손까지 흔들었다. 아무리 무전기에다 고함을 쳐도 막무가내로 계속 하강했다. 무전기를 팽개치고 비행기 앞쪽으로 뛰어가 조종사가 보이는 데서 악을 쓰면서 손짓을 했다.

"야! 미친놈아 그냥 내리면 다 죽어 빨리 올라가."

미군 조종사가 알아들을 리가 없었다. 그래도 헬기는 계속 하강을 시도

하기에 나와 병사 한 명이 조종사가 보는 앞쪽에서 그대로 헬기 밑바닥으로 뛰어 들어가 총으로 헬기 바닥을 '꽝꽝' 후려쳤다. 이제는 헬기의 센 바람에 의해 인계철선이 힘을 받아 마대 자루의 폭약이 터질 판이었다.

그제야 지상의 행동이 심상치 않음을 감지하고 착륙을 포기한 채 공중으로 올라갔다. 우리는 땅바닥에 납작 엎드렸다. 헬기 프로펠러 바람에 인계철선이 압력을 받아 터질 것 같았다. 다행히 터지지는 않았다. 헬기 승무원인 미군 조종사와 대대작전장교 사이의 언어장벽 때문에 의사소통이 제대로 되지 않아 발생한 위기일발의 순간이었다. 3소대장 한 중위를 시켜 제거했더니 조금 전처럼 커다란 불기둥을 일으키며 폭발했다.

헬기에 탔던 사람들은 그 광경을 보지 못했다. 훗날 당시의 상황을 자세히 이야기해주었지만 아마도 지금쯤은 전부 잊었을지도 모른다.

우물우물하면서 헬기를 그대로 내리게 했다면 타고 있던 대대장님과 본부요원이 어떻게 되었을까. 지금도 돌이켜보면 아찔할 뿐이다.

적을 동굴 안에 몰아넣고

중대는 당일 대대본부에 작전지역을 인계한 후 헬기를 타고 높은 산악지대로 이동했다.

첫날은 헬기로 각 고지에 착륙하여 능선을 따라 인접부대와 연결해서 포위권을 형성하는 것으로 임무가 끝났다. 착륙한 당일에는 전방에 대한 수색을 하는 법이 거의 없었기 때문이다. 부대 전체의 역량을 집중하여 우선 도망하는 적을 포위권 내에 가두어두기 위해서였다.

작전 첫날, 공중에서 많은 헬기가 적을 포위하기 위한 병력을 실어 나를

고지에 착륙하는 시누크 헬기.

때, 적과 교전이 생기면 헬기가 위험하므로 포병화력이나 무장헬기 지원
을 적시에 받지 못한다. 화력지원을 받기 위해서는 반드시 병력 수송 중인
헬기가 전부 착륙해야 한다. 따라서 포위권 형성이 늦어지면 작전전개에
큰 차질이 초래된다. 그러므로 지휘관들은 누구나 착륙 즉시 일어나는 교
전을 피하는 경향이 있었다.

　아침 일찍 고지에 착륙한 중대는 몇 시간 만에 전개해 포위권을 형성했
지만 온종일 하는 일 없이 다른 지역의 포위권 형성이 완료될 때까지 기다
려야 했다.

　늦게 작전지역으로 투입된 부대 그리고 착륙 지역을 잘못 찾아 엉뚱한
곳에 착륙한 부대 등을 조정하느라 첫날에는 혼잡하기가 이루 말할 수 없
게 되며, 밤늦게까지 포위권 형성이 안 되는 경우도 허다했다. 적은 수년
간 우리와 싸우면서 이러한 작전 절차를 잘 알고 있었는지라 헬기가 날아
오기 시작하면 느긋하게 서두르지 않고 지역 내에서 미리 준비해둔 비밀
동굴 속으로 잠적하거나, 아군의 접근로와 자기들의 은거지 부근에다 지

뢰나 부비트랩을 설치하고 빠져나가곤 했다.

적의 이런 수법을 나는 오랜 경험을 통해 잘 알고 있었다.

그래서 우리는 고지에 착륙하자마자 2소대장 임 중위가 인솔하는 2개 분대를 뛰다시피 빠른 속도로 능선을 따라 계곡 쪽으로 내려 보냈다.

적이 도망간다거나 부비트랩이나 지뢰를 설치하기 전에 공격하여 기습을 달성하고 피해를 줄이려는 의도였다. 처음 고지에 착륙했기 때문에 우리도 취약점이 많아 조직적인 작전은 할 수 없었지만 적은 우리보다 더 취약하고 어수선했다.

아나나 다를까, 좌측 계곡으로 뛰어 내려간 소대장조에 의해서 포위망을 탈출하려는 일단의 적 무리가 포착되었다.

지금까지 만난 적은 교전이 붙으면 죽기 살기로 덤벼드는 경우는 소수에 불과했고, 대부분 접전을 단절하고 빠른 동작으로 도망가거나 교묘하게 파놓은 작은 굴속으로 잠적했다. 그런데 이번에 부딪친 적은 종전에 싸우던 적과는 달랐다. 수색해 내려가는 우리 병력과 소총 유효사거리 및 가시거리 내에서 우리를 물고 늘어지며 내려갔다.

굵은 나무가 빽빽이 들어차 있는 정글에서는 100미터 정도만 이격되어도 보이지 않거니와 사격해도 나무에 박혀 몇 미터 나아가지 못하고, 포를 쏴도 나무 위에서 터지므로 폭음 소리만 크지 파편 효과는 크게 감소된다.

우리가 앞으로 나가면 적은 뒤로 물러나고 우리가 정지하면 적도 정지하여 나무 뒤에 숨어서 총을 쐈다.

우리를 살상지대 내로 유인하기 위해서 또는 본대의 도주 시간을 벌기 위해서 지연전을 하는 게 아닌가 하고 의심도 했다.

총소리로 소대장조의 위치와 적의 위치를 확인한 후 선임하사조 2개 분대가 현 접적 지점보다 300미터 정도 아래로 능선을 따라 내려가 있다가 적이 계곡을 따라 내려오면 측방에서 공격토록 했다.

드디어 선임하사조가 계곡에서 소대장조와 가까워지면서 조금씩 이동하는 적을 확인하고 공격을 개시하니, 적은 완전히 옆구리에 기습을 당하여 혼비백산했다. 능선으로부터 예기치 않은 기습을 받은 적 무리는 근처에 있는 동굴 속으로 들어가 버렸다.

동굴의 맞은편에서 동굴 쪽을 향해 사격하면서 밑으로부터 기어 올라가 동굴 입구에 도착하여 소리를 질렀다.

"손들고 나와!"

"따다당."

말이 떨어지기가 무섭게 동굴 안에서 적탄이 날아왔다. 다행히 출입구는 하나뿐이었다. 입구는 이미 우리가 봉쇄했고, 다른 곳에 혹시 출구가 있는지 찾아보았지만 전혀 보이지 않았다.

우리는 동굴 입구 바로 위까지 접근하여 단단히 봉쇄했다. 그러고 나서 긴 나뭇가지 끝에 수류탄을 매달아 입구에 집어넣고 안전핀에 매달린 부비트랩 제거기 줄을 잡아당겨 터뜨렸다. 크레모아도 같은 요령으로 사용했다.

이때 적들은 나무에 매달린 크레모아가 동굴 입구까지 들이닥치자 크레모아를 향해 사격했다. 투항할 의사가 없는 것으로 판단되었다.

동굴 위에서 야전삽으로 파기 시작했다.

동굴 천장 바위틈으로 크레모아와 수류탄이 터질 때 생긴 화약연기가 새어나오는 곳이 있었으므로 야전삽으로 조금 팠는데 곧 구멍이 약간 생겼다.

우리는 그 구멍에다 수류탄을 수십 발 집어넣었다. 동굴 안에서는 계속 수류탄이 터졌다.

크레모아를 끈에다 매달아서 구멍 안에 넣고는 밑바닥에 닿기만 하면 터뜨리고, 전후좌우로 방향을 조정하면서 터뜨렸다. 소총을 구멍 안에 집어넣고 총을 빙빙 돌려가며 연발로 쏴댔다.

"뜨르륵 드득."

동굴이 얼마나 큰지 자세히 몰랐지만 이만하면 저항을 포기하고 손들고 나오겠지 생각하면서 안에다 대고 나오라고 소리를 버럭 질렀다.

아무 소식이 없었다.

플래시를 켜서 안을 비추었으나 흙먼지와 화약연기 때문에 앞이 전혀 보이지 않았다.

마침내 굴 안으로 병사들이 들어갔을 때는 발을 옮길 수 없을 만큼 일단의 적 무리가 뒤엉켜 있었다.

오장육부가 다 터지고, 똥오줌이 뒤섞여 온통 범벅이 되어 형체도 알아보기 힘들었다. 피비린내와 똥오줌 구린내 그리고 화약 냄새가 뒤섞여 구역질이 나 입을 틀어막았다. 눈 뜨고 볼 수가 없었다.

그 속에서도 살아 있는 적이 있었다.

입구 반대쪽에 바닥에서 사람 키 정도 높이의 바위가 있었는데, 그 위에 남자와 여자가 벽 쪽에 바짝 붙어 엎드려 있다가 죽지 않고 살아남았다.

우리 병사들이 안으로 들어가니 "따이한, 따이한" 하고 불렀다. 그러나 그는 조그만 보따리를 들고 흔들었기 때문에 이를 보고 놀란 병사의 총에 맞아 발목의 복숭아뼈가 부상당한 채 붙들렸다.

우리 병사들은 적이 투항할 때 손에 보따리 같은 것을 든 채 손을 들면 무조건 쏴버리도록 교육받아왔다. 왜냐하면 적들은 폭약가루가 가득 든 자루 비슷한 것을 들고 투항하는 척하다가 우리가 안심하고 있는 사이에

포로가 된 적 18연대 통신대장을 업고 산을 오르고 있다.

던져 터뜨리기 때문이었다. 적들은 '꽝' 하고 폭발하는 사이에 혼란한 틈을 이용해 총을 난사하고 도망가는 수법을 자주 썼다.

월맹 정규군 18연대 본부 중대장은 굴 안에서 처참하게 죽었고, 통신대장은 생포됐다. 이 포로의 진술로 연대본부 인원 13명이 폭사한 것을 확인할 수 있었다.

적 연대장을 잡지 못한 것이 못내 아쉬웠으나 이번 작전의 첫 전과로서는 충분히 만족할 만했다.

산에 착륙하자마자 두세 시간 만에 세운 전과였다.

잡힌 포로들은 전부 동굴 안에서 고막이 파열되어 제대로 말귀를 알아듣지 못하고 동문서답만 했다. 남자 포로는 귀 옆에다 대고 총을 몇 발 쏘면서 위협하니 묻지 않은 사항도 줄줄 불어대는데, 여자 포로는 얼마나 독한지 눈알을 뒤집어 뜨고는 모른다고 앙칼진 소리를 질렀다.

동굴에서 능선까지 업어주었더니 살려주어서 고맙다고 연신 엎드려 절하는 사내놈과는 너무나 대조적이었다.

지금까지의 적들은 포위되면 소수 인원으로 분산하여 포위망을 뚫고 달아나려고 발버둥만 쳤다. 그럴 때마다 적은 우리의 매복조에 발각되어 전멸당하곤 했다.

우리는 삼삼오오로 분산해 살금살금 기어오는 적을 잡는 데 매우 숙달되어 있었고, 늘 그렇게 오려니 하고 미리 대기했다. 그런데 근자에 이르러 월맹 정규군이 나타난 뒤부터 그들의 전술이 소위 물소전술, 제파식돌파 등 다양하게 구사되고 있었다.

전투력을 집중시켜라. 소수가 다수를 이긴다

1968년 3월 하순경으로 기억한다.

월맹 정규군 대대규모가 '안영'이라는 마을에 은거해 있다는 첩보를 갖고 우리 1연대가 투입되어 포위한 적이 있었다. 마을이래야 직경이 1킬로미터 남짓하고 마을 외곽은 대나무가 무성하며 주변은 전부 논으로 둘러싸여 있었다.

적은 마을 외곽의 대나무 숲 밑에 개인호를 구축했고, 우리는 편편한 논바닥에 논둑과 도랑을 따라 포위했다. 견고한 진지가 있는지도 모르고 늘 하던 대로 APC를 타고 들어가다가 대전차화기공격을 받고 뒤로 물러났다.

미 공군 팬텀 전투기의 공중공격과 우리가 보유한 곡사화기 사격을 병행하면서 공격했지만 또 실패했다. '그 많은 화력을 퍼붓고도 왜 실패했을까?'

적은 마을 외곽을 따라 대나무 뿌리 밑에 유개호 진지를 구축해 숨어 있다가 우군이 접근할 때마다 기습사격을 가해왔다. 우리는 완전히 논바닥

개활지에 노출되어 있어서 접근조차 못했다. 공중공격과 포사격은 피아가 근접해 있어서 마을 외곽의 적진지에는 사격을 못하고 아무것도 없는 마을 한가운데만 포격했으니 우리 공격에 전혀 도움을 주지 못했다.

밤이 되어 야간작전으로 전환했다.

밤 10시쯤 되었을까. APC 궤도가 지나가며 파놓은 논바닥의 골을 따라 두 명의 적이 우리 바로 옆 소대 쪽으로 기어 나오다가 사살당했다. 역시 같은 통로로 15분 정도 간격을 두고 5명이 나타났고, 이어서 7명이 더 기어 나왔지만 모두 사살되었다.

이들은 소리 없이 기도비닉을 유지하고, 조명지뢰 인계철선과 크레모아 도전선을 찾기 위해 팬티만 입고 발가벗은 채였다. 옷을 입으면 감각이 둔해지기 때문에 피부 감각을 최고도로 높이기 위해서 이처럼 옷을 벗고 덤벼들었다.

옆 소대원들은 이렇게 침투해 오는 적들을 잡느라고 매설된 크레모아를 모두 터뜨렸고, 가지고 있던 수류탄과 실탄마저 거의 다 소모해버렸다.

지금까지 적은 같은 통로에 수 개의 제파로 시간 간격을 두고 덤벼든 예가 한 번도 없었다.

"와아, 호찌민 만시(호찌민 만세)."

소리를 지르면서 지금까지 동료들이 사살당한 바로 그 통로로, 대대병력이 어이없게도 와글와글 몰려서 포위망을 뚫고 지나가 버렸다.

탄약이 다 떨어진 소대원들의 호 위를 그대로 밟고 지나가 버렸던 것이다. 비록 적 지휘관이었지만 매우 영리한 대대장인 것 같았다. 우리가 포위할 때 예비대나 종심이 없었다는 것을 잘 아는 놈이었다.

항공기 공격이나 포병사격을 피할 수 있도록 낮에는 마을 외곽 대숲 속에 진지를 파고 들어가 우리의 주간공격을 효과적으로 저지했고, 밤이 되자 한곳에 수개의 소수 제파를 차례대로 투입하여 탄약을 소모시키고는 전투력을 집중시켜 뚫고 나갔던 것이다.

전투력이 우세한 한국군 연대가 겨우 개인화기 정도로 경무장한 적 대대 규모를 포위했으니, 독 안에 든 쥐가 분명했지만 한곳으로 전투력을 집중하니 양상이 달라져버렸다. 적 1개 대대와 탄약이 다 떨어진 반 개 소대 규모와의 싸움이 되어버렸던 셈이다.

마을을 빽빽하게 포위하고 있던 나머지 병력들은 탄약이 다 떨어진 전우들을 적이 일거에 밟고 지나갔지만 발을 동동 구르면서 구경만 하는 꼴이 되었다.

적 대대장은 전멸의 위기를, 결정적인 시간과 장소에 전투력을 집중함으로써 호기로 전환시켜 전세를 역전시켰다. 소수의 병력만 잃고 대대 건재를 유지한 채 기세 좋게 뚫고 나갔으니…….

적이 한꺼번에 몰려서 포위선을 돌파하려고 덤벼드는 것을 한번쯤 생각해볼 필요가 있다. 적들은 절대로 수류탄을 던지지 못한다.

수류탄이 폭발할 때 자기들 자신이 뛰어오다가 파편에 맞기 때문이다. 소총사격은 맨 앞에 뛰어오는 적들만 쏠 수 있다. 뒤따라 뛰어오는 적들이 전방으로 사격하면 앞에 가는 자기 동료가 맞아 죽기 때문이다.

전부 공중에다 대고 총을 쏘며 소리를 지른다. 적들이 스스로 무서움을 제거하고, 우리에게는 두려움을 주어 공포심을 불러일으키게 하기 위해서다.

호 안에 있는 병사들은 겁낼 필요가 없다. 총소리가 요란해도 나를 향해 쏘는 총은 맨 앞에 오는 적들뿐이고, 밤에 뛰면서 쏘는 총은 맞을 염려가 전혀 없다. 고함을 지르면서 덤벼든다고 겁낼 필요는 없다. 적이 더 취약하며 두려워하고 있기 때문이다.

동굴 내부에서 노획한 적 화기 및 장비.

또한 적들은 물소전술을 구사하는 것으로 판단되었다.

지금까지 통상 포위되었을 때 우리와 교전을 하게 되면 접촉을 단절하고 도망갔지만, 이제는 소총 유효사거리와 가시거리 내에서 물고 늘어지는 전술을 개발해 사용했다.

우리와 부딪치면 총탄 세례를 받고 도망만 치다 보니 여기저기서 제대로 싸워보지 못한 채 죽기만 했는데, 우리가 포위권을 형성할 때 몇 겹으로 둘러싸는 것이 아니라 종심 없이 한 겹으로 포위한다는 것을 알아차린 후부터 적들은 일단 교전이 붙으면 우리를 물고 도망갔다. 우리는 계속 뒤따라가고…….

그러다가 우리에게 약점이 보이든가 포위망에 구멍이 생긴 것을 발견하면 사력을 다해 포위망을 빠져나가 버렸다. 이것이 적의 소위 '물소전술'이었다. 산에 사는 야생물소가 사람을 만나면 멀리 도망가는 것이 아니라 적당한 거리를 두고 슬금슬금 도망가는 것과 비슷해 지은 전술 명칭이었다.

이번에 적들이 우리에게 처참하게 당하게 된 데에는 이유가 있었다. 적들은 우리와 마주치자 계곡으로만 도망하다가, 능선을 점령하고 측방에서 강타하는 우리 측 공격을 받고 얼떨결에 동굴 속으로 숨어들었다가 몰살당했다.

추격당할 때 동굴 속으로 숨는 것은 쥐가 독 안으로 뛰어드는 꼴이다. 아예 계속 도망가든지 미리 준비해둔 은신처로 기가 막히게 잠적해야 한다. 따라서 잠적 기술은 필히 숙달되어야 한다.

또한 능선을 장악하지 않은 채 계곡으로 들어가는 것은 죽음의 길로 들어서는 것과 같다. 산에서의 작전은 반드시 능선과 계곡을 동시에 점령하고 활동해야 한다.

장기가 노출된
부상병

사단작전에 투입된 지 며칠 지나 중대는 루시엠 강 상류 지역에서 새로운 임무를 부여받았다. 우리가 수행해야 할 임무는 산 하단부에서 강을 끼고 숨어 있다가 산에서 빠져나오는 적들을 잡는 것이었다.

연대의 다른 대대들은 고지능선을 따라 포위망을 형성하고, 위에서 아래로 적을 몰아 내려오면서 수색활동을 실시하였다. 이것이 소위 토끼몰이식 수색작전이며, 이를 위해 우리 중대는 궁지에 몰린 토끼를 최종적으로 잡아들이는 사냥꾼이었다.

이러한 작전은 통상 산 위에 헬기로 투입된 병력이 능선을 따라 서로 연결하여 포위권을 형성한 후 그 포위망을 압축하면서 작전이 전개된다.

수색부대는 정밀수색을 했기 때문에 전진속도가 느리므로 평상시 걸으면 몇 시간 이내에 올 수 있는 거리를 최소한 3일 이상 지나야 산 하단부에 도착한다. 그러나 언제 적과 조우하게 될지 모르는 긴장된 상황이 계속

되었으므로 수색부대로서는 그렇게 지루하지만은 않았다.

반면에 산 하단부에 숨어서 수색부대가 몰아주는 적을 잡기 위해 며칠 씩이나 기다려야 했던 우리로서는 말할 수 없이 지루했다.

전장 군기를 철저하게 준수해야 하고, 엄하게 다스려야 한다

그 외에도 숨어서 대기하던 부대에게는 견디기 힘든 일이 많았다. 모기의 극성은 말할 나위 없었고, 독충이나 거머리가 득실대는 지역에 배치된 부대의 경우는 고전을 많이 했다. 개활지에 배치된 부대는 나무 그늘이 전혀 없어 한낮의 뙤약볕을 참기가 끔찍할 정도로 힘들었다. 늪지에 배치된 부대는 하루만 지나도 발가락 사이와 사타구니가 헐어버렸다.

그렇기 때문에 통상 흙을 파서 높이 쌓은 다음 우의를 깔고, 그 위에 앉아서 임무를 수행했지만 자세가 높기 때문에 적에게 쉽게 발견됐다. 또한 크레모아를 막대기에 매달아 땅에 박아 놓으면 몇 시간 뒤에는 슬그머니 늪 속으로 빨려 들어가 버린다.

수류탄을 던지더라도 흙에 묻혀버리므로 터져도 흙만 많이 튈 뿐 파편 효과는 거의 없었다. 이런 곳에서 적은 발가벗은 채 얼굴에 늪흙을 바르고 지렁이 기듯 기어왔다. 코앞에 오기 전까지는 도대체 알 수가 없었다.

우리 중대는 저지대에 배치되었기 때문에 산 쪽에서 숨어 내려올지도 모를 적에게 먼저 발견되지 않도록 위장을 잘해야 했으며, 작은 호 안에서 다리도 제대로 뻗지 못한 채 며칠씩 버텨야만 했다.

호를 파고 들어가 버티는 것 자체가 중요한 문제는 아니다. 어떻게 버티느냐 하는 수행 방법이 더욱 중요하다.

전장 군기를 철저하게 준수해야 한다. 엄하게 다스려야 한다. 함부로 움직여서는 절대 안 된다.

포위권을 빠져나가야 하는 적들이 우리가 배치된 지역을 눈치채게 되면 우리의 배치 공간을 이용해 야음을 틈타 우회하여 빠져나가기도 했고, 약한 곳을 찾아서 기습적으로 집중돌파하는 경우도 발생했다.

특히 적의 집중돌파는 늘 예상해야 한다. 주간에는 말할 것 없고 야간에도 조기 경고를 할 수 있는 조치를 해야 한다. 평상시 기지에서 소대 단위로 매복을 나갈 때는 적의 주접근로상에 조명지뢰를 설치하면 안 된다. 그러나 적의 대병력을 포위했을 경우에는 집중돌파를 방지하기 위해 적의 주접근로상에 조명지뢰를 설치해야 한다.

밤과 낮이 따로 없다. 오히려 주간에 더욱 조심해야 한다. 주간에는 쉽게 위치가 노출되고 근무자세가 이완되기 쉽기 때문이다.

적의 입장에서 생각해보라. 포위당하면 굴속으로 잠적하든가, 삼삼오오 조를 나누어 분산하여 도주하든가, 집중하여 약한 곳을 골라 돌파하려고 하지 않겠는가?

호 앞에 위장을 위해 꽂아둔 나뭇가지나 풀이 시들지 않았는지, 호를 파서 생긴 흙이 노출되지 않았는지, 대소변 때문에 냄새가 풍기지 않는지 등을 세심하게 확인해야 한다.

꼭 필요한 경우가 아니면 움직이지 않는 것이 상책이므로 재보급도 횟수를 최소화해야 한다. 만약 꼭 움직여야 할 일이 있다면 서서 다니지 말아야 하며 무릎으로 기든지 포복으로 이동하든지 해서 적에게 절대로 노출되지 않도록 각별히 주의하고, 나 하나 어떠랴 하는 방심은 전장군기 확립을 위해서 엄하게 다스려야 한다.

밤에는 긴장하지만 해만 뜨면 긴장이 풀리기 쉬운 법이다. 낮에도 똑같은 요령과 방법으로 근무하고 감독해야만 한다. 만약 이러한 사항들이 조금이라도 소홀하게 되면 적의 집중돌파로 진지가 유린당하는 불행을 초래하게 된다.

'밤보다 낮을 더 조심하라.'

낮이 되면 병력배치를 재조정해야 한다. 밤에는 일정한 간격을 두고 배치하지만 낮에는 적에게 발견되지 않도록 나무라든지 숲에 숨어서 임무를 수행할 수 있도록 하는 것이 최우선이다.

주민의 슬픔

투입된 지 이틀째 되던 날 아침, 중대의 우측 끝에서 나이가 많이 든 촌로 2명이 강을 따라 걸어 내려오다가 중대원에게 생포되었다.

통상 한국군은 아침 먼동이 틀 때쯤 매복을 마치고 철수한다는 것을 알고, 이를 피해서 내려오다가 잡힌 것이다. 우리에게 어찌나 부들부들 떨면서 빌어대는지, 고향에 계신 아버님 생각이 저절로 나면서 몹시도 불쌍하고 측은해 보였다.

며칠 전 마을에서 지방 게릴라들의 강요로 보급품을 짊어지고 적의 소굴까지 운반해준 뒤 집으로 돌아가는 촌로들이었다. 적은 산속에서 살다 보니 보급품 조달이 곤란하여 아녀자들까지 동원하여 보급품을 운반시켜 왔는데, 이들에게 한 번 끌려가면 상당한 기간 동안 산속의 적 소굴에 머무르면서 사상교육을 강요받았고, 게릴라 활동에 적극 참여하도록 위협받았다. 아마 자발적으로 나서는 사람도 많았을 것이다.

나이가 환갑이 넘어 머리가 하얗게 세고 주름살이 푹 파인 노인네의 이마에서 이 나라의 슬픔을 보는 것 같았다. 강압에 못 이겨 보급품을 운반해주고 오는 길이라고 했지만, 사실은 산속에 있는 아들이나 딸 또는 손자 손녀를 만나려고 자기 스스로 다녀오는 길인지도 모른다.

이 나라 역시 우리나라와 마찬가지로 1945년 8월 연합군의 승리로 일본이 패망하자 그들의 점령하에서 해방되었다.

거대한 중국대륙의 남단 돌출부에 위치한 조그만 나라 월남은 외세의 끊임없는 침략 위협 속에서도 나름대로 전통과 명맥을 이어온 나라였다.

천 년이라는 기나긴 세월을 중국에 예속되어 있었고, 그 후 백 년은 독립을 유지했지만 또다시 거의 백 년의 세월을 프랑스 지배하에 있었으며, 제2차 세계대전이 발발하자 일본의 수중으로 들어갔다. 제2차 세계대전이 끝난 뒤에도 30여 년 동안 피 비린내 나는 내전을 치른 것이 이 나라 역사의 전부이다.

1945년부터 1954년까지 프랑스와의 전쟁, 이후에는 남북으로 갈려 북쪽에는 소련과 중공이 지원하는 공산 정권이, 남쪽에는 미국과 자유진영이 지원하는 민주주의 정권이 수립되어 완전히 국가가 양분된 채 1975년까지 싸웠다.

이 노인네들은 나이로 보아서 프랑스 식민지시대에 태어나 유년과 장년시절을 보낸 후 제2차 세계대전을 겪었고, 지금까지 30년 전쟁의 와중에서 고통받으며 살아가고 있는 불행한 사람들이었다. 낮에는 정부군의 통제를 받았으며 밤이면 공산주의자들에게 시달렸다. 우리가 아무리 작전활동을 적극적으로 한다 하더라도 주로 주간에 많이 이루어졌고 야간에는 대부분 매복작전만 수행하고 기지로 돌아왔다.

월남군 역시 주간에만 활동했고, 밤이 되면 행정기관을 경계하든가 주요 교량 및 시설방호 임무만 수행했을 뿐 적의 목을 차단해서 잡으려는 야간행동은 아예 하지 않았다. 그러니 밤만 되면 마을은 적의 수중으로 들어가게 되고, 양쪽 장단에 맞추자니 주민들만 고통을 받게 되었다.

주민들은 오로지 살아남기 위해서 살았다. 이념이나 체제는 알 바 아니었으며 오로지 살기 위해 줄타기를 계속하고 있는 셈이었다.

같은 마을 내에서도 정부군과 게릴라에 참여한 집들로 서로 나뉘어 있었고, 심지어 한 집안에서도 정부군과 게릴라로 나뉘어서 활동하는 일이 허다했다. 형과 동생이 서로 적이 되어 총을 겨누기도 했다. 살아남기 위해서는 하는 수 없이 이런 식으로 말려들어 갈 수밖에 다른 방도가 없었던 것이다.

정부 쪽에 협조하면 게릴라에게 시달렸고 게릴라에게 협조하면 정부군에게 시달렸으니, 모두들 무표정하고 마을 사람들은 물론 식구들끼리도 비밀이 많았다.

농사를 지으면 정부에 세금을 내고, 게릴라에게는 약탈을 당해야 했다. 농촌은 황폐해졌고 농민은 농사를 회피한 채 도회지로 떠났다. 도회지도 마찬가지였지만.

때로는 가족을 보호하기 위해서 게릴라에게도 세금을 내야만 했다. 30년의 전쟁은 사람들을 너무 지치게 만들었고 사람이 죽고 사는 문제에 대한 감각마저도 둔하게 만들었다.

마을에 들어가보면 젊은 남자가 없었다. 일은 대부분 여자와 노인이 했으며, 여자들은 전부 과부나 마찬가지였다. 남편은 죽었든지 전쟁터에 갔든지 둘 중 하나였다. 그 지방 출신의 지방군인들은 아내를 보통 3명씩 데리고 살았으며 또 그것이 허용되었다.

수십 년간 전쟁으로 불가피하게 받아들여진 관습이었다. 또한 사람값이 가장 싼 편이었다. 소를 죽이면 쌀 30포대, 돼지를 죽이면 쌀 50포대에 모두 해결된다. 그런데 사람을 죽이면 쌀 10포 내지 20포를 주면 오히려 고맙다고 인사를 하는 판이었다. 프랑스 식민시대부터 저항과 전쟁이 130여 년간 계속 되면서 슬프게 굳어버린 인명경시 풍조였다.

이 할아버지는 이념이 무엇인지 냉전체제가 무엇인지 알지도 못했다. 단지 그의 아내와 아들 딸, 손자들 모두 함께 무사히 살아가는 것이 소원일 뿐이었다.

우리가 주둔해 있던 지역에는 월남 지방군 훈련소가 있었다. 그 훈련소의 간부들이 훈련소 뒤쪽에 있는 산속의 적에게 탄약과 식량, 의약품 등을 뒷문으로 빼내서 트럭으로 수없이 실어다 준 사건이 있었다.

그 후 주동자가 색출되기는 했지만 사형시키거나 감옥으로 보내지 않은 채 적당히 얼버무려버렸다는 후문이 들렸다.

푸캇 군의 군수는 육군 중령이었다. 그는 사무실에서 행정만 담당하였고 작전과 전투활동은 부군수인 어느 대위 한 사람이 전담했다.

언젠가 월남 지방군의 회식 장소에 초대되어 참석한 일이 있었는데 그때 그 군수도 참석했었다. 그의 모습은 군인이 아니었다. 몸에서는 향수 냄새가 났으며, 작은 키에 가누기 힘들 정도로 살이 쪄서 배는 함지박만하고 신사복 옷감으로 만든 군복과 군화가 너무도 빛났다.

그를 따라온 두 딸은 화려한 옷에 귀걸이까지 치장했고 향수 냄새는 주위를 진동시켰다. 이들은 싸우면서도 적이 누구인지도 모르고 지냈다. 아버지와 자식이 피아로 섞여 있었으니 모를 수밖에.

적개심도 없었다. 공산주의가 무엇인지 모르는 것 같았다. 한마디로 싸워 이기겠다는 의지가 빈약했다. 밤이면 기지나 지키고 건물 내에서 편안히 잠이나 잤다. 목을 지키고 적과 싸울 생각조차 안 했다. 밤이 되면 게릴라가 마음 놓고 돌아다니는 것을 당연히 여겼다.

그들은 적에게 곤경을 당하면 으레 한국군이 찾아와서 구출해줄 것으로 늘 믿고 살았다. 밤이고 낮이고 적만 나타나면 우리를 불렀다. 보복이 두려워 모든 경계를 한국군에게 떠넘기려 한 점도 있었을 것이다. 그러나 무엇보다 근본적인 문제는 그들에게 싸우려는 의지가 없었던 것이다. 패망의 길로 빠져든 제일 큰 원인은 바로 여기에 있었다.

장기가 노출된 부상병

그날 오전, 중대 지역 전방의 고지군을 빙빙 선회하며 저공비행을 하던 미군 경비행기가 흰 종이 뭉치를 떨어뜨리고 지나갔다.

찾아서 읽어보았더니 우리 앞의 산 너머에 박격포를 짊어진 수 명의 적이 이동하고 있다는 메시지였다.

즉시 대대에 보고했다. 대대에서는 전방의 고지군을 사전에 점령해서 적의 이동을 탐지하고 필요시에는 타격하라는 새로운 명령을 하달했다.

2개 소대 규모로 책임지역을 담당하도록 하고 나머지 1개 소대와 화기소대 병력으로 새로운 임무를 수행토록 했다.

적에게 노출되지 않기 위하여 폭이 10미터 정도 되는 하천을 이용해 병력을 이동시키고 매복지점을 재조정했다. 고지로 올라갈 병력을 하천 속에 집합시켜 새로운 임무에 대해 자세히 설명해주었다.

앞산의 와지선까지는 200~300미터의 개활지가 있었기 때문에 2개 소대가 전개하여 수색을 겸해 전진하다가 산 아래와 지선부터는 분대별로 작은 능선들을 따라 상호지원하면서 고지로 올라가도록 했다.

대원들이 100미터 정도 전진해나갔을 때, 우리가 오르려던 산 위에서 "픽, 픽" 하는 소리가 들렸다. 조금 전에 미군 경비행기가 알려준 적의 박격포가 순간적으로 떠올랐다. '산 위의 적이 개활지에 전개하여 움직이는 우리를 보고 박격포 사격을 하고 있구나' 하는 생각이 번쩍 들었다. 옆에 있던 무전병에게 적이 쏘는 박격포 소리가 아니냐고 묻는 순간, 제1탄이 전진하던 우리 병력 앞쪽에서 "꽝" 하며 터졌다.

포탄의 분포거리가 길고 여기저기서 터지는 것을 보면 포다리 없이 포신만 가지고 사격하는 수형박격포 사격이 분명했다.

당시 적들은 운반하기 편리하도록 박격포의 포판이 손바닥만 하고 포신만 있는 61밀리 박격포를 많이 갖고 있었다. 이것은 포다리와 전륜기가 없어 정확한 조준은 할 수 없었지만 구경이 60밀리인 우리 측 포탄을 이용할 수 있었고, 비행장이나 부대 주둔지 등 비교적 표적이 크고 넓은 지역에 교란용으로 주로 많이 사용됐다.

적과 우리의 거리는 500미터 정도, 일부 소총사격도 날아왔다.

나는 대원들의 전진을 중지시키고, 포복 자세로 최초 배치되어 있던 하천 쪽으로 다시 되돌아오라고 큰 소리로 지시했다.

즉시 포병사격을 유도하여 앞에 있던 고지를 향해 사격을 시작했다. 그러나 미처 우군의 포탄이 채 고지에 떨어지기 전에 적이 쏜 박격포탄 파편에 병사 한 명이 부상당했다.

"소대장님, 소대장님, 총에 맞았어요. 저 좀 살려주세요."

가슴이 쩡하게 저리도록 피 끓는 절규가 계속해서 들렸다. 이미 대부분

계곡 수색 시는 반드시 능선의 우군엄호를 받아야 한다.

의 병력은 최초의 매복진지로 돌아와 호 안으로 들어간 상태였다.

60밀리 박격포 소대원들이 사격을 시작했다. 고지 정상 부분에 포병화력과 중대의 박격포탄이 작렬하기 시작하면서 적의 사격은 뚝 끊겼다.

부상당해 쓰러진 전우의 애절한 절규를 가만히 듣고 앉아 있을 사람이 있겠는가. 소대 위생병이 기어 들어가 부상병을 끌고 하천까지 돌아왔다. 소대장이 부상병을 데리고 있을 수 없어 중대장 있는 곳으로 데리고 가도록 지시했다.

나의 호 뒤에는 하천이 흐르고 있었고, 모래가 쌓여 있는 곳이 있어서 위생병이 부축해 온 부상병을 거기에 옮기도록 했다. 하천 옆에는 한 두 길 정도 높이의 둑이 있어서 직사화기 사격을 받을 염려가 전혀 없었고, 박격포탄이 떨어지더라도 하천가의 울창한 나무 때문에 나무 위에서 터져버리므로 안전한 지대였다.

그는 위생병에게 부축받아 힘없이 걸어오면서 왼쪽 배를 움켜쥔 채 나에게 거수경례를 했다. 그러고는 "중대장님, 이 소란한 통에 부상당해 죄

송합니다"라고 말하자마자 여기까지 잘 걸어왔던 친구가 갑자기 눈을 감고는 모래 위에 힘없이 펄쩍 쓰러져버렸다.

창백한 얼굴로 겁에 질려 있었으며 하복부에서는 피가 많이 흘렀다. 상의 단추를 풀어 젖히고 응급처치를 위해 매어놓은 개인 압박붕대를 풀었다. 그의 배에는 포탄 파편이 치면서 날아간 상처 사이로 허연 창자가 확 쏟아져 나와 있었다.

나는 인간의 장기(臟器)가 그토록 반짝이며 은빛 찬란한지 미처 몰랐었다. 전투 시 복부 부분에 부상당하면 금방 장기가 노출된다. 병사들은 누구나 쏟아져 나온 자신의 창자를 보게 되면 기겁을 하고 놀라서 이젠 죽나 보다 생각하고 법석을 떨게 되지만 실제로는 전혀 위험하지 않다. 비록 장기가 손상을 입더라도 물만 먹이지 않으면 생명에는 전혀 지장이 없기 때문이다.

드러누운 병사는 눈을 감은 채 미동도 하지 않았다. 얼굴이 워낙 창백하여 혹시 다른 파편이 머리나 가슴의 급소 부분에 박히지는 않았는지 걱정되어 자세히 확인하였고, 등 쪽도 염려되어 등 뒤까지 확인했다. 복부 외에는 상처가 없는데도 마치 의식을 잃은 사람과 조금도 다르지 않았다.

다시 복부의 상처를 확인했으나 장기가 파열되면서 쏟아지는 지저분한 오물은 전혀 흘러나오지 않으며 부상 시에 묻은 상처 부위의 핏자국만 보였다. 선뜻 죽지는 않을까 하는 불안감 때문에 나는 그의 얼굴을 마구 때렸다.

"이 녀석아, 10분만 살아 있어. 바로 헬기가 오면 응급처치한 후 병원까지만 가면 너는 산다고!"

아무리 때려도 죽은 사람처럼 전혀 움직이지 않았다. 벌떡 일어나서 군홧발로 찼다.

"이 녀석아 정신 차려! 정신 차려…… 너 이러면 죽는다!"

소리를 버럭 질렀다. 인공호흡을 할 환자도 아닌 것 같은데 위생병은 그의 입을 벌리고 인공호흡을 실시했다. 그런데도 꼼짝하지 않았다. 주변의 병사들이 몇몇 몰려왔다.

한 병사가 그의 왼쪽 손목을 잡더니 맥박을 짚었다. 한참 눈을 감고 맥박을 확인한 병사가 맥박 상태는 극히 정상이라고 보고했다. 그 병사가 다시 내 손을 부상당한 병사의 손목에 얹어주면서 확인하라는 대로 나는 엄지손가락으로 그의 맥박을 짚었다. 그리고 내 손목의 맥박과 비교해보았다. 죽는 줄 알았던 부상병의 맥박이 나보다 더 세게 뛰었다. 그때 마침 환자후송을 위한 헬기가 도착하여 태워 후송병원으로 보냈다.

그는 헬기에 실릴 때까지 완전히 의식을 잃은 상태였고, 눈을 감은 채 동료 전우들의 안타까운 전송을 받으며 떠났다.

당시 환자 수송용 미군 헬기에는 한국인 2세의 미군 병사가 타고 있었는데 우리말이 다소 서툴러서 전사와 사살을 잘 구분하지 못했다. 아군 전사자를 태우고 가면서 사살 몇 명, 부상자 몇 명하는 웃지 못할 일도 벌어지곤 했다. 그러나 그는 항상 우리에게 헌신적으로 봉사했으며 한국군의 중대장, 소대장 및 환자들은 누구나 그의 목소리만 들리면 구세주를 만난 듯 반가워했다.

이날도 환자 수송을 위해 헬기가 접근할 때 폭이 10미터 조금 넘는 하천을 따라 지상에서 5미터 정도 높이로 낮게 떠서 날아왔다. 고지에서 적의 저격이 있을지 모르므로 하천 양쪽의 빽빽하게 우거진 나무숲을 이용하여 그 사이로 아슬아슬하게 접근하여 환자를 태우고 날아갔다.

나뭇가지가 조금만 헬기의 프로펠러에 닿아도 위험한데, 그런 것은 전혀 개의치 않고 과감하게 하천으로 들어와 임무를 수행하는 조종사에게 비록 다른 나라 군인이지만 경의를 표하고 싶었다.

우리는 산을 정면으로 오르지 않고 박격포와 기관총으로 적을 제압하면서 측방 능선을 따라 고지로 올라갔다. 그러나 이미 그곳에 있던 적은 전부 도주한 후였다.

나는 재임 기간 동안 몇 번 사격을 받아보았지만 병력을 전개시켜서 전진하다가 박격포사격을 받기는 이번이 처음이었다. 우리는 적이 사격할 때 반격할 수 있는 박격포를 갖고 있었다. 그러나 막상 일이 벌어지자 적시에 사용하지 못했다. 최초 작전전개 시에는 박격포 진지를 고지 위에 편성하여 위에서 내려다보면서 효과적인 사격을 해야겠다고 판단하고 60밀리 박격포와 포탄을 전부 배낭 속에 짊어지게 했으며, 마침 우리가 적의 사격을 받았을 때 화기소대 박격포 요원들은 개활지의 한가운데서 움직이고 있었기 때문이다.

적의 포탄이 많았거나 조준 능력이 우수했더라면 많은 피해를 당할 뻔했다.

적의 사격을 받고 포병사격을 유도하여 비교적 빠른 시간 내에 응사를 했지만, 지도만 보고 포병사격을 유도해서 필요한 시간과 장소에 명중시킨다는 것은 그렇게 쉬운 일이 아니었다. 특히 횡으로 뻗은 고지의 능선을 포병화력으로 명중시키기는 더욱 어려웠다. 사거리가 조금만 길면 능선 너머로 떨어지고 조금만 짧아도 앞쪽에 떨어지고 만다.

600미터 정도 사거리에서는 60밀리 박격포가 가장 효과적인데 포와 포탄이 전부 이동 중인 병력의 배낭 속에 있었으니 그 답답함이란 어떤 말로도 표현이 안 되었다.

눈앞에 주어진 임무만 생각하고 고지에 오르는 중에 발생할지도 모를 상황은 염두에 두지 않았기 때문에 큰 재앙을 초래할 뻔했다.

미군 경비행기가 알려준 적의 위치는 상당히 먼 거리에 떨어져 있었기 때문에 우리에게 별 도움이 되지 못했다. 비록 우리 앞의 고지에 적이 있었다 하더라도 소대 규모를 측방으로 우회시켜 긴 능선을 따라 고지에 오르도록 하고, 박격포는 지원사격을 할 수 있도록 준비하여 사전에 기점확인까지 해두었으면 지금 같은 혼란을 막을 수 있었을 것이다.

박격포나 기타 곡사화기로 평지가 아닌 경사가 심한 고지에 사격을 할 때는 조심해야 할 사항이 있다. 우리가 무심코 지도를 보면서 사거리를 계산할 때 평지나 산악이나 같은 요령으로 한다.

그러나 박격포는 포물선을 긋고 날아가며, 산의 전사면이나 후사면은 경사가 심한 곳이 많았다. 따라서 사격지점에서 고지를 바라보고 전사면에 사격할 때는 어느 정도 근탄이 생기기 때문에 우군 머리 위를 넘어서 근접지원을 할 경우 조심해야 한다. 반면에 산악의 후사면에 사격할 때는 약간의 원탄이 생긴다는 것을 인지하고 사격해야 한다.

이번에 우리에게 사격을 가한 적들은 분명히 어떤 목적이 있어서 사격을 했겠지만, 거리가 멀리 이격되어 있을 때 사격했기 때문에 오히려 우리로서는 다행이었다.

만일 적들이 고지에서 기다리고 있다가 바로 앞까지 바싹 유인해서 기습사격을 했더라면 틀림없이 더 많은 피해를 보았을 것이다.

전우가 부상당했을 때 제일 중요한 것은 인접전우나 위생병의 현지 응급조치이다

작전이 끝나고 중대가 기지로 돌아온 지도 상당한 시일이 지났다. 지난

작전에 있었던 일들을 거의 잊고 있을 때 장기 노출로 후송을 갔던 병사가 중대를 찾아왔다. 다행히 그는 장기 손상도 내출혈도 크지 않았기 때문에 복부의 외상만 치료하고 연대 의무대로 돌아왔던 것이다.

상처 부위는 꿰맨 자리가 많아 비록 흉측했지만 회복된 모습으로 다시 만나게 되니 그렇게 반가울 수가 없었다. 나는 그에게 궁금한 것이 많았기 때문에 부상당할 당시의 상황을 세밀하게 물었다.

바로 좌측에서 '쨍' 하고 폭발하는 소리가 나더니 누가 왼쪽 배를 쇠뭉치로 때려 몸이 두동강 나는 것처럼 아팠고, 자기는 그 자리에 푹 쓰러졌다고 했다. 아픈 곳을 움켜잡으니 손에 무엇이 뭉클하면서 잡혔는데 무엇인가 하고 상의를 열고 들여다보니 자기 창자가 한 바가지 쏟아져 나온 것을 본 것이었다. 아마 이 세상에 살아 있는 사람치고 자기 창자가 한 바가지 쏟아진 것을 보고 놀라 기절하지 않을 사람이 있겠는가?

위생병이 뛰어와서 그를 끌고 갈 때까지 꼼짝하지도 못하고 소대장만 불러댔다. 그 와중에서도 탄띠에 매달려 있던 작은 개인 압박붕대를 뜯어서 쏟아진 창자를 덮어 움켜쥐고 있었다. 당시 그의 소원은 개활지 50여 미터를 빨리 벗어나 하천의 낮은 곳으로 들어가 살아남는 것뿐이었다.

무사히 하천까지 기어 나와 동료 전우들의 간호를 받을 때는 살았구나 싶었고, 평상시 빈둥대기만 하던 소대 위생병이 뛰어와서 자기를 부축할 때 신을 만난 것처럼 미더웠고 그렇게 고마울 수가 없었다고 했다.

중대장이 있는 곳까지 와서 중대장을 보니 이제는 살았구나 하고 안심이 되어 긴장이 확 풀리면서 정신을 잃고 푹 쓰러졌다. 그러고는 눈을 뜨지 않았다.

그는 얼굴을 때리고 인공호흡한 것도, 발길로 엉덩이를 걷어찬 것도, 정신 차리라고 소리 지른 것도 다 기억하고 있었다. 오히려 자기 엉덩이를 세게 걷어차서 아팠다고 했다. 헬기에 실려 갈 때까지 있었던 일들을 모두 기억했다.

부상당하면 초인적인 힘을 발휘하여 위험 지대는 빠져나온 뒤 자기 지휘관 앞에 와서 정신을 잃고 쓰러지는 것이 병사다. 또한 아프고 괴로울 때 믿고 의지하며 기대고 싶어 한다. 능청스러운 어리광이다.

부상당해 놀라 당황한 상태에서 중대장이 있는 곳까지 기어 오면서 얼마나 운동량이 많았겠는가! 맥박이 나보다 더 세게 뛸 수밖에…….

전우가 부상당했을 때 제일 중요한 것은 자기 자신 또는 인접 전우나 위생병의 현지 응급조치이다.

상체에 총상이나 파편상을 당하면 피가 호흡기 계통으로 흘러들어 갈 수 있다. 이때는 목에서 가르륵 하는 소리가 난다. 코 고는 소리나 가래가 끓는 소리와 비슷하다. 피가 응고되거나 호흡을 못하게 되어 잘못하면 숨이 멎어 죽게 된다. 이때는 즉시 고개를 옆으로 돌려서 숨통을 터주어야 한다.

기도가 이상이 없는데도 불구하고 호흡이 원만하지 못하면 인공호흡을 실시해야 한다. 중간에 포기하지 말고, 군의관이 진료할 때까지 환자의 입에다 대고 구강대구강호흡(mouth to mouth)을 계속해야 한다.

다음은 혈액순환이 되도록 조치해야 한다. 출혈이 심하면 쇼크를 일으켜 사망하므로 사전에 방지해야 한다. 머리 부분의 상처나 흉부, 복부의 총상 시는 대량 출혈이 반드시 따라오므로 비록 오염된 천이나 붕대라도 출혈 부위를 압박하여 쇼크에 빠지는 것을 막아야 한다. 오염된 도구를 사용하면 부작용이 따르므로 각 개인의 압박붕대는 가능한 한 더럽혀지지 않도록 잘 보관하여 다루어야 한다. 그러나 상황이 위급한 경우 오염의 부작용보다는 지혈이 우선이다.

내가 본
월남전쟁

경험과 지식이 부족한 위관장교 시절 극히 제한된 전투 현장에서 소총 소대장과 중대장 직책을 수행하면서, 단순하게 몸으로만 체험했던 사실들을 가지고 한 나라의 전쟁을 정리한다는 것은 많은 과오나 편견을 야기시킬 우려가 있다고 생각한다.

더욱이 내가 체험했던 전투는 월남전 가운데 극히 일부분에 속한 것임에도 불구하고 연속적인 전투(Combat)의 승리가 마치 전쟁(War)의 승리를 의미하는 것으로 잘못 인식될까 걱정스럽다. 어디까지나 전투는 전쟁의한 부분일 뿐이며, 보다 더 중요한 것은 전쟁을 주도하는 사람이 당시의 환경과 상황에 알맞은 전쟁지도 능력을 발휘하느냐 못하느냐에 달려 있다.

주지하는 바와 같이 월남전에서 연합군은 매 전투에서 승리를 거두었음에도 불구하고 마침내 월남을 송두리째 적에게 넘겨주는 결과를 초래하고 말았다. 그 이유는 무엇일까?

나는 직접 내 눈으로 보고 여러 편의 월남전쟁 도서*를 보면서 느낀 바를 중심으로 하여 당시 전투와 전쟁이 어떻게 지도되었고 수행되었는지 하나하나 분석해봄으로써 이해를 돕고자 한다.

월남전쟁은 내란(內亂)이 아니다

월남전쟁을 혁명전쟁의 범주 내에서 해석하고 게릴라전으로 간주하여 월남전 자체를 월남 내부의 내란이라고 규정한 것은 큰 과오였다. 분명히 월남은 월맹의 도전을 받고 있었고, 따라서 월남에 대한 월맹군의 침략전쟁이었다.

그러나 월맹뿐 아니라 여러 공산국가들이 월남전쟁은 월남 국민들이 체제를 부정하고 스스로 봉기한 내전이라고 선전하면서 남의 나라 국내 문제에 다른 강대국이 개입하는 것은 내정간섭이니 월남인 스스로 자기 나라 문제를 해결하도록 해야 한다며 미국의 월남전 참전을 맹렬히 비난했다.

미국을 비롯한 자유진영의 연합국이 소련과 중공과의 마찰을 우려하여 전쟁을 월맹 측으로 확산시킨다든가 캄보디아와 라오스 등에 있는 소위 호찌민 루트인 성역을 공격한다든지 하는 작전에 많은 제한을 받았다.

---

*참고문헌
- 미국의 대월남전략(Harry. G. Summer, Jr. 대령)
- 월남 최후의 붕괴(국방부 전사편찬위원회)

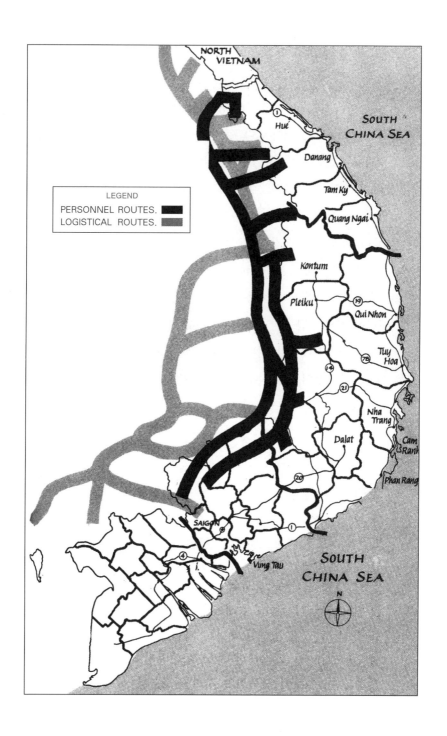

NORTH
VIETNAM

SOUTH
CHINA SEA

Hué

Danang

Tam Ky

Quang Ngai

LEGEND

PERSONNEL ROUTES.

LOGISTICAL ROUTES.

Kontum

Pleiku

Qui Nhon

Tuy
Hoa

Nha
Trang

Dalat

Cam
Ranh

Phan Rang

SAIGON

Vung Tau

SOUTH
CHINA SEA

N

월남의 적은 누구였나?

싸워야 할 적이 누구인지 정확히 아는 것뿐만 아니라 전쟁 자체의 의미에 대해서도 잘 알고 있어야 한다.

월남의 적은 월남 내부에 있던 게릴라인 베트콩이 아니라 게릴라를 조정하고 지원하던 월맹이었다. 그럼에도 불구하고 미국을 비롯한 연합군은 월맹과 싸우지 못하고 그들의 하수인인 월남 내의 게릴라와 싸웠기 때문에 전쟁의 상대를 잘못 선정한 것이다.

월남 정부의 입장에서 보면 적이 많았다. 월맹이 적이었고, 월남 내부의 공산주의자가 적이었으며, 국경을 접한 라오스와 캄보디아가 적이었고, 더욱 곤란한 적은 월남 내부의 철없는 종교인을 포함한 민주화의 기수를 자처한 정치인이 적이었다. 대통령을 포함한 그의 측근은 외부의 적과 싸우는 것보다는 내부의 적과 싸우는 데 시간과 노력을 더 많이 쏟았으며 군사적 적과 싸우는 것은 미국과 연합군에게 일임했다.

지도자의 지지도는?

양쪽 국가의 지도자에게도 문제가 있었다. 한국의 경우, 이승만 대통령은 민족주의자였으나 북한의 김일성은 소련의 꼭두각시였다. 그러나 월남에서는 그 반대로 지도자 응오딘지엠(Ngo Dinh Diem)과 그의 후계자 및 각료들은 프랑스 식민주의 추종자와 군대 출신 및 부패했던 관료 출신이 중심이었던 반면에 월맹의 지도자 호찌민은 프랑스와의 투쟁에서 승리한 월남의 존경받는 민족주의 지도자로 간주되었다.

또 하나는 한국에 있어서 미국은 일본의 식민주의 통치에서 해방되는 데 기여한 동맹으로 인식되어 절대적인 지지와 호응을 받았으나, 월남에서는 미국을 포함한 우방이 지난날의 프랑스 제국주의와 월남을 900년간 지배했던 중국 침략자처럼 보였다. 따라서 전체 국민의 전폭적인 지지를 받는 데 실패했으며 국가에서 하는 일마다 상당한 부분이 국민들로부터 호응을 받지 못했다.

전략과 전술의 개념은?

군사적인 전략과 전술적인 견지에서 볼 때, 적은 연합국으로 하여금 월남 내 깊은 산속과 농촌마을에 산재해 있는 그들의 보조부대인 게릴라와 싸우게 함으로써 전력을 소모시키는 데 주안점을 두었다. 그리하여 광범위한 지역에 연합군의 정규군이 분산 전개되어 병력집중을 이루지 못하게 유도했고, 월맹군이 집중했을 때는 효과적인 대처를 못하게끔 했다.

그러나 미국의 대월남전략은 적이 바라던 대로 바로 이 분산된 게릴라에 집중되었기 때문에, 미국과 월남 정부는 대게릴라전략을 성공적으로 수행하기 위해서만 집중적인 연구를 하고 그 대처방안을 모색해왔다. 그러나 월맹이 수행한 월남 내의 게릴라전은 월맹의 궁극적 전략목표인 월남의 공산화를 위한 여러 가지 전략 활동 중 한 부분인 전술작전에 지나지 않았었다.

실제로 월맹은 건재한 주전투력을 월맹 자국 내에 보유하고 있으면서 결정적인 투입 시기를 기다렸고, 일부의 월맹군만이 월남 내에 잠입하여 분산되어 있는 게릴라를 지도하고 있었다. 따라서 미국의 대월남전략은 본토에 건재하고 있던 월맹군의 전투력과 월남 내에 침투한 월맹군 및 현지 게릴라를 파괴하기 위한 종합 해결 방안을 동시에 모색해야 했으며, 월맹이 연합군의 전투력을 전국의 게릴라를 잡는 데 분산시키도록 강요한 것과 같이 일종의 전술적 차원에서 대처했어야 했다.

미국과 연합국은 월남전에서 시종일관 게릴라를 전략목표로 간주하여 게릴라를 향한 군사행동만을 주로 행사하고, 월맹 내의 적 주력 격멸을 포기한 것은 큰 착오였다. 전쟁 기간 중 공군에 의한 월맹 본토 폭격은 있었으나 지상군이 국경을 넘어 월맹 본토를 공격한 일이 한 번도 없었던 것은 월맹군 주력 격멸을 포기한 것이나 다름없었다.

전략적으로 월남전쟁을 단순한 대게릴라전으로만 파악한 공식적 견해와 규정으로 말미암아 군사전략 수행에 큰 과오를 범했다. 즉 군사작전으로 월남 내의 게릴라를 소탕하고 월남 국민을 농촌에 정착시켜 평정하는 한편, 훌륭한 행정으로 민심을 규합하며, 홍보활동으로 국민과 게릴라를 분리시켜 주민 속에 적이 살지 못하게 만드는 데 전력을 다한다는 뜻이다.

적이 월남 내부에만 있다는 것을 전제로 전쟁개념을 한정시켰기 때문에, 이는 곧 월맹이 월남을 침공하여 제네바협정을 위반했다는 사실을 부정한 것을 의미한다.

결과적으로 미국과 월남 및 연합국이 북폭을 계속 한다든지 월남 국경을 넘어서 호찌민 루트를 공격하면서 월맹 본토를 공격할 명분을 상실하게 만들었고, 연합국을 전략적으로 난처한 입장에 몰아넣었다.

월남 내부의 대게릴라전으로 월남전을 규정한 것은 자기 발등을 찍는 모순을 가져왔다. 군사적인 전략전술 면에서 실제 성격을 올바르게 판단하지 못한 것은 전체 전쟁과 국가안보에 큰 혼란을 초래했으며 시행상에 엄청난 혼동을 가져왔다.

목표 선정은 적절했는가?

모든 군사작전의 목표는 달성 가능해야 하며 명확하고 결정적인 목표를 지향해야 한다. 또한 궁극적인 목표는 적의 군대와 그들의 전투 의지를 파쇄(破碎)하는 데 있다.

전쟁 원칙의 하나인 목표의 원칙을 전쟁의 준비와 지도에 적용시키면 전략목표가 되고, 한정된 작전이나 전투에 적용시키면 작전목표 또는 전술목표가 된다. 이러한 목표의 원칙에 따라 임무를 분석해보면, 월남 정부와 월남군을 도와서 공산주의자들의 월남 정부 전복의도와 침략을 격퇴하는 주월 미군의 군사적 목표는 타당했다고 본다.

그러나 두 번째 임무인 안정된 상황하에서 제 기능을 발휘할 수 있는 월남을 건설하는, 즉 군사적 목표가 아닌 정치적 목표는 잘못 채택되었다.

한국전쟁에서 미국을 포함한 연합군은 한국 건설에는 참여하지 않고 오로지 적을 격멸하는 군사작전에만 집중하여 전념함으로써 군사작전에서 성공할 수 있었다. 한국의 국내 문제와 건설은 한국 정부가 담당했다.

군인은 전쟁의 전문가이지 정치적 경제적 건설에는 아무리 전문가가 보조해준다 하더라도 문외한의 범주를 벗어나지 못한다. 월남의 경우, 군사적 임무수행 하나만도 벅찬데 국가의 정치경제적 건설을 군인이 담당한 것은 노력과 집중의 낭비를 초래했으며 시간을 빼앗기고 군사작전을 등한시하는 결과를 초래했다.

적의 목표는 아군을 격멸하는 것인데 반해 연합군의 목표는 적의 침략을 월남 내에서만 저지한다는 소극적인 것이었다. 이는 마치 싸울 자신이 없다는 것과 마찬가지인 의미로서 최악의 작전목표였다. 월맹을 패망시켜서 최종적인 전쟁목적을 달성하자는 것이 아니라, 월남에 대한 월맹의 정책을 바꿔보자는 지극히 소극적인 목적이었다.

실제로 월남 정부나 미군이 부여받은 임무는 적을 저지하여 월맹으로 철수시키고 월남군을 증강시키며 월남 평정계획을 지원하여 이를 달성하는 데 역점을 두도록 지시받았다. 무능하게도 전쟁환경에 맞지 않는 전략적 전술적 목표를 제시하는 우를 범했다.

공세의 원칙은 잘 적용되었나?

공격전투는 결정적인 목표를 지향해야 하며, 행동의 자유를 획득하고 유지하는 데 반드시 필요하다. 공격전투는 주도권을 장악하여 공자(攻者)의 의지를 적에게 강요할 수 있게 하며, 상황에 따라 방어도 취하지만 공격을 위해 병력을 절약할 때에 채택된다. 또한 방어 시에도 주도권을 획득하고 공세 행동으로 결정적인 성과를 달성하도록 해야 한다. 그러나 월남에서는 전체적으로 전략적인 방어 개념으로만 임했다. 전술적으로는 일부 공세적인 입장을 취한 때가 있었지만 전반적으로 수세의 입장을 벗어나지 못했다.

적은 월남 전역에 게릴라를 분산시켜 소수의 병력으로 전술적인 방어를 수행하면서 대량의 월맹 정규군을 성역인 월맹 지역에 보유하고 있다가, 정글에서 지친 미군이 철수하자 전략적 공세를 취하여 월남을 공산화시켰다.

그러나 미국은 전쟁 자체를 적 주력부대인 월맹군이나 적의 심장부인 하노이를 향해 수행하지 못하고 보조 부대에 지나지 않던 월맹의 앞잡이인 게릴라들에게 모든 전력을 소모했다.

월남 내의 게릴라는 월맹군 주력이 아니므로 결정적인 목표가 될 수 없었다. 하지만 분산된 게릴라를 쫓는 데 전투력을 낭비하면서 적의 주력이 건재한 국경 너머 월맹으로는 한 발자국도 공세 행동을 취하지 못함으로써 적의 전의를 파쇄하지 못했다. 그나마 밤만 되면 기지 내로 들어와 잠을 잤으므로 야간에는 오히려 적들의 세계가 되어버렸으니, 행동의 자유마저 반쪽은 상실한 셈이었다.

전략적인 방어 역시 공격을 위한 준비 과정이 아니라 방어 자체가 목적이었으므로 전쟁의 필수요소인 공격원칙에는 근본적으로 위배되었다.

1972년 3월, 월맹군은 대대적인 공세를 취했으나 막대한 손실을 입고 격퇴되었다. 이때에도 적을 일단 궁지로 몰아넣었으면 가혹하고 무자비한 압박을 계속 가해야 승리를 쟁취할 수 있었는데, 중공의 개입과 미국 내의 여론이 무서워서 국경 너머에는 지상군 공격을 못했다.

전장의 상황은 빠르게 변화하며, 최신 정보 역시 시간과 공간에 따라 변하기 마련이다. 적절한 결심이 적시에 내려지지 않으면 전쟁을 할 수 없다. 그러나 월남에 있는 미 야전군 사령관은 이역만리에 있는 본국의 상급자에게 결심을 받아야 했고 본국의 훈령과 지시에 따라 움직여야 했다.

야전에서 전장을 총지휘하는 야전군 사령관과 본토의 결심권자는 전장을 보는 감각과 기본 기능이 근본적으로 다르다. 정치적 이유로 군사작전에 많은 제한을 주게 되고 적절한 결심을 적시에 못하게 되어 시간과 노력을 낭비하게 되며, 결국 올바른 대책이 수립되지 못한다.

여하튼 결정적인 목표에 결정적 공세 행동을 취하지 못한 미국의 수세적인 방어전략은 월맹에게 안심하고 활동할 수 있는 성역인 월맹 본토를 기지로 사용할 수 있도록 했으며, 라오스와 캄보디아의 호찌민 루트처럼 외선작전을 할 수 있는 기회를 제공했고, 끝내는 폭이 짧은 월남을 바다로 몰아넣을 수 있는 큰 이점을 적에게 스스로 제공해준 셈이 되었다.

집중, 절약, 기동의 원칙 적용은?

집중은 결정적인 목적을 달성하기 위해서 우세한 전투력을 결정적인 시간과 장소에 집중시키는 것이며, 절약이란 무조건 절제하는 것이 아니라 오히려 결정적인 지점에 전투력을 충분히 집중하기 위하여 조공지역이나 방어, 엄호 및 기만작전, 후퇴이동 같은 부차적인 작전에서 최소의 필수적인 전투력만을 적절히 할당하는 것을 의미한다.

기동의 목적은 움직임으로써 행동의 자유를 유지하고 적의 취약점을 이용, 적을 불리한 상황으로 몰아넣는 데 있다.

집중을 달성하기 위해서는 충분한 전투력이 필요하고, 결정적인 목표에 집중하기 위해서는 결정적이지 못한 지역의 전투력을 과감하게 절약해야 하며, 기동이 보장되지 못하면 전투력 집중이 불가하니 이 세 원칙을 서로 떼어놓고 생각할 수는 없다.

모든 전투력은 적의 힘이 모인 중심을 지향해야 한다. 그곳은 전쟁 지도본부, 정치나 군사의 중심지인 수도, 때에 따라서는 군대 자체 또는 지도자나 군지휘관이 될 수 있으며, 특히 그 나라의 자원과 국민의 지지 여부 즉 여론이 힘의 중심이 될 수도 있다.

그러나 당시 미국의 전략은 월맹 본토를 공격하지 않기로 결심했기 때문에 월맹의 힘의 중심이 되는 수도나 군대, 전쟁 지도본부 등을 지향하지 못했다. 지향해야 할 힘의 중심이 없어졌으니 전투력을 절약하여 신속한 기동으로 집중할 대상이 없는 전쟁을 한 셈이다. 더구나 미국은 보잘것없는 월남 내에 분산된 게릴라를 힘의 중심으로 보았기 때문에, 대상 선정의 잘못으로 전투력을 낭비하는 전쟁을 했다.

월맹은 결정적 시기에 전투력을 집중 투입하기 위해 월맹 내에 수준 높은 정규군을 확보하고 때를 기다리고 있었다. 반면에 월남 내에서는, 병력 절약 부대로 사용된 게릴라들의 위장작전으로 인해 월남군으로 하여금 대게릴라 작전을 수행하도록 전투력을 분산시켰으며, 대게릴라 작전만 수행하면 되는 군대로 만들었다.

기동의 원칙 면에서 보더라도 월남군은 다른 나라의 정규군과 달랐다.

일부 공수부대와 해병대를 제외하고는 집 근처에 배치되거나 또는 아예 부대 영내에서 가족을 데리고 생활했으므로 부대 주변의 대게릴라 작전은 성공적으로 수행할 수 있었다. 하지만 전투지역에 가족을 비롯하여 돼지 같은 가축까지 함께 있었으므로 부대 이동 시에는 안전을 보장받기 위해 가족은 물론 세간살이 및 가축까지 싣고 다녀야 했다. 그러니 신속한 기동이 상실되었고, 월맹군과 싸우기 위한 병력 집중은 사실상 불가능했다.

월남의 패배는 월남군의 미약한 전투 의지도 문제였지만 군대의 분산된 배치와 무거운 짐, 전투보다는 가족의 안전을 더 걱정할 수밖에 없었던 당시의 여건이 더 큰 원인이었다고 본다.

지휘통일은 되었는가?

한국전에서는 유엔군이 단일 지휘체제하에 있었다. 상황이 급박해지자 이승만 대통령은 미군 최고사령부에서 한국군까지 작전지휘를 할 수 있도록 조치했다. 반면 미군이 월남전에 참전했던 기간 중 월남은 지휘의 통일을 기하지 못함으로써 전쟁의 기본원칙 가운데 하나를 위배하게 되었다. 단일화된 지휘체제 대신 협동 및 협조라는 새로운 원칙이 상호이해와 친선을 통하여 각 제대에서 활용되었다.

각급 지휘관들은 충돌을 회피하도록 신중하게 노력했으나 전투력 운용이나 작전수행에서 그 효율성은 크게 떨어질 수밖에 없었다. 지휘통일을 이루지 못해 발생하는 비효율성은 단기간 작전 시는 별로 문제점이 없으나 수년간 계속되는 전쟁에서는 사소한 갈등과 불협화음이 누적되어 나쁜 방향으로 영향을 미치게 된다.

단일 지휘체계가 없음으로 인해 부적절한 결심, 결심의 지연, 전투력 및 자원의 낭비 등을 초래하였고 타국군과의 감정적 대립까지 야기되었다.

경계 및 기습의 원칙은?

경계는 전투력을 보존하는 데 긴요하다. 경계는 우군부대에 대한 적의 정보활동을 거부하여 행동의 자유를 유지하고 적의 기습을 방지한다.

전쟁 자체가 원래 위험을 내포하고 있기 때문에 주의를 소홀히 하든지 모험을 회피해서는 안 된다. 경계는 과감한 행동과 기선제압으로 더욱 증진된다.

기습은 전세를 결정적으로 우군에게 유리하도록 전환시켜주며 제공된 노력 이상의 성과를 획득하게 한다.

기습은 적이 예상치 못한 시간과 장소 및 방법으로 적을 강타함으로써 달성할 수 있으며 적이 모르도록 하는 것이 중요한 것이 아니라, 적이 알았다 하더라도 효과적으로 대처하기에는 너무 늦도록 하는 것이 중요하다.

경계와 기습은 서로 상반된 관계에 놓여 있다. 기습을 받지 않기 위해서는 철저한 경계를 유지해야 하며, 기습을 달성하기 위해서는 적의 경계심이 이완된 시기를 이용해야 하기 때문이다.

기습은 주로 전술적 차원에서 많이 사용되고 전략적인 기습은 힘들다. 한 국가를 공격하기 위해서 상대국이 모르도록 전쟁 준비를 한다는 것은 매우 어려운 일이다. 부대전개와 보급품의 저장 및 이동은 적에게 쉽게 탄로 날 수밖에 없다.

작전적, 전술적인 기습은 각 전선에서 수없이 많은 예가 있었지만 전략적인 차원의 기습은 그리 많지 않았다.

첫 번째 전략적 기습은 1965년 미국이 처음으로 월남전에 뛰어들 때였다.

하노이 정부의 정책 결정자들은 미국이 월맹에 폭격을 하지 않을 것이며 월남에 지상군을 투입하지 않을 것이라고 믿었다. 왜냐하면 미국의 군사 지도자를 포함한 모든 사람들이 아시아대륙의 지상전에 미국이 개입하는 것은 어리석은 짓이라고 생각해왔고, 또한 정치가들은 미국이 월남전에 말려들지 않을 것이라고 약속했기 때문이다.

특히 1964년, 존슨 대통령은 월맹에 대한 폭격은 전혀 고려한 바 없다고 공언하면서 "아시아국가의 자국방위는 자신들이 책임져야 하며 미군을 파병하지는 않을 것이다"라고 공식 발표했기 때문이다. 마치 1950년에 미군이 한국전에 참전하지 않을 것이라고 김일성이 믿었던 것처럼 월맹도 미군이 참전하지 않을 것이라고 믿었다.

이렇게 확신했던 월맹의 지도자들은 경악을 금치 못했으며, 미 지상군의 상륙은 전략적인 기습을 충분히 달성했다.

이는 미국이 국민의 여론을 중시하지 않을 수 없었으므로 국가의 정책이 언론에 공개됨으로써 생기는 전략적 보안 및 경계에 대한 허점이 역으로 적에게 흘러 들어가게 되었고, 적에게 흘러 들어간 미국 내의 여론과 의회의 정보를 월맹 측이 액면 그대로 받아들였기 때문에 기습이 가능했다.

최고 결심권자인 대통령의 입장에서 볼 때, 미 지상군을 월남에 파병해야겠다는 대통령의 결심을 적이 눈치채지 못하게 하기 위해 국회와 여론에 정보를 누설한 시기적절한 기만작전으로 볼 수 있다.

두 번째는 월맹의 전략적 기습이었다.

1965년 미 지상군이 월남에 상륙한 이후 곧이어 벌어진 '라 디앙(LaDiang)' 전투에서 월맹의 침공을 격퇴하면서부터 상황은 연합군에게 유리해져갔다. 모든 지상전투에서 연합군 측이 승리했으며 화력이나 기동력은 월맹과는 비교가 안 되게 우세했고, 시간이 가면서 월맹군은 점점 더 비틀거렸고 연합군 측의 전투력은 극에 달했다.

연합군 측은 전쟁에 대해서 낙관적인 전망을 하면서 한국이나 다른 여러 나라에서와 마찬가지로 전쟁이 곧 끝날 것으로 판단했다. 미국의 정책 수립자도 그렇게 믿었고, TV를 보는 미국 국민들도 다 그렇게 믿었다. 지리멸렬해진 적들이 다시 살아나서 일격을 가한다는 것은 상상조차 할 수 없었다.

적의 공격징후는 있었지만 모두들 믿지 않았다. 이처럼 연합군이 방심하는 동안에 공산국은 월남 내부에 있는 게릴라의 역량을 총동원, 마침내 1968년 구정을 기해 미군 기지와 도시 및 지방 행정기구를 목표로 총공세를 감행했다.

공세는 적보다 월등히 우세한 전투력으로 행하는 것이 상식이나 그들은 3명 내지 5명 정도의 소규모 단위의 자살 공격까지도 전개했다. 이것이 소위 1968년의 구정공세로서 월맹군, 특히 게릴라들은 막대한 손실을 입었으며, 월남 내의 공산주의자가 전부 노출되어 체포되는 등 조직이 와해되었고 그간 구축해둔 공산주의 세력의 뿌리까지 흔들리게 되었다.

이처럼 전술적으로는 완전히 월맹 측이 실패했으나, 한편으로 구정공세 현장이 미국 TV에 방영되자 참혹한 전선의 모습을 직접 본 국민들이 정부의 낙관적인 발표를 도무지 믿으려 하지 않아 불신만 가중되었다.

전쟁에서는 살생을 하지 않을 수 없으며 살생의 현장은 매우 비참하기 마련이다. 그 비참한 현장이 TV 스크린을 통해 안방에 전달되자 전쟁의 본질을 이해하지 못하는 미국 국민들, 특히 남편을 전쟁터에 보낸 부인들과 자녀들, 나이 어린 학생들, 자식을 전쟁터에 보낸 어머니들, 그들은 누구나 남편과 자식 및 친구들이 그런 비참한 죽음을 당할지 모른다는 착각에 깊게 빠져들었다. 이것이 확산되어 미국 내 반전운동을 일으키는 주원인이 되었다.

연합군은 훌륭하게 전투임무를 수행하고 있었지만 미국 국민들과 많은 지도자들이 월남전을 희망 없는 불합리한 전쟁으로 보기 시작했으며, 군사적 수단을 통해서는 승리할 수 없는 전쟁이라고 믿게 되었다. 전술적으로는 적이 실패한 공세였으나 전략적으로는 완전히 성공한 셈이었다.

세 번째 기습은 미군 측이 1972년에 감행했던 소위 크리스마스폭격이다.

이는 하노이와 하이퐁 시에 B-52 폭격기가 대거 동원되어 월맹이 월남을 무력으로 정복하려는 것은 무모한 짓이라는 것을 일깨워주고, 협상 테이블로 끌어내기 위해서 1972년 12월 29일까지 11일간에 걸쳐 실시한 폭격이었다.

적 본토의 힘의 중심지를 집중 강타함으로써 정치, 경제, 군사적인 부분을 대량 파괴할 수 있었고, 월맹을 이듬해인 1973년 1월 15일 평화협정 테이블로 끌어내는 데 성공했다. 그러나 미국의 매스컴이 피폭 현장의 참혹한 모습을 TV에 담아 미국 각 가정의 안방으로 보내자, 비인도적 행위라는 비난이 일어 여론을 등에 업고 의회는 대통령에게 폭격을 중지하도록 압력을 가하였다.

대통령이나 전쟁 지도본부 지도자로 하여금 전투력을 집중 사용하는 데 제한을 주는 결과가 되었을 뿐 아니라 승리를 목전에 두고 전쟁을 이해 못하는 사람들의 눈치마저 보게 되었다.

간명의 원칙은?

간명(簡明)이란 계획과 명령이 간단하여야 혼란을 감소시킬 수 있다는 뜻이다.

목표만 보더라도 월맹은 월남의 정복이라는 단일목표에 집중하였으나 미국은 외부침략의 저지와 내부의 대게릴라전이라는 혼돈된 두 개의 목표를 위해 싸웠으며, 주월 미 군사지원단도 군사적 문제에만 전념한 것이 아니라 월남 건설이라는 복잡한 정치적 임무까지 떠맡고 있었다.

반면 월맹의 정치국과 중앙당 군사위원회는 국가적 차원에서 호찌민의 지도 아래 일사불란하게 계획을 작성하고 전쟁을 수행했으므로 노력의 통합이 용이했으나, 미국은 소련을 견제하고 중공을 두려워했으며 전략적 지시는 워싱턴, 호놀룰루, 사이공 등에서 단편적이고 통일되지 못한 채 하달되었고 자유우방군 사이의 지휘권이 분산되어 효율적이지 못했다.

경계면에서도 역시 월맹은 보안을 철저히 유지하였기 때문에 그들이 무엇을 생각하고 있는지 전혀 알 수 없었던 반면, 미국은 의회와 매스컴에서 떠들어댔으므로 국가기밀이 적에게 전부 노출되는 동시에 일사불란하고 조직적인 군사정책을 실행하지 못하고 혼란만 거듭되었다.

또한 생활조건에서도 적은 제대의 크기에 관계없이 형편없는 환경과 열악한 조건에서 싸웠으나, 미군은 사이공을 비롯해서 호화로운 캠프의 사령부 생활과 야전 병사들의 생활이 현저하게 대조되었고, 이 때문에 전투원의 사기저하는 물론 월남 국민들의 혐오감마저 불러일으켰다.

부대 기지는 가정집처럼 쾌적함을 느낄 수 있도록 훌륭하게 만들어서 병사들을 기지 방어작전에 묶어놓았고, 전투력의 신속한 재배치 능력을 감소시켰다.

장차 전투지역에서 부대원의 생활 기준은 적절한 선에서 선정되어야 한다. 전선의 진흙탕에서 싸우는 부하를 의식해서 간소한 수준에서 기준이 설정되어야 하며, 부대장들은 필수적인 것만으로 만족하고 그렇지 않은 것은 미련 없이 버려야 하며 불편을 예사로 받아들여야 한다. 그러나 미군과 연합군은 이를 지키지 못했다.

국민의지는?

군대는 국민의 군대이며 행정부의 군대는 될 수 없다. 국민의 지지와 참여 없이는 전쟁에서 이기지 못한다.

그러나 미국은 국회의 동의 없이 월남에 군대를 보냈고, 선전포고 없이 전쟁에 참여했다. 따라서 미국의 입장에서만 보더라도 국민이 참여하지 않는 전쟁을 한 셈이었다.

월남의 입장에서도 미국이 월남 건설이라는 정치적 목적까지 짊어지고 전쟁을 시작했으므로 월남 국민은 전쟁뿐 아니라 나라의 정치, 경제와 같은 내치 문제까지 미국에게 떠맡겨버렸고, 월남의 주요 지도자는 전쟁의 승리는 뒷전에 미룬 채 정치적 분쟁만 계속했다. 공산주의와 싸워서 이길 생각은 않고 거리로 뛰쳐나와 민주화라는 명분으로 정치 싸움만 반복했으며, 짧은 기간 동안에 여러 번 정권이 바뀌었다.

일반 대중은 오랜 전쟁에 지친 나머지 이데올로기에는 관심이 없어졌고 전쟁이 끝나기만 바랐다. 월남 국민의 참여 없이 미국행 정부가 단독 전쟁을 했던 셈이다.

힘의 중심에 대한 방어 대책은?

특히 미국이 전장에서 손을 떼고 월남이 공산화되도록 내버릴 수밖에 없었던 것은 TV카메라 때문이었다. TV카메라의 출현은 그 특성상 종전에는 상상도 못했던 큰 영향을 가져다주었다.

카메라는 거짓말쟁이 중에서 가장 그럴듯한 거짓말쟁이다. 월남전 이전에는 전황보도를 라디오만으로 음성을 통해 전달하였지만 TV의 등장으로 생생한 현장 사진이 안방에까지 전달되었다. 전쟁에 승리하기 위해서는 싸우려는 적의 의지를 파쇄해야 하고, 그러기 위해서는 적의 전투력과 군사 지도본부를 파괴하지 않을 수 없다. 전쟁 자체가 살생이고 파괴이다. 따라서 비참하고 잔인하다.

그런데도 월맹의 수도인 하노이 폭격 시 생생한 현장사진을 TV를 통해 보고 비인도주의라는 여론이 일어났다. 미공군의 폭격으로 네이팜을 뒤집어쓰고 울어대는 소녀의 모습은 미국 국민으로 하여금 자국 군대의 잔인성에 혐오감을 느끼게 하는 오류를 낳았다. 월남전쟁을 부도덕한 전쟁, 더러운 전쟁으로 보고 여론이 들끓게 하는 견인차 역할을 한 셈이었다.

국익을 챙기지 않고, 흥분되는 순간과 특종만을 찾아다니는 TV카메라가 이적행위를 했다.

TV화면이 등장한 이후 민주주의 국가에서는 전장의 생생한 상황이 세계의 각 가정에 즉시 공개되므로 국민여론이 힘의 중심점이 되어버렸다.

월맹 측은 힘으로 싸워서는 도저히 이길 수 없다는 사실을 인지하고 미국의 힘의 중심점이 되어버린 국민여론을 향해 맹렬한 공격을 했으며, 국내 TV마저 여론을 적에게 유리하게 전개하는 데 크게 기여하고 말았다.

공산진영의 거대한 선전매체는 이에 호응하여 사실을 확대 과장하여 그들의 전쟁을 정당화시켰고, 연합군의 참전을 비인간적이며 추악한 행위로 간주케 하였으며 월남 정부는 부패하여 지원과 원조의 가치가 없는 나라로 부각시켰다.

힘의 중심인 여론을 장악하기 위해 무섭게 달려드는 적 앞에서 미국의 대학교수, 주교, 목사, 수녀 등 종교인을 중심으로 한 반전 단체는 월남 지원을 종료시킴으로써 세계 평화를 달성하자는 호소문인 '목사의 편지'를 널리 유포시켰다.

마침내 공산주의자들의 선전선동 및 청년과 학생들의 반전 시위로 인해 힘의 중심이 된 여론은 자기 정부가 아닌 적 월맹 측으로 넘어가고 말았다.

위험에 대한 극복 노력은?

공포와 위험에 대한 선입관을 가져서는 안 된다. 전쟁은 언제 어디서나 공포와 위험이 따르기 마련이며, 보다 중요한 것은 상대국의 어떤 위협요소나 공포요소에 집착한 나머지 선입관이나 편견 때문에 고정관념을 갖게 되면 매우 위험하다는 사실이다. 이는 사고의 기능을 마비시켜 영원히 상대국의 위협을 극복하지 못하게 한다.

한국전쟁 시 최초에는 위험과 공포를 느끼지 않고 오직 북괴군을 격멸하기 위한 전쟁을 수행했으나 중공군이 개입하여 인해전술로 덤벼들자, 중공 본토를 공격하지 않는 이상 중공군 격멸이 어렵다고 판단한 미국은 휴전이라는 카드를 내놓아 전쟁 이전의 상태로 돌아가는 것으로 전쟁을 마무리 지었다.

제2차 세계대전 이후 미국이 핵의 힘을 전적으로 믿고 있을 때, 1964년 10월 16일 중공에서도 핵실험에 성공했다. 이러한 중공이 월남전에서도 한국전의 예를 들면서 월남전에 개입하겠다고 위협하자 미군이나 연합군은 핵공격을 우려하여 중공이나 소련과 싸우는 것을 두려워했다.

특히 미국이 가장 무서워한 두려움의 대상은 소련이나 중공 및 월맹보다도 자국 내의 여론이었다. 많은 미국인이 전장에서 죽거나 부상했으며, 반전운동 및 공산주의자의 선전선동 활동 때문에 미국 행정부는 자국 국민을 두려워할 수밖에 없었다.

민주주의국가인 미국은 이처럼 여론에 대한 두려움과 공포를 극복하지 못했지만, 반면 공산주의 국가는 보도를 통제하고 공권력을 동원하여 철저히 봉쇄함으로써 극복했다.

마침내 미국은 월맹 본토에 대한 과감한 공격을 못한 채 월남 내부의 분산된 게릴라만 상대하여 싸우는 전쟁을 수행하다가, 끝내는 휴전협정 카드를 던져놓고 전쟁을 마무리 지어버렸다.

부자의 전술, 가난뱅이 전술

미국의 전술은 과학 기술과 장비에 바탕을 둔 전술이며 기계가 인력을 대신하니 부자가 아니면 할 수 없는 부자 전술이었다.

당시 월남군은 미국의 원조하에 보병은 행군 대신 트럭이나 장갑차를 탔으며, 최후의 돌격은 충분한 공격 준비사격이 선행된 이후에 실시하였다.

그러나 미국의 군사원조가 삭감되자, 월남군은 물자 풍족 상태에서 궁핍 상태로 전락했으며 월남군의 전투능력과 사기는 크게 저하되었다.

공군의 지원과 육군항공 및 포병 화력지원에 익숙해진 월남군은 미군 철수로 작전 지원이 중단되자 새로이 가난한 전술과 상황에 익숙해지려고 노력했지만, 부자의 작전에서 가난뱅이 작전으로 전환하기에는 적응 시간이 너무 모자랐다.

반면에 적은 외국의 원조가 없을 때와 있을 때 어떻게 싸웠는가?

인도지나 전쟁 때 처음 월맹이 온갖 수단을 다하여 입수할 수 있었던 화기는 고작 일본군이 유기한 것이거나 프랑스군에게서 노획한 소총류뿐이었다. 월맹군은 무에서 시작하여 궁핍과 고난을 겪으면서 점차적으로 성장하고 단련된 군대였다. 그들의 전쟁수행 능력은 장비에 의존하지 않고 전쟁 자체에만 목적을 둔 정신적인 면이 강했고, 전쟁수행 면에서는 가난과 궁핍을 면치 못했다. 그들은 인력으로 장비를 대신했으며 장비보다는 손과 발로 전쟁을 했다. 월남 내에서는 월맹으로부터 보급이 거의 없어 지방 주민 속에서 기생(寄生)하며 얻어먹는 전쟁을 했다.

중국 본토가 공산화되자 그제야 중국 및 소련 양측으로부터 군사원조를 받기 시작했으며 1970년 이후에는 더 적극적인 원조를 받았다.

그러나 월남은 처음부터 적극적인 미국의 원조가 있다가 나중에는 미군도 철수하고 원조도 대폭 줄었으므로, 월남과 월맹이 정반대 형태의 외국 원조를 받았다.

월맹 측의 사기와 전투의지 및 효율성은 증대된 반면 월남군에서는 정반대 현상이 나타났다.

국내 조건은?

지형적인 조건을 보더라도 그리스, 말레이시아, 필리핀 등의 나라는 반도가 아니면 섬나라이기 때문에 외부로부터 인원 및 물자가 침투되는 것을 제한하거나 방지할 수 있었다. 그러나 월남은 월맹, 라오스, 캄보디아와 연하여 1,000마일 이상의 국경을 접하고 있었으며, 국경지역은 전혀 분단 없이 원시림과 산악지대로 되어 있었기 때문에 공산주의자들은 이곳을 이용하여 월맹의 지원을 받았다.

반대로 월남군은 군사분계선을 넘어서 공격하고 싶어도 미군 때문에 못했다. 또한 중요한 군사 및 민간시설을 경계하고 확보하기 위해 많은 부대가 필요했다. 촌락과 주민도 보호해야 했으며, 수색 및 공격작전을 수행하면서 예비 병력도 보유하고 있어야 했다.

전투력을 집중하지 못하고 전국 각지에 분산시켜 월맹군 공격 시 효과적으로 대처하지 못하고 각개격파 당했다.

월남은 독립국으로 탄생된 이래, 국민의 대다수가 교육 및 지식의 수준이 낮은 가난한 나라였다. 국민들은 오랜 기간의 전쟁으로 누가 이기고 지느냐 하는 문제에는 아무 관심이 없었다.

당시 경험해보지도 못한 완전히 생소한 정부 형태인 민주주의를 채택하기엔 여건이 전혀 맞지 않았다. 민주주의 원칙을 준수하려는 노력은 있었지만 이것이 오히려 전쟁을 수행하는 데 많은 곤란을 주었다.

병력동원, 탈영, 징병기피 등 철저한 국가적 통제와 질서 확립을 해결해야 했고, 패배주의적 반정부주의자, 공산주의자처럼 반드시 강한 통제를 취해야 할 대상에 대해서도 강압적인 조치를 취할 수 없었다.

국민의 민주주의 수준이 낮음에도 불구하고 너무 성급하게 통제력이 미흡한, 걸맞지 않는 민주주의적 방식을 채택했다. 이런 제도로는 월남국민 속에 섞여서 생활하는 친공분자를 통제하고 무력화시키는 데 많은 결함이 있었다.

공산주의와 싸우는 나라에서 공산당 간부의 가족이나 친인척 상당수가 월남 내에서 자유롭게 살고 있었고 직간접으로 월남 정부와 군부에까지 침투하여 있었다.

월남 공산화 이후 상당수의 월남 잔류 언론인, 예술인, 공무원, 정치가, 고급장교들이 공산주의자로부터 그들의 공로와 자질에 상응한 보직을 받은 것만 보아도 얼마나 많은 공산주의의 첩자가 월남 정부와 군부 등 도처에 잠입해서 활동했는지를 알 수 있다.

월남 정부는 동원정책으로 소요자원의 반 정도를 충족시켰으며, 탈영병 통제가 부실했고 징집 제도 자체가 극도로 부패했으며, 병력이 부족하여 부대 교대나 휴식이 거의 없었다. 물론 군인 및 그 가족의 생활 수준도 말이 아니었다.

인사정책 면에서도 민간정부 및 군부는 다 같이 엄청난 과오를 범했다. 보직과 승진은 능력이나 업적 또는 청렴도에 근거를 두기보다는 가족이나 혈연 등 개인적 관계에 의해 더 좌우되었으며, 장교나 관리들의 범법 행위에 대한 처벌이 단호하지 못했고 형식적이거나 연기되었다. 아니면 적당히 넘어가 버리곤 하여 기강이 확고하지 못했고 범죄 예방도 제대로 안 이루어졌다.

월맹도 월남과 마찬가지로 일반 동원으로 병력을 충당했으나 월남의 제도와는 대조적으로 동원령을 엄격히 이행하였으므로 징집 기피자는 거의 없었으며 징집 연령 미달자도 대거 그들의 대열에 참가하였다.

일반적으로 월맹의 공산주의자들은 전체주의적 사상과 공산당이 통제하는 경찰국가의 통치 방식을 통하여 전쟁하는 나라답게 후방 지역의 정치적 군사적 안정 등 국내 질서와 평온을 유지함으로써 남과 북이 아주 대조적인 후방 현상을 보였다.

전장과 전투를
생각하며

군인과 전통

인류의 역사는 전쟁으로 점철되었고, 전쟁은 시대와 장소, 교리와 전투 방법에 따라 그리고 정치·경제·사회·문화 등에 따라서 승패의 요인을 달리하여왔다. 그러나 총칼을 들고 전장에 나가 싸우는 사람은 군인이며, 승패는 그 군의 전통에 따라 좌우된다. 또한 군인의 능력은 그 나라 군의 전통 속에서 살아 있어야 한다.

고대 그리스의 도시국가인 스파르타의 어머니들은 전장에 나가 죽어서 돌아온 자식을 묻으면서 "나는 스파르타를 위하여 죽은 자식을 낳았다"며 자랑스러워했다. 자식을 전사로 키워야만 남의 나라 노예가 되지 않는다는 사회 여건이 전사를 키우는 스파르타의 전통으로 이어진 것이다.

중동전에서 작은 나라 이스라엘이 아랍제국과 싸우면서 연전연승할 수 있었던 것은 우연이 아니다. 로마군단에 멸망당한 예루살렘에서 도망 나온 960명의 유태인은 마사다 요새에 몸을 숨겼다. 로마군에게 포위당한 지 수개월 후에 지도자 엘리아자르의 최후 연설을 들은 후에 전원 자살했다. 장교들은 임관식 때 그 요새에서 엄숙히 임관선서를 하면서 조상의 얼을 읽는다.

6일 전쟁 시 미국의 이스라엘 유학생들은 귀국하여 전선으로 달려갔고, 아랍 유학생들은 귀국 명령이 두려워 애인과 휴양지로 도망갔다. 이것이 대국 아랍제국과 싸워 이긴 저력이고 전통이다.

영국 엘리자베스 여왕은 제2차 세계대전 시 16세의 나이로 군용 트럭 운전사로 근무했고, 부군인 필립 공은 해군 대위로 바다에서 싸웠다. 앤드류 왕자는 포클랜드 전쟁 시 헬기 조종사로 참전하여 동료들과 함께 싸웠다. 넬슨 제독은 트라팔가르 해전에서 스페인의 무적함대를 격파하고 전사했다. 처칠은 제1차 세계대전 시, 해군 장관으로 복무하던 시절 다다넬스 전역의 실패를 자인하고 장관직을 사임했다. 이후 전선으로 달려가 육군 소령으로 참전, 대대장과 여단장으로서 솜므 및 베르당 전투에서 싸웠다. 전선의 전투경험이 그가 수상이 되고 난 후 제2차 세계대전을 승리로 이끈 원동력이 되었다. 배운 자와 있는 자의 솔선수범이 영국군의 전통이다.

한국전쟁 시 미군장성 아들 142명이 참전하여 35명의 사상자를 내었다. 유엔군 총사령관인 클르크 대장의 아들은 저격능선 전투에서 중대장으로 싸우다 중상을 입었고, 미 8군 사령관 벤프리트 장군의 아들은 B-26 폭격기를 몰고 출격했다가 전사했다. 해병 1항공사단장은 부자가 참전하여 아들 해리스 중령은 장진호 전투에서 전사했다. 상하계층이나 특권 없이 전장에서는 평등한 전사라는 의식이 미군의 전통이다.

1해병사단의 바버 대위는 장진호 전투 시 덕동고개에서 밤새 중공군의 공격을 여섯 번이나 물리치고 사수하여 사단을 구해냈다. 중대원의 반 이상이 쓰러져도 싸웠다. 중공군의 꽁꽁 언 시체로 진지를 구축하고, 한쪽 눈과 팔이 남아 있으면 옆 전우가 계속 총을 쏘도록 실탄을 장전하고 탄창을 갈아주면서 끝까지 싸웠다. 실탄이 떨어지자 중공군 시체 옆에 흩어진 적화기와 수류탄을 수거하여 싸웠다. 목사인 코언 대위는 장교들이 다 쓰러지자 행정요원을 모아 마지막 돌격을 감행하여 고지 역습에 성공했다. 미 해병대 전투의 전통이다.

우리나라는 외세의 침략을 많이 받은 나라로 타국에 비해 훌륭한 군인이 많았다. 고구려의 을지문덕, 신라의 품일과 아들 관창, 가족을 먼저 죽이고 전장으로 떠난 황산벌의 계백, 성웅 이순신 장군, 이토 히로부미를 쏜 안중근 의사, 6·25 때의 육탄 10용사 등 헤아릴 수 없이 많다.

우리의 조상과 선배들에게서 군인의 성스런 전통이 살아 숨 쉬고 있다. 군인의 의무인 국민의 재산과 생명을 목숨을 걸고 지키는 것보다 더 숭고한 가치는 없다. 그러므로 군인의 전통은 국가보위의 주춧돌이라 할 수 있다. 이 전통은 묻히지 말아야 한다. 우리의 맥박과 피 속에서 영원히 살아 있어야 한다.

공포와 전쟁

병사들은 일단 전투에 투입되면 거의 쉬지를 못한다. 속도와 연속 전투를 강요받는 현대전에서는 주야로 계속 기동하고, 인간의 능력 한계선까지 전투를 강요받기 때문에 전투원은 심신의 여유가 없고, 늘 정신적·육체적 피로에 지칠 대로 지친다.

또한 죽거나 부상을 당할 수도 있다는 두려움 때문에 엄청난 심적 갈등과 스트레스를 받는다. 정신적으로 두려움과 초조 불안 및 누적된 피로는 정신적 쇼크와 마비현상을 초래하여 결국 조직 전체를 걷잡을 수 없는 상태로 끌고 가기도 한다. 전장에서의 이런 쇼크와 마비 현상은 결국 개인이 느끼는 공포에서부터 시작한다. 장차 우리가 겪을지도 모를 처절한 전장에서 전쟁 지도부와 일선 장병이 만나게 되는 실제적인 적은 적의 총검이나 총탄보다는 개인의 마음속에 감추어져 있는 공포심이다.

이 공포심은 전술교리를 마비시키고 작전계획을 무용지물로 만들며 전쟁지도부를 무능화시킨다는 사실을 명심해야 한다.

전장에서는 어떤 일이 발생하나?

제2차 세계대전 시 미군이 마킨(Makin) 섬에 상륙한 후 일본군과 첫 야간 전투에서 1개 대대원 중 36명만이 제대로 사격했고, 오하마(Ohama) 상륙작전 시는 5개 중대 전투원 중 5분의 1 정도만 사격을 확실히 한 것으로 판명되었다.

미군의 캐린턴(Carentan) 전투 시는 한 하사관이 총상을 입고 혼자 대대 구호소로 뛰어가자 소대원들이 이를 철수하는 줄 알고 전부 뒤따라와 전선이 무너지기도 했고, 노르망디 전투에서는 차후 진지를 점령하러 뛰어가는 포병관측반을 보고 대대가 철수하는 줄 알고 좌우측 소대가 전부 뒤따라 뛰어가 전선이 허물어졌다.

알류산 열도에 상륙한 캐나다군과 미군은 상륙 첫날 58명이 부상당하고 25명이 전사했다. 일본군은 일주일 전에 철수하여 아무도 없었는데, 밤새 자기들끼리 싸웠다. 영어로 누구냐고 물으니 일본군이 영어도 잘한다고 하면서 마구 쏘아댄 것이다.

우리 전방에서는 깜박 졸던 소위가 승낙을 받고 난 후 용변을 보고 돌아오던 자기 부하를 쏴서 죽인 일도 있고, 대침투작전 시 졸던 병사가 인접호에서 근무하던 중대장의 철모가 움직이는 것을 보고 총을 쏴 중대장을 죽게 한 일도 있다. 모두 공포 때문이다.

월남에서는 매복 나간 병사가 겁에 질려 자기 발등을 쏴 자해를 하고, 공격 명령을 받은 소대장이 대대장 앞에서 무릎을 꿇고 펑펑 울면서 못 가겠다고 애걸을 한 사례도 있다. 이 또한 공포 때문이다.

전쟁 지도부도 마찬가지이다. 한국전쟁 당시 미국은 중공의 핵과 인해전술을 두려워했고, 월남전 당시 월맹군이 공격하자 공포에 질린 민간인과 군인으로 도로가 마비되어 1개 군단이 피난민 속에서 사라져버렸고, 항구와 비행장이 마비되어 싸우지도 못하고 손들어버렸다. 이 또한 공포때문이다.

6·25전쟁 시 서울의 무질서는 계획과 연습의 부재이긴 했지만, 그 바탕은 두려움과 공포였다. 홍릉에 적 전차 2대가 나타나자 이에 놀란 군지휘부는 미아리와 파주에서 국군이 선전하고 있었는데도 불구하고 한강 다리를 폭파해버렸으며, 1951년 5월 현리에서는 중공군 침투부대 1개 중대가 오미재를 틀어막자 한국군 3군단이 붕괴되어버렸다. 이외에도 공포로 인한 패전의 예는 세계 전사상에 너무나 많다.

공포는 전염성이 강하고 유언비어와 함께 무질서로 발전하여, 한 번 퍼지면 수습이 안 되며 공황과 명령 불복종, 자해, 대량 항복, 주민통제의 마비로 나타난다. 무서운 현상이다. 단순히 기계적으로 복종하는 관습에 젖은 장병들, 과잉보호와 안락한 생활, 나태한 예비군 앞에는 공포의 무질서가 명확히 예견되고 누구에게나 닥쳐온다. 공포의 통제와 극복 능력이 강구되어야만 초전에서 생존을 보장받을 수 있다.

몽고메리 원수의 승리 비결

싸울 줄 아는 사람을 찾아라

몽고메리 장군은 제2차 세계대전 시 영국의 젊은이를 이끌고 북아프리카로 출병하여 사막의 여우 로멜 장군을 격파하고 영국을 승리로 이끈 사령관이다. 장군은 적과 싸워 이기기 위하여 적재적소에 알맞은 사람을 골라 보직하는 데 많은 시간을 할애했다.

지금 당장 전선으로 데려오면 누가 싸울 수 있는지, 그 사람을 찾는 데 자기 일과의 3분의 1 정도를 보냈다고 한다. 특히 전장에 바로 투입되면 적과 마주쳐서 전투할 수 있는 대대장이 누구인가를 찾기 위하여 전 영국의 영관 장교의 명단을 놓고 검토하였다고 한다.

영관 장교의 교육을 강화하고, 사막 전투의 경험을 익히게 해서 대대장 직책을 맡으면 바로 싸울 수 있도록 철저한 사전 보직관리를 했다. 전투는 적을 보고 전투를 통제하는 대대장의 능력에 좌우된다고 믿고, 대대장이 독일군과 싸워 이길 수 있는 전투기술을 갖출 수 있도록 준비하는 데 많은 노력을 기울였다.

임지에 부임하기 전에 전투기술, 전술지식, 전장을 예측하고 준비하는 능력과 체력이 갖추어져 있지 않으면 부임 후 첫 전투에서 고전을 하고 불필요한 희생이 발생한다고 믿고 유능한 대대장을 찾는 데 노력했다. 이런 점에서 몽고메리 장군과 로멜 장군 사이에는 간과할 수 없는 큰 차이가 있다.

로멜 장군은 사막에서 병에 걸려 후송될 정도로 스스로를 혹사했다. 이는 '전선의 지도자'에 걸맞은 좋은 의미로 생각할 수 있으나, 전방의 전투 지휘관이 충분히 훈련되지 않아 많은 것을 지도하고 확인해야 했다는 내용도 포함된다. 전장에 투입되기 전에 대대장의 능력을 제고시킨 몽고메리와 현장에서 부하를 가르쳐야만 했던 로멜의 차이가 전장에서의 승패를 좌우했다고 믿는다.

지휘관은 싸우는 능력을 키워라

기원전 500년에 저술된 《손자병법》은 "부대의 장은 능력이 있어야 하고, 능력이 있는 군의 장에겐 간섭을 하지 말아야 한다"고 충고하고 있다. 지휘권이 보장되어야 한다는 뜻이며, 이는 전투지휘관은 부임 전에 싸우는 기술과 절차 및 각종 기능 통합 능력이 숙달되어 있어야 한다는 의미이다.

우리의 경우를 비추어 볼 필요가 있다. 각종 기능을 통합하여 사용할 수 있는 기술이 현대전의 핵심이라고 생각할 때, 적을 두 눈으로 내려다보고 있는 대대장은 몽고메리 원수의 교훈을 한번 음미해볼 필요가 있다.

이런 일화가 있다. 북아프리카로 영국군이 떠날 때, 군단장 임명 과정에서 한 장군이 강력하게 추천되었다. 머리가 좋고, 승마 선수이며 영국 육군의 골프 챔피언인 데다가 미남이며 사교계에서도 매너 있고 멋있는 영국 신사였다.

"우리 영국군은 말을 타고 싸우는 것이 아니라 전차를 타고 싸운다. 매일 골프 연습을 하고 자주 골프장에 나가야 챔피언이 된다. 사교계는 여자들의 치마폭이며 매너와 멋은 머리에 기름을 바르고 향수를 뿌리는 것이다. 그는 전장을 모르고 로멜도 모르며 군사서적을 읽고 고민한 사람이 아니다. 그런 사람에게 영국 젊은이의 생명을 맡길 수는 없다."

몽고메리 장군의 말이다. 로멜의 책을 읽고 싸우는 것만을 연구한 깡마른 고집쟁이가 '멋있는 영국 신사'를 받아들일 리 만무했다.

또한 참모장에는 여러 사람이 추천되었으나 장군과 함께 오랫동안 로멜을 연구하고 전술토의를 함께 한 긴거드 대령을 승진시켜 참모장으로 임명하였다. 그와는 명콤비였으며 몽고메리 장군의 지침만 있으면 계획에서 결과까지 같은 감각으로 일을 처리했고 눈빛으로도 서로 의사가 통했다.

그는 참모장을 중요시하여 사령부는 물론 예하부대에도 능력 있는 참모장을 찾아 보직하였다. 참모장이 상황을 종합 판단하게 하고 전후방 상황을 파악하여 예측하고 준비를 하도록 했다. 그는 누구건 간에 조언의 첫마디는 "능력 있는 참모장을 만나야 전투를 할 수 있다"는 것이었다.

우리는 지금 행정에 치우치고 부대와 병원 관리에 여념이 없고 계획에는 능하나 전투기술에는 소홀할 가능성이 많다. 사령부 관리와 외빈 접대에 열중해야 하는 관계로 상황실에서는 지휘관 혼자서 독주하고 참모장은 말 한 마디 못한다면 진정한 강군을 육성할 수 없다.

전투전 증후군

이스라엘군은 1973년과 1982년, 아랍과의 전쟁에서 전투정신병 환자가 많이 발생하여 큰 어려움을 겪었다. 우리는 제2차 세계대전 시 패튼 장군이 시실리에서 한 야전병원을 방문했을 때 아무런 상처도 없이 공포와 불안에 떠는 병사를 발견하고 울화가 치밀어 총살시키겠다고 고함을 치면서 병사의 얼굴을 후려갈겼다가 말썽이 일어난 사건을 기억하고 있다.

현대전에서는 일단 전투가 시작되면 제대로 자지도 못하고 휴식도 없이 연속 전투를 강요받는다. 최악의 상황에서 전투를 해야 하는 것이다. 죽거나 부상당할지도 모른다는 불안과 공포, 소음과 포탄파열 굉음 그리고 인접 전우의 부상과 사망, 지휘관의 사망 등에서 불안과 공포 및 좌절을 느낀다.

이것이 누적되면 군사술어로 '전투전 증후군'이라는 무기력 증상이 만연한다. 정신적으로는 건망증 증세로 할 일을 빠뜨리고, 지시 받은 사항을 잊어버리고, 집중이 안 되고 허둥대고 엉뚱한 생각과 행동을 한다. 심리적으로는 불안과 놀람, 불면과 악몽, 좌절과 죄책감에 빠진다. 인접 전우의 사망이 자기 잘못이라고 흐느끼고 짜증과 신경질, 침울함과 지나친 긴장이 나타난다.

신체적으로는 입이 마르고 피로가 증가하고 입과 몸이 굳어버리는 초기 마비 현상이 발생한다. 부대에서는 무단이탈, 전우끼리의 언쟁과 싸움으로 단결력이 저하되고 불신이 만연하며 의무대를 찾는 꾀병 환자가 부쩍 늘어난다.

이런 현상은 체력이 많이 소모되는 보병부대보다도 기계화부대에서 많이 발생했다. 며칠씩 연속된 야간전투를 하면서 잠을 못 자고 주야 리듬이 무너지면서 스트레스 증후군이 발전하여 이상한 소리를 듣는 환각 상태에 빠진다. 쉬지 못하고 계속 전투를 하면 정신적 질환으로 발전하고 만다.

좁은 전차 안의 승무원은 먼저 적을 발견하고, 먼저 정확히 쏘아야 산다는 중압감과 함께 주야로 달리며 시끄러운 전차 소음 등으로 곤죽이 되도록 지친다. 그들은 전술예규를 위반하고 우군을 적으로 오인하여 쏴버리고, 피아를 구분하기도 전에 쏘고, 경계심·조종능력·침착성이 둔해진다. 사람을 함부로 살해하고 비전투원을 죽이고 약탈을 자행한다. 제일 무서운 것은 이 증후군에 걸리면 개인 또는 무리가 전장을 이탈하는 경우도 생긴다는 것이다.

1973년 중동전에서 이스라엘군의 부상자중 30퍼센트가, 1982년의 레바논 전투 시에는 23퍼센트 정도의 전투정신병 증후군 환자가 발생하였다. 실제 600명 이상의 정신적 질환자가 발생한 것이다. 이로 인해 전투력의 저하는 물론이고 중증의 환자가 발생하여 정신병 환자로 발전, 전후 사회 문제가 되기도 했다. 이런 현상은 전투가 치열했던 곳에서, 저하된 사기에서, 연속 전진하는 기계화부대에서, 전투 경험이 없는 군인들에게서 주로 발생하였다.

실제 월남전 최전선에서 싸우던 미군 초급장교 및 하사관 중에 1,016명이 자기 부하가 쏜 총에 맞아 죽었다는 보고가 있었고, 미라이 촌의 502명의 민간인을 남녀노소 가리지 않고 전부 사살한 케리 사건이 발생하였으며, 대대장에게서 수색명령을 받은 소대장이 자기 대대장에게 "너나 수색 나가라"라고 항명한 사건이 발생하기도 했다. 이와 유사한 사건은 그 밖에도 많다. 이런 일련의 사건은 군기의 차원이 아니라 스트레스와 쇼크에서 오는 정신병적 차원에서 해결책을 찾아야 한다.

우리나라 전선의 장교와 병사들은 이와 관련해 경험도 없거니와 대책도 모르고 있다. 주요지역에서는 적의 화력이 집중되면 초전에 전투정신병적 차원의 환자가 많이 발생할 것으로 예상된다. 비전투 손실도 문제이지만 초급 장교들이 통제를 잘못하면 전투 자체가 어려워진다고 본다. 이는 적개심이 강하고 전투경험이 있는 이스라엘도 어쩔 수 없었던 문제였다.

강력한 통제와 엄정한 군기로 해결하려는 막연한 생각은 위험하다. 나이 어린 병사들도 문제이지만 편안하게 살던 예비군이 유사시 동원되면 환경이 극에서 극으로 변하는 데서 일어날 현상이 불을 보는 듯하고 더욱 염려된다.

(위 내용은 미 Walter Reed 연구소의 연구 내용의 일부임.)

사격장에서 무엇을 가르쳐야 하나?

제2차 세계대전시 마킨(Makin) 섬 전투에서 미군은 일본군의 야간공격을 받았다. 소총과 일본도만을 가지고 공격한 일본군에게 의외로 큰 피해를 입어 철저한 조사를 해보니, 대대원 중 단지 36명만이 제대로 사격을 했다는 놀라운 사실을 발견했다.

개인호의 병사들은 진지가 유린당하는데도 돌진해 오는 일본군의 기세에 눌려 호 안에 머리를 처박고 사격을 할 엄두도 못낸 것이다. 그 후 미군은 대책을 수립하고 전훈 분석반과 지휘계통을 통해 철저히 교육시켰다고 한다.

개인화기 전투는 100미터 전투이고 권총 전투는 30미터 전투, 수류탄전은 20미터 전투다. 100미터 거리는 30초면 적이 덮친다. 지금같이 오래 조준하면 몇 번이나 방아쇠를 당기겠는가? 권총도 마찬가지이다. 조준 시간이 너무 길다. 수류탄은 1단계, 2단계 팔을 들고 자세 연습을 시키다가 던진다. 당장 코앞에서 적이 달려드는데, 안전핀을 뽑았으면 빨리 던져라.

빨리 쏴야 한다. 총기 고장은 곧 죽음이다

총기가 고장 나면 죽은 사람이다. 소대장 때 비가 쏟아지는 밤에 적과 교전 시 총기가 고장 났다. 전령의 총을 빌릴 수도 없고, 안전핀을 뽑은 수류탄을 들고 남 쏘는 것 구경만 했다. 미 해병대가 월남의 어느 늪지대에서 전투 시 전사자의 92퍼센트가 소총이 고장 난 것으로 밝혀졌다. 적은 덤벼드는데 총기는 고장 나고, 그때 그 자리에 있는 자신을 한번 생각해보라.

총기는 쏘다 보면 반드시 고장이 난다. 갈퀴의 고장으로 탄피를 못 물어내고, 탄피와 가스가 범벅이 된다. 옷을 벗어서 깔아놓고 쏴야 하고, 반드시 소총을 왼손 홈에 올려놓고 쏴야 한다. 땅에 밀착시키면 먼지와 모래 때문에 고장이 난다. 겨울에 온기가 있는 벙커 안에 있다가 밖으로 나오면 총구 안의 물기가 얼어서 얼음이 된다. 그럴 때 총을 쏘면 총열이 파열된다. 미리 '꼬질대'로 총구를 쑤시고 쏴야 한다. 실탄이 떨어지고 총기가 고장 날 것을 예상해서 적의 화기를 수거해 사용할 준비를 해야 한다.

적은 한곳에 집중하고, 짧은 시간에 수 개의 제파가 몰려온다. 총은 고장이 나고 실탄은 떨어지게 되어 있다. 그때를 준비해야 살아남는다. 제파와 제파 간의 짧은 시간을 이용, 죽거나 부상당한 적의 소총과 실탄, 수류탄을 수거하여 그것으로 싸워야 한다.

부상병은 총 쏘는 사람의 고장 난 총기를 응급처치 해주고, 탄창을 갈아주는 등 적극적으로 전투를 해야 한다. 6·25전쟁 시 미 해병의 장진호 전투에서의 바버 대위와 지평리 전투에서의 프랑스군은 중공군의 제파식 공격을 이런 방법으로 물리쳤다.

호 안은 안전하다. 겁내지 말고 쏴라! 하체는 호 안에서 완벽하게 보호받고, 머리는 철모로, 앞가슴은 사대로 보호받는다. 적은 노출되어 있다. 제대로만 쏘면 적은 다 쓰러진다.

밤에는 공포와 불안에 떨고, 실탄이 날아오면 총에 맞는 것 같은 착각에 빠지고, 교전이 시작되면 머리를 호 안에 처박는 일이 발생한다. 적도 자기 주위에 실탄이 박히면 겁을 먹고 조준사격을 못한다.

크레모아 및 수류탄 사용 시 파편이나 후폭풍을 겁내 머리를 호 안으로 숨기지 말고, 눈만 내놓고 계속 쏴야 한다. 흙은 튀나 파편에 맞지는 않는다.

두려움과 공포를 통제하자

끝으로 두려움과 공포를 통제해야 한다. 건강한 사람도 밤이 되면 큰 돌이나 잘려 나간 나뭇등걸을 총을 들고 내 앞으로 걸어오는 적으로 착각하여 총을 쏘거나 고함을 지르는 경우가 많이 발생하고, 심하면 항명 및 집단 탈출이 발생하기도 한다. 지휘관이 겁을 먹었거나, 믿고 있던 지휘관 및 전우가 비참히 죽었을 때, 잠을 못 자고 피곤할 때, 특히 졸다가 깨면 더더욱 엉뚱한 짓을 한다.

지금도 사격장에서는 사격을 한다. 전투현장에서 무엇이 발생하는지 느끼지 못하고 방아쇠를 당긴다. 경험이 없는 병사들이 사람을 쏜다는 것은 쉬운 일이 아니다. 대검으로 찌를 용기가 없으면 싸우기도 전에 도망친다. 적을 향해 총을 쏠 때 현장에서 무엇이 벌어지는지 체험으로 느끼고, 소상한 지도가 있어야 한다.

우군 간 오인사격의 희생을 막자

제2차 세계대전 시 알류산 열도에 미군과 캐나다군이 상륙한 당일 낮과 밤 하루 사이에 일본군은 일주일 전에 철수했는데도 불구하고, 일본군 야습에 겁먹은 병사들이 우군끼리 싸워서 28명이 죽고 50명이 부상당한 유명한 전례가 있다.

시실리 전투에서는 공수작전 중에 바다에 떠 있는 함정과의 협조 전달 부실로 해군함정에서 대공사격을 하여 124대의 항공기 중에 11대가 추락하고 50대가 부서지는 사고가 발생했다.

미 4사단 바튼 소장은 오수웨일러 마을에서 고전하는 12사단을 지원하기 위하여 2개 대대를 급파했다. 그 지역에 배치되어 있던 사단 전차대가 지원 나오는 병력을 독일군으로 오인하고 공격을 가하면서부터 시작된 2

시간 동안의 우군 간 전투에서 많은 희생자를 냈다. 급하다 보니 병력만 보내고 전차부대에 연락이 안 되어 벌어진 사고였다.

사이공 근처에서 미 187공격헬기중대는 이동하는 병력을 보고, 출동 전 브리핑에서 우군이 없다는 보고를 받은 바 있어 의심 없이 공격했으나 이는 월남군 25사단 병력이었다.

추라이 근처에서는 한 보병부대가 예정 착륙지에 착륙을 하자 21공격 헬기중대의 제압 사격으로 많은 사상자를 냈다. 먼저 착륙한 보병이 있다는 것을 몰랐기 때문이었다.

근접전투 시의 본능적 사격

한국전쟁 당시 임진강 남단에 배치된 영국군은 1951년 4월, 중공군의 공격을 받아 글로스터 연대가 고전하고 있었다. 하비 대위와 중대원은 포위망을 뚫고 미군 배치선까지 도달하여 미군전차를 발견하고는 너무 반가워 뛰어가다가 중공군으로 오인한 미군전차의 사격을 받아 6명이 사망했다. 이때 영국군 철수를 관측하던 미군 정찰기가 이를 보고 통신문을 투하하자 그때서야 사격이 중지됐다.

1994년 러시아가 체첸을 공격했을 때 수도인 그로즈니 시내에서 건물에 숨어 있던 체첸군에게 공격받아 많은 전차가 파괴되고 사상자도 많이 발생했다. 당시 전투에 참가했던 슈르긴 대위의 증언에 의하면 "전사자 중의 절반 정도는 소총수의 오인 사격, 공군기의 오폭, 포병의 오인 포격으로 사망했다"고 한다. 그는 또 "시내에서 포위를 당하여 4일간을 싸웠는데, 알고 보니 시베리아에서 온 혼성여단이었다"고 증언했다. 결국 미숙한 지휘통일, 전투협조체제와 통신 및 연락체계의 미비로 우군에게 피해를 당하게 된 데다 특히 병사들은 근접전투에서 늦게 쏘면 자신이 당하기 때문에 본능적으로 방아쇠를 당기게 됨으로써 피해가 더욱 컸던 사례들이다.

오판과 협조 미비가 부른 화

걸프전에서는 첨단과학무기로 충분한 예행연습을 거쳐 일방적인 승리를 했음에도 불구하고 사고가 많이 발생했다. 전투사상자 613명 가운데 전사자 146명 중 35명이 우군의 사격으로 사망했고, 467명의 부상자 중 72명이 우군 사격으로 인적 손실을 입었다. 아지랑이, 먼지, 연막 등으로 시야가 가려진 데다 장갑차 위에는 전투장비를 쌓아놓아 외형이 변경되는 등으로 공군기나 헬기가 식별을 못해 일어난 사고였다.

결국 이는 조종사의 잘못된 지도판독, 기계의 고장과 결함, 레이저빔의 반사 오차, 지상군 기동장비의 외형 변경 등 다양한 실수가 얽혔기 때문이었다.

따라서 유사시에는 계급의 고하를 막론하고 경험 부족으로 인한 협조의 미비, 오판과 시행착오가 예상된다. 긴장과 불안, 공포와 인접 전우의 사망, 수면 부족으로 판단이 흐려져 실수를 하게 된다. 지상부대와 공군 및 헬기 부대와의 협조와 전달 부실로 오폭이 생기고, 전방 관측자의 판단 실수로 포병의 오폭이 발생하고, 겁에 질린 병사의 오인 사격을 예상할 수 있다.

전장은 광범위하고 빠른 기동성과 타군 및 연합군과의 협조된 작전을 함으로써 통제와 협조가 어렵다. 우군에 의한 우군 피해는 전투 자체에 상당한 영향을 미친다. 유사시 불을 보듯 이 같은 문제가 예상되고 있는 것이다. 어쩔 수 없이 발생한 것으로 보고 지나칠 것이 아니라 충분한 준비가 있어야 한다.

통합전투의 허와 실

1) 적을 찾는 노력

훈련장에서 보면 대부분 적에 관한 정보를 상급부대나 통제부에서 훈련을 유도하기 위하여 제공하는 것에 숙달되어 있다. 주는 정보만을 받아서 사용하는 나쁜 타성에 젖어 있는 것이다.

상급부대에서 제공받는 정보는 전방의 부대가 사용하기에는 시기적으로 늦은 경우가 많다. 따라서 능력이 있는 범위 내에서 자기가 사용할 정보는 자기가 획득하여 사용하는 것이 효과적이고 시기적으로도 맞고 정확하다. 이는 걸프전에서도 그 중요성이 입증되었다. 우리의 훈련장과 실제 전투에 이러한 부분의 개선과 아울러 지휘관의 노력이 집중되어야 한다.

가) 공군 TACP로부터

기동부대 지휘관은 자기 부대에 파견된 공군 TACP로부터 임무수행 중 또는 임무를 마치고 귀환하는 공군기 조종사로부터 첩보를 획득할 수 있다. 즉 비행로 주변의 도로, 평탄한 곳의 집결지와 포진지, 집결된 기계화부대, 임무수행지역의 적 활동, 적의 방공포, 지형과 기상정보 등의 적정을 파악할 수 있다. 지상부대와 공군의 협조된 노력이 요구되며, 적극적인 공군의 지원이 필요하다.

나) 육군항공으로부터

육군항공 연락장교와 협조하여 임무수행 중 또는 귀환하는 항공기와 협조하여 전선 상황, 도로 주변과 개활지 중심의 적 상황은 물론 우군 후방지역의 적 활동도 파악할 수가 있다.

특히 적지 종심에서 활동을 하는 연합항공자산으로부터 적 및 우군상황을 파악할 수 있다. 기동부대는 우선 정보 요구를 연합항공자산과 우리 육군항공과 협조하여 획득해야 한다. 현장에서 각 항공 기능이 따로따로 행동하고 정보 획득에 대한 협조가 전혀 없다면 시정되어야 하며, 육군항공의 적극적 자세가 필요하다.

다) 포병으로부터

포병은 전방 관측자로부터 표적의 성질과 위치를 보고받는다. 보고된 내용을 종합 판단하면 양질의 정보를 얻을 수 있다. 포병부대가 요청받은 표적과 지시받은 표적에 사격하는 것만으로 임무수행을 한다면 정보수집과 생산의 기회를 고의적으로 기피하는 것이다.

라) 통신 감청(Monitoring)으로

통신 감청을 통해서 적과 우군의 상황을 동시에 파악할 수 있다. 특히 기동부대(대대, 연대)에서 인접 부대의 주파수로 들어가 상황을 파악해야 한다. 이를 통해 자기 부대의 다음 임무를 예측하고 전투를 준비해야 한다. 상급부대로부터 전달을 받는 것은 시기적으로 늦고 정확하지가 않고 전달이 누락될 가능성이 많다.

특히 방어 시 예비대는 역습을 할 것인가, 무너지는 전선에 증원을 할 것인가, 역습과 증원의 시기를 상실하여 새로운 저지진지를 점령할 것인가의 세 가지 방책 중 하나를 선택해야 한다. 이를 결정하는 것은 대단히 어렵다.

공격 시에 예비대는 새로운 방향으로 투입될 것인가, 공격하는 부대를 초월할 것인가, 또는 공격이 실패한 부대와 임무를 교대할 것인가의 세 가지 중 하나를 선택해야 한다. 후퇴작전 때도 병력과 장비 및 지원 세력의 임무 전환과 축차진지냐 교대진지 점령이냐 등으로 결심과 준비와 실천이 대단히 어렵다. 따라서 상급부대의 명령을 받고 예비대가 준비를 해서 움직이기에는 많은 시간이 소요된다. 기동부대의 지휘관 자신이 미리 예측하고 준비하기 위해서는 투입이 예상되는 지역의 전투상황을 통신 감청하는 것이 대단히 중요하다.

마) 연락장교나 하사관으로부터

인접 및 상급부대에 파견된 연락반은 자기 부대에 필요하고 영향을 미칠 수 있는 첩보와 정보를 스스로 파악해서 전달해야 하며, 자기부대 지휘관의 우선정보요구를 인지하고 이를 충족시키도록 노력해야 한다. 이 임무를 수행하지 않는다면 직무를 유기한 것이다.

바) 포로나 지역주민으로부터

신뢰성과 정확성이 결여되는 단점도 있으나 적대관계의 주민을 만나면 완전한 첩보를 얻을 수 있다. 지형과 기상조건 및 토양상태가 작전에 영향을 미칠 때는 더욱 유용하다. 유용한 첩보를 제공할 수 있는 각 기능을 통합하여 사용 가능한 첩보를 수집하는 데 보다 많은 노력이 경주되기를 바란다.

2) 장애물에 대하여

지뢰는 매설 시간이 계획 시간을 초과하고, 계획된 매설 부대가 타 임무에 전용되고는 대리부대가 지정되지 않아 매설을 못하고, 매설부대와 타 기동부대 간에 협조가 되지 않아 부대이동과 지원에 지장을 초래한다. 폭약의 위력이 약하고 단선과 동시폭파 시에는 전기 용량의 부족으로 폭파가 안 된다. 적의 제거 장비는 단발로 180미터를 제거하는데 우리의 장애물 종심은 짧은 곳이 많다.

FASCAM(지뢰살포탄)은 양이 제한되어 있어서 사람으로 장애물을 설치할 시간이 없을 때 운용하는 것이 바람직하다. 그러나 많은 곳에서 사용을 남발하고 있다.

적의 전차는 도로로 온다. FASCAM은 600미터 상공에서 폭발하여 지상에 자탄이 떨어지는데 적 전차가 오는 폭 20미터의 도로에 정확히 떨어지기도 어렵고, 떨어져도 단단한 도로에서 튀어 달아난다. 전차가 안 오는 논이나 밭에는 FASCAM이 있고, 전차가 오는 도로에는 없을 가능성이 많다.

장애물은 화력과 관측이 반드시 통합되어야 한다. 정보와 항공, 공군, 통신, 해당 참모 및 지휘관이 자세히 알고 있어도 협조가 어려운데 모르고 있거나 통합 연습이 안 되면 전투 시 아무 효력을 발휘하지 못한다.

특히 지연선에서 후방초월 시 장애물 준비와 관측, 화력유도, 관측자의 준비, 통신대책, 공군의 연락팀, 헬기 공격의 준비가 되어 있어야 싸울 수 있으나 병력을 통제하여 안전하게 이동하는 데 급급한 경우를 많이 본다.

3) 전술 공군에 대하여

초전에는 성능이 나쁜 항공기가 지상전에 지원된다. 15,000피트 이상에서 공격하여 정확도가 대단히 낮다. 1개 소티(출격)가 지원되어 확률적으로 1대의 전차도 파괴하지 못한다. 그러나 지상군은 너무 큰 기대를 하고 있다. 훈련장에서 시범 시 저공으로 내려오는 공군기를 보고 전투 시에도 그렇게 내려오리라고 오판하는 장병들이 많다. 실은 적의 대공화기 때문에 내려오지 못한다.

기동부대 지휘관은 공군기는 알아서 공격을 하고 가는 것으로 안다. 지휘관은 공군기가 무엇을 협조하고 확인하는지를 모르면 안 된다.

표적 지시와 확인, 공군기 진입과 퇴출, 공격 고도, 우군 배치와 식별, 안전대책, 오폭 방지, 공격시간 등을 협조해야 한다. 세밀하지 못하면 효과도 없고 우군을 공격할 가능성이 많다.

전사상 오폭의 사례가 많으며, 훈련장에서도 30분 전에 요청한 비행기가 와서 공격을 하는데, 요청 시는 적이 있던 자리에 자기가 와 있는데도 공군과 협조를 하지 않아 우군기가 공격하는 것을 많이 보았다.

4) 공중공간 통제에 대하여

공군기만 오면 30분씩 무조건 공중공간을 통제한다. 심지어는 박격포도 쏘지 못하게 한다. 적의 전차는 장애물 지대에서 정지하여 있는데, 오지도 않는 공군기를 기다리고 있다. 와봤자 1개 소티가 전차 한 대도 파괴를 못하는데 이는 잘못이다. 포병은 몰라도 고도가 낮게 비행하면 보병의 박격포는 쏴야 한다.

5) SEAD 사격에 대하여

SEAD는 적이 방어 시에는 고지에 대공화기를 배치함으로 고지에 사격계획을 수립하고, 적 공격 시(특히 기계화부대)에는 대공화기는 차에 싣고 다니므로 도로를 따라 계획해야 한다. 따로 SEAD 사격 계획을 세울 필요가 없다. 그러나 적의 기계화부대가 도로를 따라오는데도, 공군기가 지원된다고 다른 효과적인 화력을 놔두고 SEAD 사격을 하거나, 무조건 고지에 사격을 하는 것은 잘못된 것이므로 시정되어야 한다.

6) 무장헬기 공격에 대하여

훈련장에서 보면 전술항공 다음으로 헬기가 공격하도록 도표에 준비되어 있다 보니 적의 전차는 장애물에서 정지되어 있는데도 무한정 공군기를 기다리게 된다. 하지만 이때는 헬기의 공격을 실시해야 한다. 또한 우군 배치선 후방에서 사격 진지를 선정하여 우군의 보호를 받아야 하며, 공격대기 지점과 공격 지점을 지상군 지휘관과 반드시 협조해야 한다.

TOW는 사계가 보장되어야 한다. 지도에서는 모든 것이 가능하나 실제는 나무, 건물, 전신주, 전선 등이 걸린다. 사계가 보장된 진지를 준비해야 하고, 풍향은 앞바람은 아무 문제가 없으나 뒷바람은 조준과 사격에 영향을 받음으로 이를 고려해야 한다.

특히 연합항공자산의 지원 시 표적정보의 교환, 우군 배치와 피아 식별 등을 잘 협조해야 한다.

AMC는 공군, 육항, 포병, 지상군 화력을 통합할 줄 알아야 한다. 공군은 공군이, 헬기는 육군항공이, 포병은 포병이 통제한다. 자기 것만 사용할 줄 아는 절름발이가 되어서는 안 된다.

7) 지휘 및 통제에 대하여

통합전투의 책임은 기동부대 지휘관에게 있다. 따라서 기동부대 지휘관은 상급부대에서 지원되는 정보자산, 전자전, 장애물, 공군, 육군항공, 포병, 지상화기, 통신의 각 기능을 필요한 곳에 동시에 운용할 줄 알아야 한다.

기동부대 지휘관을 대신하여 화력을 담당하는 부서에서 담당하는 것은 위험하다. 특히 전장을 보고 있는 대대장은 사단장, 군단장이 자기에게 준 자산을 사용하여 싸울 줄 아는 것이 주임무이며, 자기 부대와 편제 화기와 장비를 사용하는 데만 집중하고 있는 것은 개선되어야 한다.

혹한이 전투와 인간에게 미치는 영향

혹한은 준비를 잘하고 현명하게 이용하면 우군이 되고, 잘못하면 인간이 무능화되어 전 전선이 허물어진다. 따라서 혹한에서는 인간에게 어떤 현상이 일어나는지를 알고 대비책을 준비해야 한다.

겨울의 전장에서는 호흡기 및 소화기 계통의 환자가 급증한다. 식사, 수통의 물, 시레이션 등이 동결되고, 자기 위치 노출로 사격을 받을 염려로 불을 피울 수 없기에 찬 음식을 그대로 먹고는 설사나 위경련, 이질 환자가 발생하여 호흡 횟수가 떨어지고 야간에 4~6번의 변을 보는가 하면, 항문의 털은 철사같이 되고 대변이 나오다 어는 현상이 일어난다.

이런 경우, 경계 소홀 및 전투력이 저하되므로, 이를 극복하려면 난방을 하거나 흥분제를 투여해야 한다. 그리고 열량이 부족하여 3~4일 동안에 체중이 6~10킬로그램씩 감소되므로 열량 확보를 위하여 설탕, 초콜릿이 대량으로 필요하다.

추운 날씨 때문에 모든 쇠붙이(소총, 포, 차, 요대, 삽)에 손만 대면 붙어버리는가 하면 심지어 살갗마저 얼어붙는다. 한번은 좌변기에서 용변을 보던 군의관 엉덩이에 변기가 붙어 고함을 지르기에 더운 물로 떼어준 경우도 있었다.

수랭식 장비는 물이 얼어 동파가 되기 쉬우므로 조심해야 하고, 부동액을 준비해야 한다.

보급품 공중투하 시에는 4분의 1 정도가 파손되고, 자동차는 2시간에 15분씩 시동을 걸어주어야 하며, 운전병의 피로와 연료가 과다 소모되고 위치 노출로 적의 기습을 받기도 쉽다.

또한 호를 팔 수 없어 TNT로 호 구축을 한다. 혹한기에는 작업 시 손이 쉽게 터진다. 작업이 불가할 때는 죽은 적의 시체나 전우의 시체로 방벽을 구축하는 경우도 생긴다. 한편 장비의 고장이 많이 생기고 성능이 저하된다.

눈 속의 혹한에서 군화끈은 철사가 되어버려 벗을 수도 없다. 발은 붓고, 군화를 벗기가 어려워 그대로 잘 경우 동상에 걸릴 가능성이 높다. 장갑을 벗으면 살점이 군화끈에 묻어날 정도다. 그러므로 겨울 혹한기엔 발의 보호가 전투의 성공을 보장한다.

환자나 부상자가 있어도 수혈용 혈액이 동결되어 피를 많이 흘린 중상자의 사망이 급증하고, 몰핀(진통제)이 동결되어 환자 수술이 불가한 경우가 생긴다. 이럴 땐 입에 넣어서 녹이는 경우가 많다.

부상자는 눈 위에 방치하면 즉시 동사하기 때문에 환자나 부상자의 보호 대책과 함께 후송체계가 절대 필요하다. 또한 누비옷(한국전 당시 중공군이 착용)은 땀이 나지 않을 때는 따뜻하지만, 땀이 나거나 젖으면 옷이 이내 얼어버려 움직이지도 못할 뿐 아니라 체온 급강하의 원인이 된다. 호 안에서 굶주림과 추위로 눈만 뜬 반송장이 되어 못 움직이니 2시간 이상은 야외 근무가 불가하고, 멍하니 무감각 상태에 빠지고 눈물을 흘리게 되는가 하면, 사람을 못 알아보는 인간의 무능화 현상이 발생된다. 이런 혹한기에 슬리핑백에서 얼굴을 파묻고 지퍼를 잠그고 자면, 호흡 시 입김이 얼어 적 기습 시 지퍼를 스스로 못 열어 싸워보지도 못하고 대검에 찔려 사살될 수 있다.

포클랜드 전투 시 아르헨티나 군인들이 야간에 진지는 비우고 불가로만 모여들자, 이런 허점을 이용하여 영국군 공수부대가 은밀히 후방 깊숙이 침투할 수 있었다. 영국군 승리의 원인을 그들 스스로 제공한 것이다.

동계 화생방 전투 시 각 작용제마다 다른 빙점에서 결빙된다. 결빙된 입자는 따뜻해지면 맹독성을 발휘한다. 이는 자동차, 전차, 장갑차가 오염지역을 통과하고 다른 따뜻한 곳으로 이동했을 때 그 지역을 오염시키는 결과를 초래한다.

온기가 있는 호 안이나 막사에서는 총구에 물방울이 생긴다. 밖의 전투 진지로 배치 시 총구의 물방울이 얼어 사격 시 총기를 파열시키기도 한다. 이때 물방울을 '소총의 땀'이라 한다.

취사장의 장비 동결로 식사준비 시간이 평상시의 4배나 걸리고, 천막 안의 난로 연료는 밖에 놓으면 동결되므로 3피트 이내에 두어야 한다. 소총의 연발사격 기능이 고장 나고, 성능은 50퍼센트로 감소한다. 모든 나사는 얼어서 돌아가지 않아 정비시간이 과다해진다. 실탄사격 시 약실 내에 생긴 더운 습기가 즉시 얼어 사격 불능 사태가 발생하기도 한다.

수류탄은 불발이거나 폭발 시간이 지연되는 경우가 생긴다. 수랭식 화기는 동결되므로 부동액을 사용해야 한다. 총기류는 2시간에 한 번씩 사격해야 하고, 박격포 및 포병포는 포탄 파열 및 사거리가 줄어 우군 진지에 낙하하거나, 불발탄이 발생할 수도 있다.

눈에서 반사되는 적외선에 의해 발병하는 것을 설맹(Snow Blindness)이라 하는데, 구름 낀 날과 눈안개가 끼는 날에 다량 발생한다. 눈이 따갑고 눈물로 시야가 흐려지고 통증을 느낀다. 모든 사물이 분홍색으로 보여 전투가 불가하다.

관측소 마비는 포사격을 불가하게 한다. 왜냐하면 앞을 보기가 어렵기 때문이다. 그래서 선글라스 착용이 필수이다.

사격 시에는 총구의 열기가 수증기로 발생하는 스모크(Smoke) 현상으로 사격 위치가 노출되어 적의 집중사격을 받는다. 사격 위치 및 사격 간격 조정이 필요하다. 죽음의 무취, 무색 가스인 일산화가스(Carbon Monovide Poisoning)는 산소 결핍증을 일으켜 가스에 취한 운전자가 차량이나 전차를 운전할 때 대량 전복사고의 원인이 된다.

전투 시에는 패한 곳만 무너지지만, 체온이 유지 안 되면 전부가 무너지게 된다. 그래서 버디 시스템(Buddy System, 전우조)을 운용한다. 체온 유지, 졸음, 피로와 나태 방지(몸과 등을 맞대고 밤을 보냄)를 위해 서로 피부 마사지를 하여 무능화를 방지하기도 한다. 체온 유지용 플라스틱 우비형의 주머니와 습기 방지용 플라스틱 깔판 등은 포클랜드 전쟁 시 영국군 승리의 원인이었다. 호를 파면 땅에서 한기가 올라오고 습기가 있는 곳에서는 물이 고인다. 이런 곳에서 습기 방지용 깔판이 있느냐 없느냐는 전투의 승패를 좌우한다.

혹한기에는 건장한 청년도 3일 후에 인간의 한계에 도달한다. 기온 급강하 시에는 30분 후부터 무능화가 시작된다. 그러므로 체온 유지와 탈진 방지는 필수이다.

위기는 호기다 (Pinch is chance)

적과 싸우다 보면 위기도 오고 호기도 온다. 호기를 놓치는 경우가 있는가 하면, 위기에서 역전시켜 적을 패배시킨 경우도 많다. 도박 같은 전장에서, 승리는 세밀히 승산을 저울질하다 결단의 시기가 왔을 때 본능적으로 직감하여 주저 않고 과감하게 뛰어드는 자의 것이다. 대소부대 지휘관의 주저 없는 결심은 날카로운 안목인 동시에 용기이며 혜안(慧眼)이다.

1929년 6월 중국 정강산의 칠급령에서 모택동의 홍군과 장개석의 국부군이 부딪쳤다. 신도(新道)로 진군하던 홍군은 국부군 21연대와 조우하여 격파당했고, 후방지역은 이미 국부군에게 차단당한 채 구도(舊道)로 진군하던 중 정강산 정상에서 국부군의 대부대를 만났다. 오도 가도 못하는 절박한 상황, 철수냐 공격이냐의 기로에서 홍군 28연대장에게 21세의 1대대장 임표(林彪) 소좌는 삼맹(三猛 : 猛打, 猛中, 猛追)으로 앞의 적을 과감히 공격하는 것이 유일한 방법임을 말했다.

국부군은 병력과 화력에서 홍군보다 월등히 우세했다. 임표는 자기 부하 240명을 24명 1개조인 10개 조로 나눠, 각 조를 3인(기관총), 5인(죽창), 7인(소총), 9인(구식 엽총)으로 나눠 무장시켜 산 정상을 야습토록 했다. 산 정상의 국부군은 홍군의 기도를 전혀 모른 채 탄띠를 풀어놓고 총을 방치하고 자는 사람이 많았다.

이때 10개조, 240명이 고양이같이 접근하여 일제히 돌격을 감행했다. 10개조 240명이 넓게 흩어지니 홍군이 대부대인 것으로 오판, 도망가기에 정신이 없었다. 다 떨어진 옷에 창과 소총이 전부인 임표의 군에게 병력과 화력이 우세했던 정부군 21연대는 궤멸되고 말았다. 이 정강산 전투는 임표를 유명하게 만들어, 훗날 28세에 중장으로 제1군단장이 되었고, 이후 모택동의 홍군에게 주도권이 넘어가는 계기가 되었다.

1944년 12월 19일 제2차 세계대전의 벌지 전투 시 독일 47기계화군단 예하의 제2기갑 사단이 바스토뉴를 향해 진격 중 미군의 외곽경계부대와 조우를 했다. 독일군 대부대의 전진을 발견한 단 12명의 보병은 장갑차를 타고, 좌우로 움직이면서 최대의 화력을 적에게 퍼부었다.

시간을 벌어야 한다는 사명감에 불탄 병사들은 죽을힘을 다해 쏴댔다. 이에 대부대가 배치된 것으로 오판한 독일군 군단장은 2기갑 사단의 진로를 남쪽으로 돌렸다. 이로써 독일 2사단보다 한 발 앞서 미 101공수단이 교통의 중심지인 바스토뉴의 방어 임무를 맡고 시내에 들어올 수 있었다. 만일 독일군 2기갑 사단이 먼저 도착했다면, 벌지 전투의 분수령이었던 바스토뉴는 전혀 다른 결과를 가져왔을 것이다.

장갑차를 탄 12명의 보병 전투원이 보인 감투 정신은 적 기계화부대의 진로를 바꾸게 했고, 시간을 허비한 독일군보다 먼저 미군이 도착하여 방어 준비를 할 수 있도록 해, 결국 독일군은 패배의 길로 빠져들었고, 제2차 세계대전의 마지막 승기를 상실하고 만 것이다.

1969년 한국·미국·월남의 연합군은 증강된 1개 연대 규모로 월맹군 및 베트콩 1개 대대를 한 마을에 몰아넣고 포위했다. 적이 마을 외곽의 대나무 뿌리 밑에 참호를 파고 들어가, 주간 공격 시 완강히 저항하자 우군은 마을 진입을 막고 야간 매복에 들어갔다. 밤이 되자 적이 장갑차 궤도 자국을 따라 처음에는 2명, 5명, 7명이 10분 간격으로 한 통로로 돌파를 시도했다.

3차, 4차 제파 공격 시 그곳에 배치된 우군은 실탄이 바닥났다. 때를 맞춰 적의 대 무리가 요란한 총소리와 함께 만세를 외치며 돌진하자, 실탄이 떨어진 우군 병사들은 당황했고 적은 떼를 지어 탈출에 성공했다. 만일 적이 삼삼오오로 흩어져 살길을 찾았다면 거의 사살됐을 것이다. 그러나 적 지휘관은 우리의 약점을 최대로 이용, 야간에 한곳으로 집중, 아군 2000명 대 적군 400명의 전투를 우군 8~9명(진지에 배치된 병사) 대 적 400명의 전투로 역전시켰다.

넓은 마을을 포위하고 있던 나머지 병력은 멀리서 싸우는 총소리만 들을 뿐이었다. 그는 비록 적장이었지만 영리한 대대장이었다. 그는 기습과 집중의 원칙을 전장에 응용해 소수로 다수를 이겼으며, 위기를 호기로 역전시킨 좋은 선례를 보여주었다.

리더십에 대하여
(《손자병법》중에서)

손자(손무)는 춘추전국 시대에 제(齊)나라에서 태어나 오(吳)나라의 합려왕에게 봉사하였다. 당시는 140여 개의 크고 작은 제후국이 난립하여 약육강식의 먹고 먹히는 어지러운 시대였고, 손자는 나라의 흥망을 몸소 겪으면서 터득한 생존 교훈을 정리하였다. 이것이 《손자병법》이다.

난세에 국가를 이끌어나가는 지도자 또는 군 지휘관이 갖추어야 할 덕목은 아주 중요하다. 이것이 잘 갖추어져 있어야 국가와 군대가 적과 싸워 승리하고 그렇지 못하면 난세 속에서 패망의 길로 빠져들 수밖에 없다.

손자는 그런 덕목을 '지신인용엄(智信仁勇嚴)'이라고 정의했다. 지혜, 신뢰, 인애, 용기, 엄격이다.

병법보다 더 큰 가르침

손자는 그의 저서로 우리에게 큰 가르침을 주었지만, 그 자신 스스로 더 큰 가르침을 전하고 있다. 명나라 여소어가 《동주 열국지》라는 책에서 손자의 마지막 모습을 다음과 같이 전하고 있다.

오나라의 왕 합려가 초(楚)나라를 쳐부수고 난 후에, 논공행상을 하면서 손자를 일등 공신으로 대우하여, 왕의 자리만 제외하고 무엇이든 필요한 것을 제안하라고 권유하였다. 이 말을 들은 손자는 공들여 세운 나라가 공신들 사이의 다툼으로 내분이 생겨 혼란에 빠질 것을 크게 걱정하였다. 손자는 공이 많은 자기를 중심으로 새로운 권력이 형성될 것이고, 이러한 권력과 다른 공신들의 권력 사이에 내분이 생기리라 우려한 것이다.

손자는 이런 마찰을 피하고 나라의 앞날을 위해 본인 스스로 산골로 돌아가 촌민이 되어 수많은 살생과 무고한 사람의 죽음에 속죄하고 초야에서 조용히 살기로 결심했다. 그리고 길을 떠났다.

손자가 말하기를 "무릇 공을 세우고 물러나지 않으면 후한이 있고, 난세를 평정한 무사는 정치를 왕에게 맡기고 떠나야 한다"라는 말을 남겼다. 그는 왕이 하사한 금은과 비단 모두 가난한 자들에게 나누어 주고 초야로 떠났다. 그리고 다시는 정치에 참여하지 않았다.

시작할 때와 떠날 때를 알고, 공은 부하에게 돌리고 명예는 상관에게 넘길 줄 알고 자신은 책임을 지는 큰사람이었다.

《손자병법》의 기본 사상 도(道)

손자는 병법 첫머리에서 오사(五事)를 강조했고, 그중 첫째가 도(道)다. "도자 영민여상동의(道者 令民與上同意)." 즉 도라는 것은 백성들로 하여금 윗사람과 더불어 뜻이 같게 한다. 윗사람과 아랫사람이 뜻이 같으면 싸워서 이기고, 뜻이 같지 않으면 싸워서 이길 수가 없다는 뜻이다.

국가나 군대나 그 어떤 조직이든 상하가 뜻이 같으면 성공하고, 뜻이 같지 않으면 성공할 수가 없다.

한 예로, 월남전에서 미국은 의회의 동의 없이 대통령의 명령 즉 행정부 단독으로 월남파병을 결정했다. 이는 국민의 동의도 국민의 참여도 없이 미국 행정부 단독으로 결정한 전쟁을 의미한다. 국민의 참여가 없다면 장기전에서 이길 수가 없다. 그래서 미국은 성공보다 실패할 요인을 안고 전쟁에 참여했다.

더욱이 전쟁에 대한 깊고 전문적인 지식이 부족했던 대통령 주변의 민간인이, 국내외 정치적 환경에 영향을 받으면서 전쟁을 지도하다 보니 목표 선정과 전투력 집중에 많은 문제점이 발생했다.

그 첫째가 전투력의 낭비였다. 미국, 호주, 한국 등 연합국의 막강한 정규군 전투력이 밀림과 도시 구석에 흩어져 있는 게릴라를 쫓아다니면서 전투다운 전투를 하지도 못했고 전투력만 낭비하는 결과를 초래하였다.

두 번째가 월맹 힘의 중심인 정규군을 격멸하기 위한 전투를 못했고 공군과 해군을 이용한 북폭을 주로 했다는 점이다. 결국 민간인 사상자가 다량으로 발생해 월남전을 부도덕한 전쟁, 더러운 전쟁이라 부르기 시작했고 세계 여론이 들끓으면서 미국은 궁지에 몰리고 말았다.

반면에 월맹의 호찌민은 백성을 자식처럼 대하는 지도자였다. 그는 결혼을 하지 않았고, 사망 후 개인 저금이 없는 몇 안 되는 세계 지도자 중한 사람으로 남았으며, 대나무로 만든 허름한 야전침대와 전화기, 낡은 가방과 옷이 전 재산이었다.

넓고 좋은 집무실은 공무원들에게 내주고 본인은 프랑스 식민지였던 시절에 정원사가 지내던 방에서 기거했다. 백성들은 이런 모범을 보이는 지도자를 신뢰했다. 청년들은 그를 따랐고 죽는 줄 알면서도 전선에 뛰어들었다.

부도덕한 전쟁으로 비판을 받은 미국의 월남전과 백성들로부터 존경과 신뢰를 받은 호찌민의 월남전은 손자의 도(道), 즉 상하의 뜻이 같으면 이긴다는 의미로 볼 때, 승패가 이미 예견된 전쟁이었다고 할 수도 있다.

《삼국지》를 보면, 조조는 장수라는 곳을 치기 위해 출정했다. 때는 보리가 읽는 5월이었다. 대민피해를 없애고자 그는 행군 도중에 보리밭을 밟는 자는 참형에 처한다는 엄명을 내렸다. 그런데 행군 중 보리밭의 비둘기가 날아오르자 놀란 조조의 말이 보리밭으로 뛰어들었다. 조조는 말에 올라타 있었지만 결과로 보면 조조가 보리밭으로 뛰어든 셈이었다.

조조는 비록 자기 말이 놀라 실수했지만 "내가 참형에 처한다고 엄명했으니 내 죄를 판가름하라"고 지시했다. 옆에 있던 한 간신이 말하기를 "책에서 법불가우존(法不加于尊), 즉 높은 사람은 법에 저촉을 받지 않는다고 했으니 승상께서는 죄가 없습니다"라고 고하였다.

간사한 조조는 크게 소리쳤다. "그러면 내 죽음은 면할 수 있구나. 대신 내 머리털을 잘라 그것으로 참수에 대신하라." 그리고는 머리털을 잘라 전군에 보냈다. 그 후 군령을 어기는 자가 없었다.

비록 작은 고사지만 윗사람의 솔선수범이 상하의 뜻을 같이하는 데 중요하다는 것을 보여준 예이다.

지(智): 사람을 보는 혜안이 지혜다

앞서 말한 손자의 지신인용엄(智信仁勇嚴)을 하나씩 짚어보겠다.

손자가 논하는 장수의 지혜는 그 범위가 넓다. 장수는 국운을 건 전쟁을 수행하고 그 전쟁에서 승리해야 한다. 전쟁과 전투는 사람이 수행한다. 따라서 장수는 사람을 볼 줄 알아야 하고, 그 능력을 꿰뚫어 보는 혜안을 가지고 있어야 한다. 사사로운 정이나 개인의 인연에 영향을 받아서는 안 된다.

그러니 대군을 거느린 장수가 가져야 할 지혜 중 첫째는 '사람을 보는 능력'이라 할 수 있다. 한 예로, 미국의 남북전쟁 시, 링컨 대통령이 그랜트 장군을 북군 총사령관에 임명하였다. 그러나 북군 총사령관 선발 시에 많은 장군 및 정치 지도자들이 그랜트 장군의 임명을 반대하였다. 그랜트 장군은 고집이 강했으며 술을 즐기고 줄담배를 피우는 인물이었다. 그는 전투에서 생기는 스트레스와 괴로움을 술과 담배로 달랬다.

전투현장에서는 신사도의 매너를 필요로 하지 않는다. 그래서 그는 거칠었다. 전투현장은 늘 땀과 흙투성이였다. 그가 입은 옷에도 온통 흙먼지가 묻어 있었다. 다른 장군들과 달리 그는 들판에서 잤다. 목욕을 자주 할 수가 없으니 몸에서 냄새가 났다. 대부분의 장군들은 후방의 좋은 집에서 하인들을 거느렸고, 환경이 좋은 사령부에 기거하면서 전투를 수행했다. 이런 들판의 야생마 같은 그랜트를 다른 장군들과 정치가들이 촌뜨기로 취급하며 그의 북군 총사령관 임명을 반대했던 것이다.

그러나 그는 단지 패배를 인정하지 않고 이길 궁리만 하는 고집쟁이였다. 전투의 승리만이 전부였고, 전투만 생각하는 장군이었다. 그는 대소 전투에서 늘 승리했다. 많은 사람들이 반대할 때, 링컨 대통령은 다음과 같은 결론을 내렸다.

"그랜트 장군은 전투를 할 줄 안다. 지금 나는 그가 필요하다."

용기에 찬 지혜로운 결단이었다.

제2차 세계대전 시, 유럽 연합군 총사령관인 아이젠하워 대장이 예하 제3군 사령관 임명 시에 패튼 장군을 지명하자, 그가 건방지고 무례하며 안하무인격으로 행동한다고 반대가 심했다. 그러나 아이젠하워 장군은 "링컨 대통령이 남북전쟁 시 그랜트 장군을 택했듯이 나는 패튼을 택했다"라고 했다. 링컨 대통령의 예를 인용하여 간결한 결론을 내렸던 것이다.

또한 제2차 세계대전 시 독일의 로멜과 북아프리카에서 싸울 영국군 사령관을 선발할 때, 많은 장군이 추천되었으나 처칠 수상은 육군대학에서 영관 장교들과 전투만을 연구하는 깡마른 고집쟁이 몽고메리 소장을 발견, 그를 총사령관에 임명했다.

예하 군단장에 사교계의 총아, 골프 및 승마 챔피언인 미남 장군이 강력히 추천되었다. 그러나 처칠 수상은 여자들 틈에서 인기나 얻고 향수나 바르고 골프와 승마에 정신을 파는 장군에게 영국 젊은이의 생명을 맡길 수 없다며 거절했다. 용기에 찬 지혜로운 결단이었다.

신(信): 솔선수범과 인정(認定)에서 신뢰가 형성된다

장군은 많은 부하를 거느리고 부하들이 죽는 줄 알면서도 전장에 투입시켜야 한다. 이 부하들은 죽는 줄 알면서도 명을 받고 나가 싸워야 한다. 장병들이 전선으로 나가 싸우게 하기 위해서는 평소 그 부하들을 인정하고 그들에게 정성을 쏟아야 한다. 지휘관에게 인정을 받은 부하는 목숨을 바쳐 싸우기 때문이다.

사람은 누구나 인정받고 싶은 욕구를 가지고 있다. 인정을 받으면 신바람이 나고 인정을 받지 못하면 의기소침해지고 의욕이 없다. 자기를 인정하는 사람에게는 목숨도 바친다.

진(晉)나라의 지백은 조(趙)나라의 양자를 공격했으나, 지백이 오히려 전사했다. 죽은 지백은 평소 떠돌이였던 예양을 극진히 대접하고 평소 나라의 스승격인 국사로 모셨다. 그런 지백이 죽자 예양은 죽은 지백의 복수를 위해 길을 떠났다. 그때 예양이 길을 떠나면서 남긴 말이 있다.

"사위지기자사(士爲知己者死). 여위열기자용(女爲說己者容)."

사내는 자기를 알아주는 사람을 위해 목숨을 바치고, 여자는 자기를 사랑하는 사람을 위하여 몸단장을 한다는 뜻이다.

예양은 죽은 지백의 복수를 위해 몸에 옻칠을 하여 검게 하고, 행려병자로 위장하고 벌건 숯을 먹고 목소리까지 바꾸었다. 그러나 복수에 실패하고 사로잡히고 말았다.

조나라의 양자가 자기를 죽이려는 이유를 물으니 그는 이렇게 답했다.

"당신이 죽인 지백은 나를 국사로 대했고, 나도 그의 국사로서 행동했다. 충신은 이름을 위해 죽음도 사양하지 않는다. 떠돌이였던 나 예양을 국사로 대한 지백을 죽인 당신을 용서할 수 없다. 또한 명군(名君)은 사람의 의지를 방해하지 않소. 많은 사람이 당신을 칭송하오. 나는 웃으며 죽겠으나, 그대의 의복을 얻어 그것이라도 칼로 베고 죽을 것이오."

옷을 벗어 주니 칼로 옷을 베어 복수를 대신하고, 지백을 따라가기 위해 칼 위에 엎드려 배를 갈라 자결했다.

인정을 받으면 목숨까지 바친다.

미국의 워싱턴 대통령도 "미합중국 대통령"이라 호칭해야 묻는 질문에 정성을 들여 답했다고 전해진다. 러시아의 캐서린 여왕은 편지 겉봉에 "여왕 폐하"란 글이 누락되었을 시, 편지 자체를 열지 않았다고 한다. 심지어 사형수도 자기 사진이 유명 인사와 나란히 실린 걸 보고 위안을 받았다고 한다. '나도 대단한 사람이구나'라고 느끼는 심리였을 것이다.

한국전쟁 시 장진호 전투에서 중공군에 포위된 미 해병 1사단을 방문한 맥아더 장군이 미 은성무공훈장을 해리스 중령에게 달아주었다. 다음 날 그는 선두에서 포위망을 뚫으려고 용감히 싸우다 전사하였다.

"내가 종을 대접해야 종이 나를 대접한다"라는 말을 남긴 황희는 조선의 정승을 27년간, 영의정을 12년간 역임했다.

"부하는 부리는 대상이 아니라 대접하는 대상이다"라는 지휘 철학을 실천한 나폴레옹은 유럽을 지배했다.

지휘관은 이를 기억해야 한다. "인정과 칭찬은 보은(報恩)이 되어 돌아오고 험담과 비방은 비수가 되어 돌아온다."

지구상의 모든 사용의 주체는 사람이다. 법도 제도도 방침도 기계도 아니다. 그리고 그런 사람이 하는 행동의 출발점은 마음이다. 그러니 지휘관은 부하의 인간적인 면을 이해해야 한다.

《육도삼략(六韜三略)》은 고전 중 고전으로 주나라 문왕이 나라를 건립할 때 태공망이 쓴 저서이다. 문도, 무도, 호도, 용도, 표도, 견도의 육도와 상략, 중략, 하략의 삼략으로 구성된 최고의 고전 병서이다. 여기에 출정하는 장수의 몸가짐에 대한 기록이 있다.

병사들이 자리에 앉기 전에 먼저 앉지 마라.
병사들이 식사하기 전에 먼저 먹지 마라.
샘이 바닥을 드러내기 전에 목이 마르다 하지 마라.
막사를 다 올리기 전에 피로하다고 하지 마라.
식사를 다 준비하기 전에 배고프다 하지 마라
병사들의 막사에 불이 켜지기 전에 먼저 불을 켜지 마라.
겨울에 외투를 입지 마라.
여름에 부채를 쓰지 마라.
비가 올 때 우의를 입지 마라.
그리하면 병사는 전력을 다해 너를 위해 싸운다.

상하 간 또는 인접 부서와의 갈등과 불화 및 분쟁은 대원 간에 악영향을 미친다. 서로가 불신하고 의심하게 되고, 결국 자신감을 상실해 전체가 망가진다.

독일의 전함 비스마르크 호가 제2차 세계대전 중에 북대서양을 단독으로 순항하는 동안 전함 내의 함장과 제독 사이에 생긴 갈등과 마찰로 인해 승무원들이 동요했고, 결국 침몰로 이어졌다는 사실이 생존자들에 의해 밝혀졌다.

승무원들은 그들의 전함이 불침함이라는 자부심과 승리에 대한 확신을 가지고 출항했다. 첫 해전에서 영국의 전함 프린스 오브 웨일스(Prince of Wales)를 격퇴했고 후드 호를 격침함으로써 사기가 충천했고 전투의지가 최고조에 달했다.

그러나 그 후 루에트엔스 제독과 린데만 함장 사이에 맹렬한 의견 충돌과 마찰이 생겼고, 승무원들까지 두 패로 갈렸다. 그로 인해 사기가 급격히 저하되었고 불안감이 팽배해졌다. 불안하면 부하들의 마음이 똘똘 뭉치지 못하고 흩어지고 떠나버린다. 양쪽으로 갈라진 선내 승무원의 마음은 단결심을 잃고 두 패로 갈라지게 되었고, 서로를 의심하고 우왕좌왕하는 동안 전투력은 무너지고 말았다.

전투 중 해군의 생명지역은 전함 내부뿐이다. 그러나 전투의지를 상실한 포수는 자기 위치를 떠나 살길을 찾아 도망했다. 이를 막으려고 장교들이 권총으로 포수를 위협하는 일까지 발생했다.

"내가 미워하고 싫어하는 사람을 위해서 또는 나를 인정하지 않고 불신하고 구박했던 사람을 위해서는 죽을 각오로 싸우고 싶지 않다."

이런 사고가 장병들 사이에 퍼졌다. 즉 기본적인 리더십마저 무너지고 말았다. 전투 시, 전우 사이의 신뢰가 무너지면 우선 나부터 살겠다는 자기방어적 본성만이 남게 된다. 이는 그나마 남아 있던 전투의지마저 삼켜버렸고, 결국 패배감으로 발전하여 전투함 내에 만연하게 되었다.

비스마르크 호보다 강력하지도 못한 로드니 호와 킹 조지 5세 호의 공격으로 비스마르크 호는 완전히 침몰하고 말았다.

사람은 기대와 신뢰를 받는 만큼 행동한다. 그것이 본성이다.

인(仁): 부하에게 어질어야 한다

시졸여영아 고가여지부심계(視卒如嬰兒 故可與之赴深谿), 시졸여애자 고가여지구사(視卒如愛子 故可與之俱死).

부하 보기를 어린아이같이 하면 깊은 계곡까지 함께 가고, 부하를 사랑하는 아들 대하듯 하면 죽는 데까지 같이 간다는 뜻으로, 《손자병법》 제10장 지형편에 나오는 말이다.

한 병사가 휴가를 받고 귀가하여 어머니에게 말하기를 "우리 장군님은 나의 상처에 자기 입을 대고 고름을 빨아주시는 인자한 분이십니다"라고 말씀드리자 그 어머니가 갑자기 울기 시작했다. 아들이 묻기를 "그리 훌륭하신 분을 마음속으로 고마워해야지 어머니는 왜 우십니까?"라고 했다.

어머니가 슬퍼하며 말하길 "바로 너의 아버님 역시 그 장군께서 아버님 다리에 난 종기의 고름을 빨아주셨다. 그분이 위기에 처했을 때 구하려고 싸우시다가 적의 칼에 맞아 돌아가셨다. 너도 그분을 위해 싸우다가 죽을 터인데 어찌 눈물이 안 나겠느냐?"라고 했다.

과연 아들은 전장에서 장군이 위기에 처하자 그를 구하려고 용감히 싸우다가 전사하였다.

오기 장군의 이야기로 그는 74전 69승을 이룬 전설적인 장수로 평가받고 있다. 그의 부하 사랑이 전투력으로 승화되었기 때문이다.

미국의 34대 대통령이었던 아이젠하워가 제2차 세계대전 시 유럽 전선에서 연합군 최고사령관으로 있을 때의 이야기다. 그가 사무실을 나와 수행 참모와 부관을 데리고 계단을 내려가고 있었다. 그때 한 병사가 담배를 물고 올라오면서 장군에게 "헤이, 담뱃불 좀 주게"라고 하였다. 병사의 무

례함을 괘씸하게 생각하며 얼굴을 찡그리는 참모를 돌아보며 아이젠하워
는 인자한 모습으로 라이터를 꺼내 불을 붙여주었다. 그 병사는 아무래도
이상해서 담배를 물고 올라가다가 뒤를 돌아보았다. 그는 대장 계급장을
단 자신의 사령관 아이젠하워가 아닌가! 그야말로 기절할 뻔했다. 철없는
병사가 담배를 물고 사라진 후 장군은 참모에게 말했다.

"이봐, 위에서 내려가는 나는 저 병사의 계급장이 보이지만 밑에서 올라
오는 병사는 내 계급장이 보이지를 않는다네." 그러고는 태연히 계단을 내
려갔다.

친근하고 소박하며 너그러운 성품은 공동의 목표를 향해 다양한 의견
을 수용할 수 있는 폭넓은 포용력을 발휘하게 한다. 화를 내지 않고 진지
하게 남의 말을 듣는 성숙한 태도, 자기보다 남을 배려할 줄 아는 조화력,
생활 속에서는 부하에게 질 줄도 아는 포용력, 사령관에게는 그런 모습이
필요하다.

그는 일찍이 맥아더의 부관으로 지내면서 맥아더의 집중력과 냉철한
사고를 배워 몸에 익혔다. 미 육군 참모총장인 마셜 장군이 아이젠하워의
이런 특성을 알고 유럽 연합군 사령관에 그를 추천했다. 맹장인 패튼 장
군, 완고한 고집쟁이인 영국의 몽고메리 원수, 자존심이 강한 프랑스의 드
골 장군 등을 아울러 지휘하는 데는 전략이나 전술지식보다는 조화력이
풍부한 사람이 필요했다. 그 적임자가 아이젠하워였다.

하루는 부상병들이 입원한 야전병원을 아이젠하워가 방문했다. 병상에
서 고통을 받는 병사들을 일일이 어루만져주고 병원 문을 나섰다. 그런데
병원 문 앞에서 겁에 질려 쭈그려 앉아 울상을 짓고 있는 병사를 발견했
다. 장군은 병사에게 다가갔다.

"자네는 왜 겁에 질린 채 이렇게 쭈그리고 앉아 있나?"

장군을 만난 병사는 더 겁에 질린 모습으로 말했다.

"저는 두 번 부상을 입었습니다. 이번에도 병원에서 치료받고 완치되어 전선으로 돌아가야 합니다. 두 번은 부상으로 끝났지만 세 번째는 죽어서 올 것 같습니다. 저는 제가 죽는다는 것이 겁납니다."

장군은 병사의 백을 들고, 손을 잡아 일으켜 세우고는 병원 앞 냇가를 같이 걸었다. 그리고 이렇게 말했다.

"이보게 병사! 자네 겁이 나는가? 사실은 내가 자네보다 더 큰 겁쟁이야. 내가 아무리 많은 탱크 부대와 공수 부대를 거느리고 있다 해도 히틀러와 싸워 항상 이기라는 법이 없어. 독일군과 싸워서 진다는 것을 생각하면 겁이 나서 잠이 오지를 않아."

이 말을 들은 병사는 "사령관님, 제 백을 주십시오. 저는 사령관님이 히틀러와 싸워서 진다는 것을 용납할 수 없습니다. 전선으로 가서 싸우겠습니다"하고는 경례를 하고 전선으로 갔다.

그 병사를 겁쟁이라고 윽박질렀다면 그는 훗날 미국의 대통령이 될 수 있었을까?

용(勇): 모두를 살리는 것은 지휘관의 용기와 열정이다

1943년 8월 2일, 솔로몬 제도 해전에 참전한 케네디 중위는 어뢰정을 타고 초계 항해하던 중에 일본 구축함과 충돌했다. 그가 탄 PT-109는 두 동강 났고 13명의 승무원 중 2명이 전사, 1명이 부상을 당하였다.

수영을 잘하는 케네디 중위는 부상을 입은 부하를 데리고 탈출했다. 근처 섬에 상륙해 부하들을 숲 속에 숨겨둔 케네디 중위는 혼자 신호탄을 지참하고 바다로 4킬로미터를 수영하여 나가, 지나갈지도 모르는 미군 배와 접촉하기 위해 한나절을 바다에 떠 있다가 돌아왔다.

익사할 수도 있고 상어에게 공격당할 수도 있고 일본군에게 사살되거나 포로가 될 수도 있는 위험을 무릅쓰고 검푸른 망망대해에서 혼자 견뎠다. 이는 아무나 가질 수 없는 용기였다. 그를 이어 로스 소위가 바다로 나갔고, 그렇게 장교들이 솔선수범을 보이면서 위험에 맞서는 군인의 용기를 보여주었다.

하지만 구조가 여의치 않고 굶어 죽게 되자 2킬로미터 정도 떨어진 섬으로 이동하여 야자열매로 허기를 달래며 연명했다. 굶주림에 지친 대원들은 탈진하여 다 죽을 판이었다. 케네디 중위와 로스 소위는 또 다른 섬으로 헤엄쳐 건너갔다. 그 섬에서 현지인을 첩자로 운용하는 호주군 중위와 극적으로 연결되어 표류 8일 만에 구출되었다.

케네디는 그곳을 탈출할 때, 구조 요청 메시지를 적었던 야자열매를 하나 가지고 왔다. 그리고 이후 대통령이 되어서도 집무실에 두고 난제와 시련이 있을 때마다 보며 용기를 얻었다고 한다.

케네디가 위험 앞에서 비겁하게 행동하고 어려운 임무를 부하에게 먼저 시키는 사람이었다면 훗날 미국인은 그를 대통령으로 선택하지 않았을 것이다. 윗사람과 장교는 위기와 위험 앞에 당당해야 한다. 그렇지 못하면 더 이상 부대를 이끌고 지휘하기가 어렵다.

전투현장에서 보니, 위험에 대면했을 때 사람의 반응은 여러 형태로 나타난다. 당당하게 버티는 사람이 있는가 하면, 피하는 사람, 공포에 떠는 사람, 남이 대신 해주기를 기다리는 사람, 심지어는 실성한 것처럼 헛소리를 하는 사람도 있다. 또한 결정을 못 내리기도 하고, 자율신경이 마비되어 방뇨를 하기도 한다.

지도자 그리고 장교는 자기의 잘못을 인정하는 용기가 있어야 한다. 사람은 누구나 잘못을 저지를 수 있다. 최초의 실수를 인정하고 즉시 시정해야 이후의 일이 올바로 처리된다. 변명하고 거짓말을 하면 신뢰가 상실되고, 일도 목적한 방향이 아닌 엉뚱한 쪽으로 진행된다. 변명은 모두를 잃게 한다. 솔직하고 정직한 것이 모든 문제를 쉽게 푸는 지름길이다.

특히 장교는 적 앞에서 용감해야 한다. 그러나 만용은 모두를 죽게 만든다. 군인의 임무는 전쟁이라기보다는 전투다. 전투는 서로 죽이려고 하는 두 개의 집단이 충돌하여 일어나는 것이다. 따라서 나를 죽이려고 달려드는 적을 죽이지 않으면 내가 죽는다.

그러니 전투현장에서는 꾀가 필요하다. 용감하면서도 적을 능가하는 영악한 꾀를 가진 장교가 지휘하는 부대만이 죽지 않고 살아남는다.

엄(嚴): 자기 자신에게 엄격하고 겸손해야 한다

자신과 부하에게 엄격하여야 한다. 사사로운 정을 물리치는 윗사람의 용기를 말할 때 읍참마속(泣斬馬謖), '울면서 마속의 목을 베다'란 말을 인용하고는 한다.

촉(蜀)나라의 제갈량은 대군을 이끌고 출병하여 위(魏)나라의 군사를 무찔렀다. 놀란 조조는 사마중달 장군을 보내 제갈량의 군대와 대치했다. 제갈량이 주요 접근로인 가정을 수비할 장수를 찾았고 부하 장수인 마속이 지원했다.

"만일 제가 실패하면 저는 물론 제 일가와 권속까지 모두 참형해도 원망하지 않겠습니다"라면서 강력히 자청했다.

제갈량은 숙고 끝에 마속에게 다짐을 받았다.

"산기슭의 도로를 사수하라. 절대로 산에 오르지 마라."

산에 올라가 숨어서 적이 지나갈 때 급습하려 한다면, 오히려 적이 산을 포위하여 전멸당할 가능성이 크기 때문이다. 제갈량은 조조와 사마의가 이 정도는 충분히 간파할 것이라 생각했다.

그런데 마속은 가정에 도착하여 지형을 살펴보고는 "산에 숨어 있다가 적이 오면 공격하는 것이 좋다"라고 판단하고 산속으로 숨어들었다. 전과에 욕심이 생겨 절대로 산에 오르지 말라는 명령을 어기고 만 것이다.

아니나 다를까, 위나라 군사는 마속의 군대가 산속에 숨은 것을 알고 산 밑에서 포위하였다. 산에 진을 친 마속의 군대는 곧 식수가 떨어져 더 이상 버티지 못했고, 포위망을 뚫으려 했으나 이도 실패하였다. 많은 군사를 잃고 마속은 간신히 도주하여 제갈량에게로 왔다.

마속이 약속한 대로 작전에 실패한 것을 물어, 이듬해 5월 마속의 처형날이 왔다.

"마속은 훌륭한 장수요. 하지만 사사로운 정에 끌려 군율을 저버리면 마속의 죄보다 더 큰 죄를 범하는 것이오. 아끼는 사람일수록 가차 없이 처단하여 대의를 바로 잡지 않으면 나라의 기강이 무너집니다."

마속이 처형장으로 끌려가자 제갈량은 소맷자락으로 얼굴을 가리고 마룻바닥에 엎드려 울었다.

읍참마속이다.

일과 국사를 그르친 측근의 목을 친 옛 어른의 용기는 오늘에도 여전히 필요하다.

1912년 4월 14일, 영국에서 미국으로 처녀항해를 하던 타이타닉 호는 당시로는 세계 최대의 호화선이었다. 11층 높이에 4만 6000톤으로 수영장, 헬스장, 사우나, 도서관, 무도장이 있고, 가라앉을 수 없는 배라고 자부했다.

하지만 배가 뉴욕으로 가던 중에 뉴파운드랜드 근해에서 측면으로 큰 빙산을 스쳐 지나가면서 구멍이 생겨 침몰하고 말았다. 1500명 이상이 사망하는 사상 초유의 해상사고였다.

왜 이런 끔찍한 사고가 났을까? 승무원의 자만 때문이다.

배의 전보를 송수신하던 통신사는 승객이 요청한 수백 통의 전보를 보내느라 바빠서 "바다에 얼음 덩어리가 많으니 항해를 중지하라"는 중요한 전달을 보지 못했다. 선장은 선장대로 아무것도 모른 채 최단 시간 대서양 횡단이라는 신기록을 수립하려고, 전속력으로 항진했다. 자살행위였다.

결국 빙산에 부딪쳐 치명적인 손상을 입고 구조 요청 신호를 보냈지만 근처에 있던 배의 통신사는 잠들어 있었고, 56마일이나 떨어져 있던 배가 조난신호를 수신했다. 타이타닉 호까지 오는 데 4시간 걸리는 거리였다. 마지막 행운조차 타이타닉 호를 외면했다.

조난신호 로켓을 발사했으나 백색이었다. 백색은 축포이다. 원래 조난신호는 적색이어야 한다. 준비가 되지 않았던 것이다. 주변의 어떤 어선도 조난을 인지하지 못했다. 승무원과 승객들은 비상 탈출훈련이 전혀 되어 있지 않았고, 질서 있는 탈출은커녕 공포와 혼란만 극에 달했다. 정상적인 사고를 할 수 있는 능력이 마비되고 말았다.

1985년 9월, 미국과 프랑스의 탐험대가 해저에서 타이타닉 호를 발견했다. 배가 두 동강이 나 있었는데, 놀라운 사실은 나무로 된 부분은 전부 나무좀이 먹어버렸다는 점이다. 부실한 자재로 배를 만들었던 것이다. 모두 사람의 잘못이었다.

자만이 시작되면 그때부터 무너지기 시작한다. 늘 정확히 예측하고, 예측한 대로 철저히 준비하고, 예행연습까지 해야 살아남는다.

제2차 세계대전 시, 영국의 몽고메리 원수는 북아프리카에서 사막의 여우라 불린 독일의 로멜 원수를 격파했다. 몽고메리는 로멜이 쓴 책을 들고 다니면서 연구를 했다고 한다. 건방을 떨지 않고 겸손한 자세로 적을 연구했던 것이다.

카네기 공과대학에서 우수한 학생들을 선발해 공부를 시켰다. 그런데 그들이 졸업하고 각 직장에서 예일 대학이나 하버드 대학의 경영대와 법대 출신들에게 밀려 정상에 오르지 못하고 중도에서 탈락하자, 많은 돈을 들여 그 원인을 조사했다.

카네기 공대 졸업생들이 재직하는 전 세계의 직장을 찾아가, 본인은 물론 상사와 동료 부하들을 만나 면담했다. 결론은 아주 간단했다.

"학교에서 배운 기술과 실력은 세상을 사는 데 단 15퍼센트만 기여하고, 85퍼센트는 다른 부분에 있다. 그것은 더불어 사는 능력이다."

이를 해결하기 위해서는 세 가지를 잘해야 한다고 한다.

"입 방문(Mouth Visit)을 잘하라." 입으로는 그가 없을 때 그를 칭찬하고, 그가 있을 때 그를 존경하고, 그가 힘들고 어려울 때 그를 위로해야 한다. 즉 함부로 남을 비방하지 말아야 한다. 그리고 말은 함부로 하지 말고 사전에 준비된 말을 해야 한다.

"손 방문(Hand Visit)을 잘하라." 손으로는 편지도 쓰고 전화도 하고 남을 어루만져주고 배려할 줄 알아야 한다.

"발 방문(Foot Visit)을 잘하라." 가서 함께 어울리고, 건방진 자세로 자기 실력만 믿고 자만하면 아무것도 되지 않는다.

이 세 가지 방문을 잘하면 많은 사람들에게 깊은 감동을 준다. 또한 다른 사람이 가슴으로 느낀 그 감동이 결국 나를 키우게 된다.

이렇게 하면 카네기 공대 졸업생이 앞으로 사회 각 분야에서 성공하여 정상에 오를 수 있다는 연구 결과가 나왔다.

카네기재단은 리더십 연구소를 창설하여 많은 연구를 해왔다. 그들이 언급한 한 격언이 아주 동양적이며 교훈적이라 소개하겠다.

"원수는 물에 새기고 은혜는 돌에 새겨라."

살다 보면 인간관계에서 많은 마찰이 생긴다. 그 마찰을 스스로 잘 해결하지 못하면 결국 도태된다. 원수는 잊어야 한다. 기억에서 지워야 한다. 그러지 못하면 그 기억이 나를 파괴한다.

아울러 은혜는 늘 고맙게 생각하고 잊지 말아야 한다. 그래서 인연을 소중히 여겨야 한다. 필요할 때는 아부하다가 나중에는 안면을 돌리는 사람 역시 도태되고 만다.

"비방과 험담은 비수가 되어 돌아오고, 인정과 칭찬은 보은이 되어 돌아온다"고 했다.

이 책을 마치면서

이십수년이 지난 지금이지만 적어도 내게 있어선 마치 어제의 일처럼 기억이 생생하나 남에게 전달하기 위해서 글로 표현하기란 역시 쉬운 일이 아니었다. 문필가도 아닌 형편이고 보니 이 많은 원고지를 메우기까지 무려 3년이란 긴 시간이 필요했다. 보다 현장감 있게 전달하고픈 마음에서 해묵은 기록들도 뒤지고 때로는 사격장에 올라 연상되는 총소리 속에서 당시의 전투현장을 회상했고, 깊은 밤 숲 속에 홀로 앉아 그 밀림 속의 적과 부하들을 생각하기도 했다.

그러나 원고 쓰는 일이 어렵다기보다는 오히려 기쁨을 느낄 만큼 월남참전은 나에게 남다른 의미를 지니고 있다. 초급장교로서 값진 전투경험을 체득했고, 여러 면에서 부족한 내가 재구대대에서 군의 선배인 인접 중대장과 함께 나란히 근무하는 영광을 가졌고, 주월한국군 최초의 ROTC 출신 소총 중대장이란 명예를 얻었으나, 이를 지키기 위한 무거운 중압감 때문에 부하에게는 모든 정성을 기울였으며, 전투현장에서는 두려움보다 몸으로 부딪치는 용기를 키울 수 있었다.

1960년대 중반만 하더라도 우리나라의 가장 시급한 문제는 가난을 해결하는 데 있었으며, 산업시설 기반이 제대로 갖추어지지 않았던 국내 사정을 미루어 볼 때 파월장병이 송금한 막대한 달러는 우리 경제를 일으켜 세우는 데 크게 기여했다고 믿는다.

뿐만 아니라 세계적으로 보더라도 공산주의 팽창정책이 극에 달했던 시기에 연합군이 보여준 자유수호 의지는 월남이 비록 패망했더라도 공산주의 팽창정책에 종지부를 찍는 계기가 되었다.

그러나 최근 우리의 사회 일각에서 월남전을 평가하기를 미국의 용병이었다느니, 부도덕한 전쟁에 참여했다느니 운운하면서 매도를 할 때 슬픈 마음 금할 길 없다. 공산주의가 무엇인지도 잘 모르고 당시의 국가적 상황을 무시한 평가이기 때문이다.

이 글을 쓰면서 전투현장의 감각에 주안을 두다 보니 마치 무용담을 자랑하는 듯한 송구스러움이 앞서지만 사실 당시 우리 초급장교들은 세계에 그 위용을 과시할 정도로 용감하게 싸웠다.

또한 우리 후배 장병들도 싸워야 할 때가 되면 누구나 할 것 없이 전투임무를 훌륭하게 완수하리라 믿는다.

다만 적을 능가할 정도로 영악한 기지와 고도의 전투감각을 부단히 습득해야 할 것이며 전투에 임할 시에는 매사에 겸허한 자세로 예측하고 준비해야 한다. 만용을 부려서는 안 된다.

이 책을 쓰게 된 직접적인 동기는 바로 전투현장의 감각을 후배장병에게 전하는 데 있음을 다시 한 번 밝혀둔다. 전쟁의 속성이 그러하듯이 비인간적이고 잔인한 부분에 한해서는 사실대로 적을 수가 없어 다소 완곡하게 표현하게 된 점을 아쉽게 생각한다.

어언 25년간의 군생활이 이 책을 통해 내 인생의 한 보람으로 남기를 바라며, 그때 밀림에서 나와 함께 싸우다가 이미 유명을 달리한 옛 전우들의 명복을 다시 한 번 빌어본다.

1991년 5월에 저자 씀

전투감각

1 판 1쇄 발행 1991년 6월 15일
개정 1쇄 발행 2013년 6월 29일
개정 10쇄 발행 2023년 5월 15일

지은이 서경석
펴낸이 김성구

콘텐츠본부 고혁 조은아 김초록 이은주 김지용
디자인 이영민
마케팅부 송영우 어찬 김하은
관리 김지원 안웅기

펴낸곳 (주)샘터사
등 록 2001년 10월 15일 제1-2923호
주 소 서울시 종로구 창경궁로35길 26 2층 (03076)
전 화 02-763-8965(콘텐츠본부) 02-763-8966(마케팅부)
팩 스 02-3672-1873 **이메일** book@isamtoh.com **홈페이지** www.isamtoh.com

ISBN 978-89-464-1280-4 03390

값은 뒤표지에 있습니다.
잘못 만들어진 책은 구입처에서 교환해 드립니다.